DR. LEYDE ERNESTO RODRÍGUEZ HERNÁNDEZ

INSURRECCIÓN DE LA PALABRA
CRÓNICAS DE POLÍTICA INTERNACIONAL

EDITORIAL LETRA VIVA
CORAL GABLES, LA FLORIDA

i

INSURRECCIÓN DE LA PALABRA

Insurrección de la Palabra

Crónicas de Política Internacional

ÍNDICE

Prólogo..9

Capítulo 1:
Glosas sobre Cuba
y las campañas mediáticas...................................25

1.1. El debate controvertido
     sobre Cuba en Francia...................................25
1.2. Fidel Castro, Cuba y el ALBA..........................30
1.3. Cuba ha inspirado a muchas generaciones en
todo el mundo...39
1.4. La galería de mercenarios cubanos en el diario
francés "Le Monde"...42
1.5. Terrorismo mediático en el diario francés "Le
Monde"..49
1.6. El gran noticiero del terror contra Cuba en Fran-
cia..55
1.7. Aparece en Francia novela sobre el Che..........62
1.8. Las experiencias socialistas en África..............65
1.9. Cuba en la Política Internacional....................68
1.10. Cincuenta años de la Crisis de Octubre.........80
1.11. La necesidad de "pensar la paz" y el
desarme...90
1.12. Desarme nuclear: Una visión desde las Rela-
ciones Internacionales...97
1.13. Pensamiento de Fidel Castro Ruz sobre el
Desarme Nuclear..108

Capítulo 2: La política francesa
y la caliente "postguerra fría".................121

2.1. La insurrección en Francia por las urnas........121
2.2. La política francesa
y las elecciones presidenciales del 2012...............127
2.3. "Francia, país político"....................................137
2.4. Los nexos entre las operaciones "Odisea
del Amanecer", "Harmattan" y el ejercicio
"Southern Mistral" contra Libia.............................146
2.5. La irresponsabilidad política de la guerra
contra Libia...152
2.6. La "Embajada Virtual" de los Estados Unidos
contra Irán..155
2.7. La perspectiva geopolítica en la guerra contra
Libia..160
2.8. La penetración de los Estados Unidos en el
África Subsahariana..170
2.9. La geopolítica del espacio y el unilateralismo
hegemónico de los Estados Unidos......................196
2.10. Rusia y Europa frente a la "defensa" antimisil
de los Estados Unidos...222
2.11. El espejismo Barack Obama: ¿Una nueva polí-
tica exterior?...264
2.12. El voto hispano en los Estados Unidos y el blo-
queo contra Cuba..281

Capítulo 3: Otras visiones de la Política Internacio-
nal...288

3.1. La revolución en el sistema-mundo del siglo
XXI..288
3.2. El legado de Vietnam en Política Internacio-
nal...306

3.3. El impacto global de la destrucción del Medio Ambiente...311

3.4. Somalia, un vértice del "triángulo de la muerte"...319

3.5. Las "guerras contra el terrorismo" y el debate entre liberales y realistas políticos.....................326

3.6. Los No Alineados y los retos del Sur..............354

3.7. ¿Por qué la CELAC es un actor progresista en la Política Internacional?.................................363

3.8. El impacto de la CELAC en el sistema-mundo...365

3.9. La evocación de Puerto Rico por Daniel Ortega...368

3.10. Hablando de "turbulencias geopolíticas" en América Latina y el Caribe.............................372

3.11. Marxismo y Cristianismo. ¿De dónde venimos?; ¿Quiénes somos?; ¿A dónde vamos?...379

3.12. La Revolución Bolivariana en la Política Internacional del siglo XXI...............................389

3.13. La Importancia histórica y planetaria del prócer Hugo Chávez Frías..................................396

Epílogo...403

Notas...410

PRÓLOGO

Las crónicas compiladas en este libro fueron escritas entre los años 2007 y 2013. El lector encontrará en estas páginas una observación crítica sobre diversos temas relacionados con las más complejas problemáticas de la política internacional contemporánea.

A los efectos de esta obra, por política internacional puede entenderse la relación sociocultural que se lleva a cabo por los diferentes actores del panorama internacional, basada, en general, en las políticas exteriores de los estados. Por eso, la política internacional es también definida como el entrelazamiento de la política exterior de los estados, refiriéndose así al conjunto de las relaciones interestatales que constituyen el sistema de estados. Cuando hablamos de política internacional la perspectiva no es la de un estado, sino la del sistema de relaciones internacionales en su conjunto. En este libro, se habla de la política exterior de varios estados y de los resultados de sus dinámicas e interrelaciones en dicho sistema.

He situado, en el primer capítulo, los trabajos redactados en Francia, entre los años 2007 y 2011, los cuales fueron publicados en el principal periódico digital de la prensa alternativa y militante de Francia: "Le Grand

Soir", que es dirigido por los periodistas amigos de Cuba, Victor Dedaj y Máxime Vivas, a quienes agradezco su colaboración.

Es un hecho que la realidad cubana suele omitirse, distorsionarse y mal interpretarse en Francia por los grandes medios de prensa, porque se trata de toda una campaña a largo plazo para condicionar a la opinión pública y anestesiarla, en una evidente operación de manipulación y guerra mediática. Se trata de destruir las ideas progresistas contrarias al "pensamiento único" propagado por la gran prensa y la televisión europea, en su afán de formar matrices de opinión sobre determinados países, como son los casos de Cuba, Venezuela, Bolivia y Ecuador.

Además del controvertido debate sobre Cuba, introducido por la destacada investigadora francesa Janette Habel, en el prestigioso mensuario Le Monde Diplomatique, referido a los cambios en Cuba y sus tergiversaciones, lo que también ella presenta con asiduidad en la radio y televisión parisina, ubico en este capítulo tres reseñas de libros de incuestionable valor. En su libro titulado "Golpes y Heridas - 50 años de secretos compartidos con François Mitterrand"-, el antiguo ministro de asuntos Exteriores de Francia, Roland Dumas, describe sus principales recuerdos e impresiones sobre Cuba. Revela, en detalles, la admiración de Danielle Mitterrand, esposa del expresidente François Mitterrand, ya fallecida, y Mazarine Pingeot, hija de François Mitterrand, por los avances sociales de Cuba en educación y salud, pero del mismo modo por la figura de Fidel Castro Ruz.

La aparición en Francia de una novela sobre el Che motivó una mirada atenta al acontecimiento. La novela "Cuba mi amor" es un libro impresionante de más de 400 páginas, que posee una extraña combinación de un título en español para un contenido en francés en una portada que ilumina con la más célebre foto del Che, expresión de toda la dignidad y de una mirada fija hacia el futuro de luchas por el socialismo en Cuba, América Latina y el mundo. El autor de esta obra, Kristian Marciniak, tuvo el privilegio excepcional de trabajar junto al Che en el Ministerio de Industrias de Cuba.

En los comentarios sobre las experiencias socialistas en África, se refleja el reconocimiento a la ejemplar labor internacionalista de la Revolución cubana en ese continente; primero en el apoyo a la independencia de varios países y, posteriormente, con el envío de médicos y colaboradores en distintos sectores.

En el ensayo referido a Cuba en la política internacional, ubico las raíces de la política exterior de la Revolución cubana en la más avanzada tradición de lucha de diferentes generaciones por la independencia y la soberanía nacional. Pues, la Isla, desde el siglo XIX, se ha nutrido de un fuerte carácter patriótico, independentista, latinoamericanista, así como del radicalismo antiimperialista expresado en el pensamiento martiano y en las ideas marxistas-leninistas de Fidel Castro Ruz.

Al mismo tiempo, expongo que la política exterior de Cuba se rige por principios e ideales políticos invariables que prestigian y fortalecen sus posiciones ante la opinión pública, los más diversos sectores políticos y gubernamentales a escala mundial. Entre ellos pueden mencionarse: el internacionalismo, la cooperación, el antimperialismo, la solidaridad y la unidad entre todos los estados y pueblos progresistas del planeta.

En otros textos, no ajenos a la política exterior de Cuba, se analizan las lecciones de la Crisis de Octubre o de los Misiles de 1962; reflexiono sobre la parálisis que, en los últimos años, sufrió la agenda multilateral de desarme, mientras los gastos militares, en todas las regiones, siguieron aumentando de manera desproporcionada, después de la desaparición de la confrontación Este-Oeste, también conocida en la historiografía contemporánea como la "guerra fría".

A pesar del proclamado fin de la "guerra fría, existen actualmente en el planeta unas 20 000 armas nucleares, más de 10 000 de ellas listas para ser empleadas de inmediato por fuerzas aliadas o antagónicas. Tampoco han sido detenidos los programas de modernización de esas destructoras armas, aun cuando es ampliamente conocido el peligro mortal que éstas representan para la humanidad.

El ensayo sobre la necesidad de "pensar la paz" y el desarme nuclear, desde una visión cubana de las relaciones internacionales, advierte que nunca antes el porvenir de la humanidad dependió tanto del entendimiento entre los seres humanos en el ámbito internacional; asimismo de la evolución de la política internacional a favor de un clima global de paz. Hoy no es posible concebir el progreso sin despejar el camino que conduce inexorablemente a la catástrofe.

El desarme y la paz constituyen las únicas alternativas posibles y realistas al desastre. La existencia y desarrollo de la civilización, es equivalente a la eliminación de todos los tipos de armas de destrucción en masas, como se entiende el pensamiento de Fidel Castro Ruz sobre el desarme nuclear, ubicado al cierre de esta parte inicial del libro.

Por otra parte, el segundo capítulo está dedicado a la política francesa y la caliente "postguerra fría". En los artículos sobre las elecciones regionales en Francia, he deseado resaltar que el alto abstencionismo muestra, en los últimos años, la indiferencia de la población gala hacia la política, los partidos tradicionales y sus instituciones representativas. Esta es una tendencia que se acentuó durante el mandato del presidente Nicolás Sarkozy. La abstención podría simbolizar la existencia de un rechazo generalizado al sistema político imperante y a su clase política en el gobierno, en un país donde se producen, cada dos y cuatro años, elecciones regionales, comunales, europeas, legislativas y presidenciales, las que son consideradas demasiados eventos electorales en cortos periodos de tiempo, pero sin que sean resueltas las reivindicaciones de las amplias mayorías sociales.

A contrapelo de las elecciones regionales, en la elección presidencial del 6 de mayo del 2012 ocurrió una mayor participación popular en las urnas, como resultado de una progresión del voto de castigo contra la política neoconservadora de Nicolás Sarkozy. Así es analizado en el ensayo: "Francia, país político". El nuevo presidente electo, François Hollande, por el partido socialista, tiene un gran desafío por delante, pues enfrentará los efectos negativos de la crisis económica y financiera de la Unión Europea en la vida cotidiana del pueblo francés. A través de un estudio sociológico crítico de la política francesa, expongo la necesidad de un cambio real que permita la salida de Francia y Europa, en su conjunto, del modelo económico neoliberal, pues empobrece a vastos sectores sociales en ese continente. Francia, con los socialistas en el poder, tiene ahora una gran responsabilidad histórica y la posibilidad única de innovar y renovar los enfoques hacia una dirección progresista de la política francesa en Europa y en el escenario internacional.

En otros artículos analizo la participación activa de Francia en la guerra contra Libia y sus operaciones militares denominadas: "Odisea del Amanecer" y "Harmattan", que revelaron la agresividad militarista de la Organización del Tratado del Atlántico Norte (OTAN), y la irresponsabilidad política de una guerra en la que se manipuló la resolución 1973 del Consejo de Seguridad de la

ONU. El ataque militar contra Libia no solo fue un golpe contra la rebelión de los pueblos árabes, sino una senda peligrosa que señaló el camino hacia la continuación de las aventuras militares de la OTAN contra gobiernos que no son aceptables por el bloque de potencias imperialistas. Los casos de Siria e Irán son bien ilustrativos en la coyuntura internacional reinante.

Por eso, la "Embajada Virtual" de los Estados Unidos contra Irán, aunque rememore la "guerra fría", es una manifestación de caliente confrontación, y un proyecto rechazado por las naciones soberanas, porque es una estrategia desestabilizadora que pudiera ser utilizada contra cualquier estado o gobierno que no sea del agrado de Washington. La "Embajada Virtual" es un nuevo instrumento de la diplomacia estadounidense en su versión de arma de guerra en el ciberespacio, subversión e injerencia extranjera.

La recomposición y estrechamiento de las relaciones políticas, económicas y militares de los Estados Unidos con el África Subsahariana, también es objeto de análisis en este capítulo. En el ensayo: "La penetración de los Estados Unidos en el África Subsahariana", ofrezco la perspectiva de una relativa declinación de la histórica influencia y control de las antiguas potencias coloniales, en particular de Francia, sobre el África Subsahariana, lo cual deja a los Estados Unidos en posibilidades de influir, con más fuerza, en el liderazgo de la región, en una época que podría caracterizarse por una intensa dinámica de rivalidad, conflicto y cooperación entre los estados imperialistas y las potencias emergentes, en primer lugar China, por el ventajoso control de los indispensables recursos energéticos y el acceso a los más atractivos mercados globales.

En el contexto de la expansión estadounidense en todos los órdenes, se circunscribe el texto sobre la geopolítica del espacio y el unilateralismo hegemónico de los Estados Unidos. Con la llegada a la Casa Blanca del neoconservador George W. Bush, comenzó una nueva etapa en la consolidación de la supremacía militarista estadounidense en un sistema internacional que se caracterizaba por una extrema configuración unipolar en el aspecto político y estratégico-militar.

En la concepción de George W. Bush, la política de "defensa" de un gobierno republicano estaría responsabilizada con la creación de las bases necesarias para la constitución del ejército y los medios militares de los Estados Unidos en el siglo XXI. Su proyección guerrerista rememoró y sobrepasó los límites de la primera ola "neoconservadora", iniciada por la administración de Ronald Reagan, y estuvo dirigida a la satisfacción de los intereses estratégicos de la extrema derecha, cuya agenda política coincidió con la estrategia de reedificación militar de la "gran nación americana", para imponer un efectivo sistema de dominación global, mediante la argumentación de que las décadas de "guerra fría" habían atrofiado las capacidades militares y, en el futuro, la única superpotencia estaría preparada para contener y destruir los sistemas espaciales desplegados por supuestos países con propósitos hostiles.

De no menos interés, y en estrecha relación con la temática anterior, resulta la indagación sobre las posiciones de Rusia y Europa frente a la "defensa" antimisil de los Estados Unidos. El sistema de "defensa" antimisil, que el presidente William Clinton pretendió desarrollar durante su última etapa en la Casa Blanca, y que sus continuadores George W. Bush y Barack Obama decidieron hacerlo realidad, contribuyó a reactivar las contradicciones ya existentes entre los principales centros de poder internacional. Las relaciones de los Estados Unidos con Rusia quedaron enrarecidas, rememorando el período de la confrontación Este-Oeste; y algunos países miembros de la Unión Europea manifestaron discrepancias respecto a la política de seguridad promovida por Washington. En este ensayo aparecen las posiciones asumidas por Rusia y Europa ante la estrategia norteamericana, cuando la Unión Europea careció de una posición común en política exterior y defensa que le permitiera enfrentar los nuevos desafíos en materia de seguridad internacional, como ha sido el caso del despliegue del sistema antimisil de los Estados Unidos.

Al final de este capítulo cuestiono los supuestos de que la administración de Barack Obama haya puesto en práctica una nueva política exterior para los Estados Unidos. Sí, no es más que un espejismo que obedeció a las promesas de su campaña electoral para un primer mandato en la Casa Blanca, las que apuntaban hacia la necesidad de reconfigurar, de forma sustancial, la política exterior de su país. Empero, el balance de sus proyecciones, durante el primer periodo gubernamental, indicaron que, en efecto, cambió de tono en el discurso, pero en la ejecutoria política no pudo ni supo transformar la esencia de las concepciones de la diplomacia estadounidense, en la que el despliegue de la "defensa" antimisil jugó un papel central por la interacción que introdujo en los vínculos con los aliados estadounidenses en Europa, Medio Oriente y Asia.

En realidad, Obama dio continuidad a la política militarista de George W. Bush, y no entró en contradicción con el Imperio que representa. Los estrategas militares siguieron analizando durante un largo período de tiempo la viabilidad y efectividad del plan de la "defensa" antimisil, en consultas con sus aliados de la Unión Europea y Rusia; pero lo último resultó ser que el poder norteamericano insistió en el despliegue de su iniciativa y la instalación de un sistema antimisil en Europa, con la falacia de que este "escudo nuclear" europeo es para proteger también a Rusia de Irán y Corea del Norte.

Sin embargo, en cuanto a Cuba, algo cambia al interior de la sociedad estadounidense. Muchas voces se levantan en ese país a favor de un cambio de política exterior de los Estados Unidos hacia Cuba, que pasa, en primer lugar, por la eliminación del bloqueo económico, comercial y financiero que obstaculiza el desarrollo de la nación cubana.

En ese sentido, en el contexto de la victoria electoral de Barack Obama, para un segundo y último mandato, los apuntes sobre el voto hispano en los Estados Unidos y el bloqueo contra Cuba, ofrecen una mirada a una realidad socio-demográfica cambiante que impacta en los estados de opinión sobre cómo deberían ser - en un futuro no muy lejano- las relaciones de los Estados Unidos con Cuba. Mientras esto ocurre, como una tendencia objetiva, la administración de Barack Obama, continuó, hasta el cierre del año 2012, sin responder a las propuestas cubanas de valorar, con un enfoque integral, la normalización de las relaciones entre ambos países. Visto así, Obama dio continuidad a la política de hostilidad de las administraciones precedentes contra Cuba, porque fortaleció el cumplimiento de las sanciones económicas y el financiamiento externo a la subversión en la Isla, aunque haya eliminado algunas de las restricciones impuestas por la administración de George W. Bush, sobre el envío de remesas y los viajes de los cubano-americanos a Cuba.

Para sellar las páginas de esta recopilación quedaron los textos que estimo componen un conjunto de visiones o enfoques diferentes sobre la política internacional contemporánea. En este capítulo comento que con las actuales crisis múltiples: crisis económica, climática,

crisis alimenticia, crisis política e incluso moral del capitalismo, el escenario de la política
internacional podría estar signado por nuevos procesos revolucionarios en lo que Lenin
denominó los "eslabones más débiles de la cadena imperialista"; pues, curiosamente, en el
siglo XXI, pudiéramos volver a situar algunos
de esos países en la Europa en crisis.

Claro, no es más que un debate en torno a la
crisis y sus efectos, pero lo cierto es que las
características específicas de esos cambios
podrían aportar elementos cualitativamente
nuevos para la construcción de un sistema internacional pluripolar y multicéntrico, en alternativa a la recomposición multipolar de
las relaciones internacionales por iniciativa
de los Estados Unidos y la Unión Europea,
principales potencias interesadas en la consecución de un equilibrio de poder mundial que
sirva para perpetuar la dominación de los estados más débiles del sistema y la práctica de
una política coordinada hacia la contención o
el retroceso del fenómeno revolucionario en
determinados países de América Latina y el
Caribe.

Sin duda, las revoluciones en Cuba, Venezuela, Bolivia y Ecuador, representan la concertación de una avanzada del polo de Suda-
mérica hacia la construcción de cinco polos de
poder plural e ideales que favorezcan un genuino proceso socialista en el siglo XXI,
cuando todavía el imperialismo sigue siendo
la antesala de la Revolución social, como lo
advirtió Lenin en 1917, pero ahora en una
proporción más globalizada del conflicto

Norte-Sur en las relaciones internacionales.

De acuerdo con esas premisas, la creación de la Comunidad de Estados Latinoamericanos y Caribeños (CELAC), los días 2 y 3 de diciembre del 2011, en Caracas, República Bolivariana de Venezuela, es tratada como un nuevo actor regional de signo progresista en las relaciones económicas y políticas internacionales, que ratifica los esfuerzos históricos de los pueblos por la integración continental sin la presencia de los Estados Unidos y Canadá, reafirmando así la definitiva independencia y soberanía de "Nuestra América". Por supuesto, sin olvidar, desde una perspectiva histórica y política, la solidaridad permanente con el hermano pueblo de Puerto Rico.

Lo que significa un avance trascendental para los pueblos, es interpretado, por los estrategas militares de los Estados Unidos, como un escenario de "turbulencias geopolíticas" en su antiguo traspatio. Esta es la causa de la activación y fortalecimiento de la vigilancia del Comando Sur sobre los novedosos procesos de autonomía e independencia política en varios países de América Latina y el Caribe, los que tienen en el legado del prócer Bolivariano Hugo Chávez Frías, y en la Revolución Bolivariana de Venezuela, el epicentro de los proyectos institucionales para la integración solidaria y complementaria, estableciendo las vías hacia una genuina transformación de la política internacional del siglo XXI.

No he querido pasar por alto la difícil situación socio-económica que atraviesan los países africanos. He tomado, como ejemplo, el caso de Somalia, un país que forma parte del denominado "Triángulo de la Muerte", integrado, además, por Etiopía y Kenya. En estos países las poblaciones sufren una severa escasez de alimentos y necesitan una ayuda internacional urgente. La situación más grave está en Somalia donde, según cifras aportadas, en año 2012, por la Organización de Naciones Unidas (ONU), 29 000 niños menores de cinco años murieron y 3,7 millones de personas requieren con premura de asistencia humanitaria. Este terrorífico panorama es vergonzoso para la humanidad, precisamente en una época en que las potencias no hacen más que invertir en cuantiosos gastos militares, en vez de destinar esos enormes recursos en beneficio de la paz y de los pueblos necesitados.

Las guerras contra Afganistán e Iraq centraron la atención de la política internacional en los inicios siglo XXI. Estos conflictos fueron un fracaso militar para los Estados Unidos, y dejaron un escenario internacional más incierto, inseguro e inestable. El "antiterrorismo" de los Estados Unidos abrió una etapa inédita de conflictividad internacional e intervencionismo en el Tercer Mundo, porque ese país es hoy no solo el promotor de esas guerras, sino también el mayor productor y exportador de armas en el mundo.

En fin, esta obra contiene muchos otros temas que van desde el legado de Vietnam a la política internacional, tras haber librado una victoriosa guerra de liberación nacional y contra la irracional agresión militar de los Estados Unidos, hasta la vigencia de los principios y objetivos del Movimiento de Países No Alineados (MNOAL) en una etapa de enormes desafíos para los países miembros.

Y entre esas cuestiones diversas está incluido un texto que sustenta la validez universal del marxismo en una centuria trascendental para la supervivencia de la especie humana. Este artículo fue redactado en ocasión de la extraordinaria visita a Cuba del Papa Benedicto XVI. De ahí las preguntas que lo encabeza: ¿De dónde venimos?; ¿Quiénes somos?; ¿A dónde vamos? Hay aquí una exhortación al conocimiento de los orígenes y singularidades que sustentan la orientación de cualquier sociedad hacia el futuro.

En resumen, este libro es solo un intento de acercamiento a algunos de los fenómenos y problemáticas de la política internacional contemporánea, y un empeño en ofrecer un material que permita valorar, en el plano teórico y práctico, la dinámica de las relaciones internacionales en el siglo XXI. Los textos reunidos en esta colección trasmiten un mensaje de paz e invocan al respeto de la soberanía y la independencia de las naciones. Esta obra ha sido concebida para un público amplio, diverso e interesado en la comprensión, la polémica y el estudio académico de las disímiles situaciones de máxima actualidad mundial.

CAPÍTULO I

GLOSAS SOBRE CUBA Y LAS CAMPAÑAS MEDIÁTICAS

1.1. EL DEBATE CONTROVERTIDO SOBRE CUBA EN FRANCIA.

En Francia, la realidad cubana suele omitirse, distorsionarse y mal interpretarse. Ha sido así durante décadas y, por ahora, sería muy difícil predecir un cambio en el patrón de comportamiento de los grandes medios franceses sobre Cuba, pues, lamentablemente, pareciera que no lo admite la presente coyuntura internacional e incluso la situación política general en el viejo continente. Las explicaciones pudieran encontrarse en que la Isla, simplemente, es discriminada y desconocida, casi siempre por razones políticas e incomprensibles motivaciones de índole ideológicas.

Dado ese contexto complejo, voy a referirme a un caso concreto que estoy seguro no es el peor de los ejemplos de la distorsión mediática, pero es el que se me antoja ilustrar, como un acto de insurgencia de las palabras. Bajo la firma de la destacada investigadora francesa Janette Habel, fue publicado un artículo en el prestigioso mensuario Le Monde Diplomatique, correspondiente al mes de octubre del 2010, con el sorprendente título "¿Cambio de rumbo en Cuba?", en el que se enfocan criterios que sobrepasan o excluyen el contenido real de las actuales medidas y transformaciones para actualizar el sistema económico y social cubano.

Desde mi punto de vista, resulta desacertado, e incluso constituye un acto de ignorancia, interpretar y repetir, como un estribillo, que en Cuba se producirán despidos masivos de miles de trabajadores de sus puestos de trabajo, sin atender en lo más mínimo que, en más de una ocasión, el gobierno cubano y sus organizaciones políticas y sindicales han reiterado que el sistema social socialista – sus leyes- no se propone dejar desamparado a los trabajadores que resulten disponibles tras los cambios y ajustes que se operan en la economía cubana con vistas al perfeccionamiento de la gestión económica y sus resultados productivos.

En el mencionado artículo sobresale un acercamiento intransigente al proceso de construcción de un nuevo modelo económico en los marcos del socialismo en Cuba; y su autora no ha hecho más que ofrecer una visión superficial de la evolución socioeconómica cubana, la cual se niega que transcurra en condiciones de debate popular y con la participación activa de los ciudadanos cubanos y sus organizaciones de masas.

Tengo la percepción de que se puede escribir desde la academia en Francia -y en cualquier otro país- sin subestimar los procesos y sus instituciones, sin la construcción de escenarios, más que hipotéticos, falsos sobre las supuestas tendencias políticas de una sociedad o las correlaciones de fuerzas al interior de un gobierno o sus organizaciones políticas. Normalmente, para el análisis objetivo de procesos o fenómenos desconocidos se requiere tiempo, así como el estudio de muchas fuentes que no se reflejan en ese artículo escrito al vuelo, lo que arroja, como principal resultado, la sumatoria de imaginaciones y la ficción de la articulista sobre el presente y el futuro de Cuba.

Es bien conocido que existen en muchas partes del mundo prestigiosos intelectuales y periodistas que realizan un trabajo politológico sistemático sobre la Isla sin hacer concesiones a la dignidad académica y al rigor intelectual. En contraste, la lectura del ensayo "¿Cambio de rumbo en Cuba?" en Le Monde Diplomatique, evidencia que la autora no utilizó –tal vez con toda intención- las mejores fuentes, luego se identifican nombres de cubanos desafectos, frustrados o en contraposición al proceso cubano, quienes no aciertan del todo con el paisaje real de lo que acontece en Cuba.

Por eso prefiero resaltar las ideas de Aurelio Alonso, académico cubano de pensamiento profundo, quien no subestima las potencialidades de los cubanos para enfrentar la etapa presente de transformaciones. Esboza Alonso: "En la actualidad, hay más economistas que nunca, más sociólogos que nunca, más ideas que nunca, más criterios que nunca y un nivel de propuestas, una panoplia de propuestas y de razonamientos sobre las deficiencias, las medidas y las prospecciones de la economía cubana más diverso y valioso que lo que ha habido en toda la historia. Es decir, hay un capital intelectual que es una esperanza muy fuerte para las transformaciones que se necesita abordar (....)".[i]

En esa fuerza intelectual que cuenta Cuba, la autora podía haber cobrado confianza y la posibilidad de encontrar testimonios de intelectuales o estudiosos más dignos de créditos. En el articulo la investigadora menciona al reconocido periodista y escritor cubano Leonardo Padura, pero elijo para destacar ahora sus criterios desde otro ángulo y en un sentido positivo, cuando nos advierte en su trabajo: "Utopías perdidas, Utopías soñadas", publicado por la agencia de prensa IPS, que "Cuba no solo es una realidad compleja, altamente politizada, sino también singular y, a pesar de ello, muchas veces vista desde posiciones simplistas de condena o alabanza, con pocos de los matices que le dan su densidad verdadera y que nadie entiende mejor que los que allá vivimos". Todos los que escriben sobre Cuba, en Europa, debieran tener estas palabras de Padura como una alerta, como una proposición razonable.

Sin embargo, reconozco que, en algunos momentos del texto, Habel nos ofrece valoraciones balanceadas, pero las mismas se extravían en la inicial finalidad destructiva de la imagen de Cuba, que toma auge en cada párrafo para coronar ese objetivo sacrosanto de un ensayo encerrado en la pretendida agonía del "modelo económico y social cubano". Todo eso transcurre con la complicidad de la falta de rigor en las citas que se emiten -sobre supuestas publicaciones y autores- que contradicen a todas luces su publicitado nivel académico y científico.

En realidad, durante el viaje por el artículo "¿Cambio de rumbo en Cuba?", nos tropezamos con una función maquiavélica que se caracteriza por la mezcla de frases efectistas cargadas de mentiras, verdades completas y a medias que, sobre la base de una supuesta lógica del discurso, siempre desemboca en la desorientación del lector sobre la realidad y la verdadera naturaleza de los problemas y cambios en Cuba. Las perspectivas y el esfuerzo intelectual de la autora, se concentran más en la ruptura que en la continuidad del proceso, porque ese ha sido siempre el objetivo consumado de su obra.

La estructuración del texto es una invitación a la duda, a la decepción y la desesperanza sobre el proceso revolucionario cubano. Más que hacer reflexionar, la ensayista conduce al lector por un túnel sombrío donde lo espera la derrota inevitable de la Revolución cubana, obligándolo a enfrentarse a la difícil tarea de transcribir una disertación enrevesada que, proveniente de una incontestable cubanóloga —han asegurado los medios franceses- se presenta como une especie de ver-

dad revelada sobre los cotidianos acontecimientos en la Isla.

En la promoción de una lógica reflexiva, en
la que no hay otra alternativa posible que la
inexorable disolución de una experiencia san-
cionada por la variable de la geopolítica global, se encuentra finalmente la razón de la
publicación de ese artículo. Pero este hilo dis-
cursivo no es extraño en Habel, porque ese escenario ha sido parte del contenido de sus tesis centrales en su faena politológica sobre temas cubanos; por tanto, de forma inevitable,
sus teorías se entroncan con el subyacente fa-
talismo de su pensamiento político concerniente el carácter poco viable del ideal socialista en un pequeño país. Allí está la génesis
del desaliento inducido en sus desacertadas
profecías, que sabemos se han convertido
siempre en fallidos juegos de probabilidades
sobre Cuba.

Presiento que, con la lectura de Janette Habel, escucho el mismo ruido de los círculos oscuros en el estridente concierto de los grandes
medios europeos. Sí, de aquellos que apues-
tan al apocalipsis de la Revolución cubana.
Albergo todavía la esperanza de que un día
toda la información de la gran prensa no se
resuma, en Francia, al estilo miamense de
uno o varios "Nuevo Herald" de Paris.

1.2. FIDEL CASTRO, CUBA Y EL ALBA.

Por mediación de un amigo, conocí un artículo con el crédito de Paulo Paranagua -
prolijo periodista del diario francés Le Monde

-, cuyo título: "Castro y la izquierda latino-americana", seguramente le serviría para obtener un chocolate caliente en la gélida noche vieja francesa. Una ocasión, no menos propicia, para también optar por un "meritorio" aguinaldo de nuevo año.

Lo que aquí se comenta fue publicado, el 30 de diciembre del 2009, en el blog personal de Paranagua, incrustado en la versión digital del periódico Le Monde, en plena etapa de jolgorio parisino, con motivo de las lindas fiestas de fin de año.

Genera verdadera compasión que, cuando el público de Le Monde festejaba el advenimiento de un nuevo año, Paranagua estuviera sofocado –rara excepción en este mundo- tramando ideas, frases altisonantes e impresionantes para construir un artículo contra su más "brutal adversario": "Fidel Castro Ruz", y lo que, sin tapujos, él ha denominado "el régimen dictatorial de La Habana".

¡Infortunado Paranagua! Tamañas pesadillas pudieron haberle arrebatado el sueño y los días de descanso a inicios del nuevo año.

Más allá de la motivación personal de Paranagua, -solo él y sus dioses sabrán con certitud- la publicación de la nota de marras se afinca en los sondeos del Instituto Latinobarómetro para el 2010, el cual nos avisa que la popularidad del líder de la Revolución cubana, Fidel Castro Ruz, se encuentra en el más bajo nivel entre los dirigentes políticos de la región, según las consultas a personas en dieciocho países.

Paranagua coloca, sin más argumentos y con toda intención, la dirección del sitio en Internet de esa institución: http: //www.latinobarometro.org/, para que su público consulte un excelso centro de proyecciones científicas, en el que los gráficos y las tablas incitan la emoción del pensamiento. Su único fin es poder mostrar y demostrar la verdad revelada de ciertas clases privilegiadas en las Américas.

Los pueblos de la región difícilmente podrían dar credibilidad a un barómetro identificado con las aproximaciones teóricas y los objetivos político-mediáticos de las oligarquías latinoamericanas. De sobra es conocido que constituyen unos sondeos con nula comprobación sobre el terreno de sus datos matemáticos y cientificistas. La carencia de evidencias y testimonios, para determinar quién es el más aceptado, el más popular y el más repudiado, en materia de liderazgo político en América Latina, mutilan el esfuerzo intelectual del barómetro regional.

Llama la atención que la encuesta haya hurgado en la aceptación del antiguo Jefe de Estado de Cuba, Fidel Castro Ruz, y no se haya detenido, por ejemplo, en conocer el grado de conformidad con otros ex presidentes de la región. Está ausente, por ejemplo, una valoración sobre George W. Bush, quien al frente de la administración de los Estados Unidos diseñó políticas desastrosas hacia América Latina y el Caribe, y llevó a cabo guerras que mantienen encendida la mecha de los conflictos a nivel global. Políticas y pésimos procedimientos que Barack Obama ha dado continuidad.

Para que sea creíble y con apego a la realidad, una encuesta sobre la dirigencia cubana debería hacerse en las calles de la Isla o al ritmo del calor humano en el tradicional acto de los trabajadores por el 1 de mayo, en la plaza de la Revolución de la capital cubana. En el ámbito latinoamericano bastaría entrevistar a las poblaciones beneficiadas con los servicios médicos de los especialistas cubanos. Una labor humanitaria que tiene en Fidel Castro Ruz especial seguimiento, como su principal promotor en el desarrollo de la política cubana de cooperación y solidaridad internacional.

Haití, es un ejemplo: más de 1 200 médicos cubanos brindan ayuda en un país que quedó totalmente devastado luego de sufrir un terrible terremoto y donde una epidemia de cólera hizo mayor los daños. Según las estadísticas publicadas, los médicos cubanos trabajando en 40 centros, a través de Haití, dieron tratamiento a más de 30 000 pacientes de cólera entre los meses de octubre y diciembre del 2009. Ellos son el mayor contingente extranjero en la atención médica de alrededor del 40 por ciento de todos los pacientes de cólera en ese país.

Y no es nuevo, el esfuerzo cubano a favor de la salud humana comenzó desde el triunfo mismo de la Revolución. Sus logros son apreciables en el hecho de que, para el 2011, se pronosticó la graduación en la República Bolivariana de Venezuela de 8 000 médicos, que fueron capacitados, en la teoría y en la práctica, con la cooperación de los especialistas cubanos, permitiendo así que Venezuela alcance niveles de salud que la ubicarán entre las primeras naciones del mundo.

De regreso a la evaluación de los líderes por el Latinobarómetro, queda al descubierto la intención de atacar y minimizar a los países de la Alianza Bolivariana para los Pueblos de Nuestra América (ALBA). No es casual que los dirigentes con las valoraciones más negativas, relacionados en la página 121 del informe, sean por este orden: Evo Morales, Daniel Ortega, Hugo Chávez y Fidel Castro.

Ni el barómetro latinoamericano, ni Paranagua tuvieron el buen designio de mencionar al presidente cubano Raúl Castro Ruz, que tan importante trabajo de continuidad de la Revolución cubana realiza de conjunto con la abrumadora mayoría de la población cubana. Tal vez eso se deba porque fue electo para perfeccionar el socialismo y consolidar la independencia política y económica de la mayor de las Antillas.

Por supuesto, la credibilidad del Latinobarómetro de la derecha latinoamericana es cuestionada, puesto que entra en contraposición con los sentimientos de los pueblos.

Además, lo corrobora el hecho de que el documento, en su página 15, sitúa a Estados Unidos a la cabeza de las "democracias" más consolidadas del continente. En contraste, coloca a Venezuela y Cuba en los últimos peldaños por debajo de Honduras, donde desgobierna un régimen resultante de un golpe de Estado entronizado bajo la complicidad silenciosa de los Estados Unidos y la derecha local.

Claro, como de costumbre, el barómetro no podía dejar de mencionar los incidentes con presos en Cuba durante el año 2010, y el proceso de excarcelación de un amplio grupo de ellos. Su diagnóstico reduce el acontecer anual de la Isla a esos hechos. No se refiere a sus importantes logros sociales, todavía ausentes en muchos países de la región. Obviamente, campea por su respeto la omisión de los profundos debates democráticos de su población en torno a las ideas programáticas de actualización del modelo económico a las condiciones de Cuba y el mundo.

Sin embargo, el barómetro –citado por Paranagua- acierta sobre algo que es inobjetable: el mayoritario rechazo de la opinión pública al bloqueo (lo llama embargo), algo que el periodista de Le Monde aborda con timidez en su artículo, y no se atreve a solicitar que sea levantado por la administración de Barack Obama. Estoy seguro que si Paranagua osa escribir en propiedad sobre los efectos del bloqueo contra Cuba, perdería la deleitable cobija, durante los 365 días del calendario, de su blog a la carga del diario Le Monde.

En efecto, un bloqueo que Cuba está padeciendo desde hace medio siglo y que ha causado, según cálculos realizados por el propio gobierno cubano, un daño económico directo acumulado, hasta diciembre del año 2009, ascendente a 118 mil 154 millones de dólares, pero que se incrementaría a 239 mil 533 millones de dólares si se tomara como base la inflación de precios minoristas en los Estados Unidos, y si se compara a la evolución del precio del oro la cifra sobrepasaría los 800 mil millones de dólares.

De ese escenario de todos los días a causa del bloqueo, Paranagua no desea hablar, pero mucho menos escribir.

Para más disparate, Paranagua apuntala su artículo con algunos pasajes de un pequeño libro de Claudia Hild. Ella es una profesora argentina que publicó un ensayo titulado "Silencio, Cuba: La izquierda democrática frente al régimen de la Revolución cubana" (Editorial Edhasa, Buenos Aires, Paz y Tierra, Sau Paulo). A juzgar por su presentación y los comentarios emitidos por Paranagua, la autora también se entretiene con la sinfonía que pretende desvalorizar el proceso revolucionario cubano.

Se comprende que Claudia Hild no está en condiciones de entender el proceso cubano. Le resulta imposible porque no va a sus raíces y no ha estudiado su evolución histórica. Paranagua se encarga de demostrarlo cuando cita las recientes declaraciones de la autora en Buenos Aires: "Estoy más cómoda con la teoría política que con la historia".

Aunque es desconocida la notoriedad de la profesora Hild, el solo hecho de presumir de la comodidad de ignorar la historia coloca interrogantes acerca de la metodología utilizada para el estudio de un proceso histórico por excelencia. Probablemente la revelación de Paranagua no haya hecho más que pregonar la existencia de una debilidad académica.

La profesora Hild debiera recordar que la teoría política surge de la historia. Se nutre de la historia. En otras palabras, la historia está en el origen de la teoría política. La historia es la fuente originaria de todas las ciencias sociales, incluyendo la filosofía. La historia es la primera ciencia que estudió la política. Todavía, en nuestro tiempo, la historia contribuye activamente a la elaboración de los principales enfoques teóricos de la política, independientemente de la orientación ideológica de sus exponentes.

La subestimación de los procesos históricos, de sus causas y consecuencias, obstaculizan la posibilidad de analizar con objetividad los fenómenos del presente y el carácter de sus fuerzas actuantes. Limita la capacidad del estudioso para tomar las lecciones del pasado y los requerimientos teórico- prácticos para transformar el mundo en beneficio de la humanidad. Hild no podría negar que en la historia también se encuentra la teoría, aunque ya sabemos que prefiere optar por esta última.

Fidel Castro, Cuba y el ALBA han demostrado que no existe el fin de la historia. Aún estamos lejos del triunfo de la teoría política sobre la historia, porque ambas ciencias se complementan en el estudio de los fenómenos políticos y económicos internacionales.

A juzgar por lo escrito sobre Cuba y América Latina, Hild privilegia los enfoques paradigmáticos de la derecha y de la ciencia al servicio de las oligarquías. Sí, de un sector minoritario que desprecia a los países del Sur y los mide con falsos barómetros, ocultando las realidades objetivas de las naciones, pueblos y grupos humanos.

En ese sentido, el Latinobarómetro se felicita en coronar en los mejores rangos democráticos y de derechos humanos a las potencias que imponen el pensamiento único occidental. Las mismas que ejercen un poder dominante a escala planetaria, gracias al concurso de un conjunto de países que siguen a cadencia de comparsita las disposiciones de los Estados Unidos y sus aliados de la Unión Europea.

Paranagua nos regala más de lo mismo por el nuevo año, desde su blog afincado en el afamado diario Le Monde. Trinchera en la que con asiduidad reitera que su pluma sigue fiel a sus vagos y febriles argumentos contra Cuba y los países miembros del ALBA. Su apego sin límites a la causa contra Fidel Castro, Hugo Chávez y otros líderes progresistas, se mantiene en pie, pues ha sabido ganarse el puesto de tenaz gladiador en el coliseo de las campañas mediáticas de la prensa francesa. Fidel Castro y Cuba siguen siendo sus temas preferidos. Fidel Castro es su obsesión personal y el más injuriado en toda la gacetilla periodística emanada de su estilo pusilánime.

Sin necesidad de un barómetro, desde el palco de los lectores, aprecio que el respeto por las estulticias elucubraciones de Paranagua se encuentran al mismo nivel de aceptación que otros cubanólogos parisinos implicados en escudriñar el acontecer cubano desde una óptica enrevesada y simplista. Siempre alineada con los que desean destruir la obra que defiende la abrumadora mayoría del pueblo cubano.

Pero mañana serán vilipendiados por Paranagua: Raúl, Orlando, Mariela, Eduardo, porque no son los nombres de personas el centro de sus rabiosos y frustrados artículos, sino lo que ellos representan en ideas de progreso y un futuro socialista en construcción para Cuba y por la izquierda latinoamericana, de la cual reniega y no quisiera saber.

Y, claro, todo esto se debe a la endeble comodidad de acogerse a una teoría con límites estrechos para la talla del Sur político. A la insistencia en el "fin de la historia". Por ver el nacionalismo donde existe el patriotismo. Por sufrir la insoportable levedad del desconocimiento histórico. Y persistir, finalmente, en la búsqueda de un aguinaldo para cada nuevo año.

1.3. CUBA HA INSPIRADO A MUCHAS GENERACIONES EN TODO EL MUNDO.

En su último libro titulado "Golpes y Heridas - 50 años de secretos compartidos con François Mitterrand", el antiguo ministro de Asuntos Exteriores de Francia, Roland Dumas[ii], describe sus principales recuerdos e impresiones sobre Cuba.

Alejado de la actividad oficial que entraña la diplomacia, Dumas reconoce sin tapujos cómo la Revolución cubana ha inspirado a muchas generaciones en todo el mundo, aunque él en lo personal no se considere fascinado con el sistema político cubano.

Revela en detalles la admiración de Danielle Mitterrand, viuda del expresidente François Mitterrand, también fallecida, y Mazarine Pingeot, hija de François Mitterrand, por los avances sociales de Cuba en educación y salud, así como por el Comandante en Jefe Fidel Castro Ruz, líder de la Revolución cubana.

Entre otros pasajes y tonalidades, que no es mi propósito reflejar en esta crónica, el autor reseña la visita de Michel Charasse, senador de Puy-de-Dome, a Cuba, y su conversación calurosa con Fidel Castro Ruz, durante un desayuno de trabajo. A la sazón los lazos entre ambos países se estrecharon, y es así que, en marzo del año 1995, Fidel es recibido, por primera vez, en el Elíseo por François Mitterrand, a solicitud expresa de su esposa Danielle.

Dumas refiere en sus recuerdos que la primera dama rompió en ese momento con el protocolo de la República francesa al besar con fulgor al barbudo, mientras que Mazarine tuvo el gesto de hacerle una visita discreta a Fidel en su alojamiento del Hotel Marigny de Paris.

El escritor narra en sus vivencias los encuentros en Cuba con Ricardo Alarcón de Quesada, presidente de la Asamblea Nacional del Poder Popular, quien le propició la posibilidad de saludar a Raúl Castro Ruz, presidente de los Consejos de Estado y de Ministros, en ocasión de su visita a La Habana con motivo de sus gestiones en calidad de abogado de un ciudadano francés procesado por la justicia cubana.

Con particular interés, el excanciller galo afirma que ha mantenido al corriente a la primera dama Carla Bruni-Sarkozy sobre la situación de su cliente en reclusión en la Isla, atestiguando haber visitado las prisiones cubanas, las cuales no son sórdidas, como alguien podría imaginarse, pues los presos disponen de teléfonos y su cliente, si lo desea, llama a su abogado cubano en el día o la noche.

Estos son algunos de los fragmentos más llamativos dedicados a Cuba en el más reciente libro de Roland Dumas, quien cuenta su impresionante aventura al servicio de la política exterior francesa. En el recorrido por las páginas de este voluminoso libro, Dumas nos advierte que su verdad ha estado siempre del lado de los progresistas, de los descolonizados y de aquellos que tenían cierta idea de Francia.

El libro "Golpes y Heridas", publicado por la conocida editorial Cherche Midi, entrega, no sin distancia ni ironía, una vida de pasión y de combate de una de las personalidades más relevantes de la política y la diplomacia de Francia en la segunda mitad del siglo XX.

1.4. LA GALERÍA DE MERCENARIOS CUBANOS EN EL DIARIO FRANCÉS "LE MONDE".

La firma del tristemente célebre Paulo A. Paranagua reapareció, el 27 de julio del 2011, en el diario francés Le Monde, émulo de El Nuevo Herald de Miami en París, -cuando se trata de escandalizar la realidad cubana actual- para acuñar un artículo con el siguiente título: "En Cuba, la oposición unida para exigir reformas". "En respuesta a la restructuración económica iniciada por el gobierno, los disidentes exigen democracia". Ese anuncio engañoso, al igual que su infame contenido, merecen un comentario, sabiendo de antemano que fue escrito con la intencionalidad de una pluma desconcertada en su carencia de independencia intelectual para reflejar la verdad.

Sin más dilación, el artículo de marras encierra una profunda frustración por la imposibilidad de los Estados Unidos de derrotar a la Revolución cubana en el contexto internacional actual, y la incapacidad de sus fieles servidores para lograr un cambio en la sociedad cubana, en la dirección de los intereses estratégicos del poder imperial y de los sectores reaccionarios que en el mundo lo sustentan.

En ese texto se destila el insondable resentimiento y recelo de los veteranos mercenarios al servicio del imperio hacia unos supuestos jóvenes blogueros que, desde ahora, se erigen en los nuevos puntos de lanza contra la Revolución cubana. Sin embargo, tanto unos y otros, aunque ubicados en generaciones diferentes, no se juntan por el deseo sincero de reformas económicas y democracia para su país, sino por el ánimo de lucro de la ruta del dinero estimulada por Washington y las instituciones europeas, siempre en busca de la mejor oportunidad para el otorgamiento de un deslumbrante premio respaldado en varios miles de dólares estadounidenses o euros.

Lo cierto es que Paulo A. Paranagua nos presenta una historia de inigualable sentimiento humanitario a favor de la biografía de uno de los más descollantes servidores de los Estados Unidos en Cuba, por obra y gracia de las campañas mediáticas generadas en la superpotencia y extendidas con simpatía a través de los grandes medios de la prensa europea. Así se nos habla de un Oswaldo Payá (fallecido en el año 2012, en un accidente de tránsito) en condición de un preclaro profeta de la política con devoción religiosa y portador de un denominado "proyecto Varela", conocido por llevar intrínseco los mismos objetivos del "plan Bush" para Cuba: el desmontaje del sistema político socialista y el comienzo de una transición con la brújula puesta en los maquiavélicos fines que los poderosos círculos de poder extranjeros desean imponer a la mayor de las Antillas.

Sí, Paulo A. Paranagua intenta impresionar a la opinión pública gala con una nota cargada de imprecisiones y falsedades sobre los supuestos opositores, cuyo plan desalmado es bien conocido y no goza de respeto ni de credibilidad entre la abrumadora mayoría de los isleños, quienes desprecian el entreguismo a los propósitos del imperio estadounidense y al actuar hegemónico de las potencias extranjeras, lo cual cada vez es más aborrecido por las sociedades de América Latina y el Caribe.

Debe conocerse que las tareas desempeñadas por los supuestos disidentes u opositores cubanos están vinculadas estrechamente a una política criminal contra su propia nación, ya que siguen a ritmo de comparsa los caminos imperdonables que justifican el bloqueo económico, comercial y financiero, la inclusión injusta de Cuba en la lista de países terroristas y en cuanto repertorio se les ocurra confeccionar a los que se pretenden amos del planeta. Esas listas están dirigidas a la creación de un ambiente internacional que propicie el mantenimiento del bloqueo y una intervención militar contra un país soberano que ha respetado de forma ejemplar el Derecho Internacional Público y solo aspira a construir un futuro de paz que permita el desarrollo económico en beneficio de su población y de la cooperación internacional entre los gobiernos y pueblos que así lo deseen.

En la galería de mercenarios presentada por Paulo A. Paranagua, se mencionan otros nombres no menos repugnantes como un tal Manuel Cuesta Morua que hace de la doctrina socialdemócrata en Cuba un medio de vida, para obtener a cambio publicidad y apoyo financiero externo. Es conocido que

Manuel Cuesta Morua actúa por codicia personal y carece de reconocimiento social. Además, la socialdemocracia es una concepción que no se ajusta a la historia y cultura política cubana. De ahí la falta de perspectiva en concebir desde el exterior una variante política inoperante para la realidad cubana. A eso se suma el estruendoso fracaso del modelo y de las ideas socialdemócratas en Europa y en otras regiones en las que se intentó aplicar ese paradigma, siguiendo las lecciones de los partidos socialdemócratas europeos que se denominan socialistas, los que también han defendido el sistema capitalista y aplicaron, desde posiciones gubernamentales, la política económica neoliberal.

En la travesía por la exhibición de las marionetas al auxilio de los centros de poder occidentales, sobresalen varios nombres que el autor los clasifica en una extraña tendencia de derecha liberal. Ellos son: Martha Beatriz Roque, Héctor Maceda, Laura Pollán o Guillermo Fariñas, cada uno bien ubicado en sus respectivas actividades a sueldo por la Oficina de Intereses de los Estados Unidos en La Habana, destinada a poner en práctica sobre el territorio cubano las prioridades que persigue la política exterior de subversión interna del gobierno estadounidense contra Cuba.

No hay duda que Paulo A. Paranagua vuelve a engañar con total impunidad a sus lectores y coloca al diario Le Monde en una situación de alto desprestigio, cuando resalta una inexistente unidad entre un reducido grupo de personas sin influencia y credibilidad en la sociedad cubana. Eso sucede simplemente porque constituyen la correa de transmisión de los inútiles deseos imperiales y por la disputa permanente que los caracteriza en busca de dinero para la realización de sus despreciables intereses individuales.

Resulta convincente que semejante lacra social nunca encontrará legitimidad en un pueblo que confía en su dirigencia y que atraviesa un intenso proceso de debate democrático con la participación de nueve millones de personas en la búsqueda de soluciones a los problemas de la sociedad y la actualización del modelo económico socialista.

Es muy probable que la reafirmación del carácter socialista de la Revolución cubana, el 26 de julio del 2011, en la ciudad de Ciego de Ávila, haya tenido un efecto perturbador en la inteligencia de Paulo A. Paranagua. Tal vez por eso su motivación de citar una declaración que de unitaria solo tiene la publicidad otorgada por las páginas de Le Monde. El mencionado documento firmado por un grupúsculo confunde, a la ligera, la realidad cubana con los sueños empecinados del Tío Sam. No sé por qué Paulo A. Paranagua se empeña en la quimera de unir a quienes nunca se han identificado en una lucha verdadera, a quienes nunca podrán ensamblarse para una causa común, pues no defienden un proyecto nacional de justicia social y genuinamente democrático que se proponga la preservación de la independencia y la soberanía de Cuba.

Paulo A. Paranagua es un apasionado de una causa pretérita y cabalga fuera de tiempo, al lado de los que se sostienen bajo la tutela de los adversarios de la nación cubana: los Estados Unidos, en decadencia, y las viejas potencias coloniales en severa crisis económica, a pesar de que todavía cuentan con enormes riquezas resultantes de la dominación y el saqueo económico impuesto durante siglos a los países colonizados.

Paulo A. Paranagua, una vez más, escribe sobre personajes que mancillan para siempre su labor profesional. Al apoyar a un reducido grupo de personas que desean lo peor para el destino de su propia patria y con vínculos, algunos de ellos, con las organizaciones terroristas de Miami, se convierte en un cómplice de las acciones terroristas contra Cuba, a sabiendas de que, desde hace mucho tiempo, es uno de los más activos exponentes, en Francia, del terrorismo mediático contra el proceso cubano.

La labor de los mercenarios, y del periodista que los distingue, es sórdida por la naturaleza de su contenido. Sus motivaciones reales están unidas por el cordón umbilical del sacrosanto itinerario del dinero dispuesto en la liberación oficial, por parte de John Kerry, presidente de la Comisión de Relaciones Exteriores del Senado de los Estados Unidos, de 20 millones de dólares, tras las presiones de los agentes de la mafia anticubana de Miami, con el objetivo de financiar a quienes cumplen en Cuba con las orientaciones de Washington.

En la lectura de los pasajes de Paulo A. Paranagua, he observado su obsesiva inadaptabilidad y preocupación patológica por los nuevos y favorables tiempos que corren, para Cuba, en el escenario latinoamericano e internacional. Basta un ejemplo: la reanudación de las relaciones normales de diálogo político y cooperación bilateral con varios países europeos, que es expresión de una etapa de oportunidades entre estados soberanos y del análisis objetivo de anteriores políticas inoperantes y obsoletas, que limitaron los valiosos vínculos existentes en diversos sectores entre los pueblos y estados respectivos.

En ese sentido, la Posición Común de 1996 es un ejemplo fehaciente de una proyección fracasada en sus intentos de tratar de cambiar, desde el exterior, el sistema político cubano, subestimando la capacidad de los cubanos de solucionar sus propios problemas y de defender sus conquistas sociales mediante la actualización del modelo económico para preservar el socialismo por la voluntad amplia del pueblo, expresada en los debates públicos que antecedieron y continuaron después del VI Congreso del Partido Comunista.

Lo mejor que tiene el futuro es su carácter muchas veces impredecible, pero los cubanos haremos todo lo humanamente posible para que Cuba no vuelva a caer bajo la dominación colonial o neocolonial estadounidense, ni para que el país sea conducido por irresponsables al servicio de la potencia vecina, pues ejemplos de entreguistas a los designios de los Estados Unidos sobran en la historia cubana de antes del 1 de enero de 1959. El paso del tiempo no podrá borrar la historia, la dignidad y la memoria de los pueblos. Estoy seguro que, sobre eso, Paulo A. Paranagua nunca ha reflexionado.

Los mercenarios, Paulo A. Paranagua y el diario Le Monde, deberían tener en cuenta el supremo concepto de la Revolución cubana de que nada que atente contra la soberanía nacional y la libertad del pueblo cubano puede quedar impune, venga de donde venga.

1.5. TERRORISMO MEDIÁTICO EN EL DIARIO FRANCÉS "LE MONDE".

El diario francés Le Monde publicó, el 4 de mayo del 2011, un esquelético artículo bajo una "neutra" y tímida firma de tres iniciales: P.A.P. Esta rúbrica enigmática mostró un título de Frankenstein para los lectores, pues, nada más y nada menos, colocó el nombre de Orlando Bosch, en recordación a su fallecimiento en Miami, Estados Unidos, el 27 de abril del 2011, a los 84 años de edad. [iii]

Con el crédito P.A.P. (epigrama: "Para Asuntos Perjudiciales")[iv], desde las páginas de Le Monde, se han escrito innumerables gacetillas contra Cuba que gozan de muy baja reputación social. Muchos simpatizantes en Francia con la Revolución cubana confesaron, a este cronista, que todos los días buscan afanosos, en los estanquillos o en un blog de Internet alojado en el sitio web de Le Monde,

las costumbristas glosas de P.A.P. para sola-
zarse con la lectura de enunciaciones para-
noicas que por su superficialidad, manipulación, engaño de situaciones basadas en la
vida real, parecen una burla a la dignidad del
oficio periodístico.

En esos cinco párrafos dedicados al tristemente célebre Orlando Bosch, se intenta esconder que el personajillo fue un terrorista de
la peor especie, amamantado por los Estados
Unidos y, por obra y gracia del sacrosanto
"destino manifiesto", convertido en un "gladiador por la libertad" para encubrir su abo-
rrecible accionar a favor del terrorismo de Estado aplicado contra Cuba durante más de
cinco décadas. Una política de terrorismo de
Estado que se mantiene todavía vigente en
las concepciones de la política exterior estadounidense contra la mayor de las Antillas,
dando lugar aún a la planificación de actos
violentos que han causado al pueblo cubano y
a sus dirigentes, hasta una fecha tan reciente
como el 2010, una suma de 5577 víctimas,
que se reparte en 3478 cubanos muertos y
2099 incapacitados.

Esas conmovedoras cifras, a las cuales contribuyó con entusiasmo Orlando Bosch en colaboración con Luis Posada Carriles -conocido
por el alias de "Osama Bin Laden de las Américas"-, mediante la colocación de bombas y la
realización de sabotajes sangrientos en instalaciones públicas cubanas, no se mencionan
en la nota de P.A.P. Quizá porque su visceral
odio hacia un pueblo revolucionario lo convierten en un ser insensible ante la muerte

de miles de personas y ante el dolor de tantas
familias cercenadas por la pérdida de sus seres queridos víctimas de los explosivos "made
in USA". Tal vez porque solo le interesa resaltar con sutileza las supuestas virtudes de
un Bosch consagrado a una dinámica terrorista cuyo significado es "luchar por la democracia" y, en sintonía con la retórica estadounidense, es comunicada por P.A.P con el eu-
femismo de "activista cubano contra el comunismo".

Así las cosas, el malabarista de las letras
que encarna P.A.P. pegó palabras en un obi-
tuario que resaltó las dobles condenas impuestas al terrorista por cometer atentados,
sellando la partida con una cita de las memo-
rias de Orlando Bosch denominada: "Los años
que he vivido", en la que esgrimió no haber
tenido "ninguna responsabilidad en el sabotaje" del avión de la compañía Cubana de
Aviación en 1976, que causó 73 muertos de
diferentes nacionalidades. Aunque la verdad
histórica es que los hechos fueron probados y
que en el binomio Posada Carriles-Bosch reside la ejecución de ese acto cruel y bárbaro
dirigido por la Agencia Central de Inteligencia (CIA), y que más tarde Posada Carriles
confirmó, sin remordimiento alguno, con una
breve expresión: "Sí, pusimos la Bomba: ¿Y
qué?"

Una fingida imparcialidad, como vicio periodístico, es la norma en los trabajos de P.A.P.
contra Cuba. Por eso carece de fuerza moral
para escribir con justicia en las páginas del
diario Le Monde –tal vez la censura no se lo

permita- lo políticamente cierto: el terrorista Orlando Bosch murió en Miami en total impunidad, sin haber pagado por sus crímenes. Permaneció mucho tiempo bien protegido por una mafia que actúa a su antojo en una ciudad que trasciende por ser el reino de la violencia, el abuso y la arbitrariedad. En ese sentido, puede decirse que la CIA junta a los terroristas en sus fines perversos y Miami los cobija con la complicidad de las instituciones oficiales de los Estados Unidos. Pero por razones editoriales, P.A.P está obligado a esconder la verdad a sus lectores. ¿Sería mucho pedirle a P.A.P que se subleve contra sus amos o que su estilo cobre una mirada justa sobre Cuba?

En mi opinión, esas verdades sobre el terrorismo contra Cuba son tan altas como un templo y no tendrían nunca espacio en un periódico de la naturaleza del diario Le Monde. Ni imaginarse que P.A.P. tendría una pizca de valor para sostener la veracidad sobre el terrorismo contra Cuba en una de sus escuálidas saetillas, porque el contenido de su prolífera obra periodística contra lo que él denomina "el régimen de Castro", se ajusta al género de crónicas que privilegian la intimidación del público mediante la aplicación de técnicas de destrucción de las ideas de forma intencional e intensiva, las cuales por su efecto de destrucción masiva de la imagen de Cuba podrían catalogarse de "terrorismo mediático".

P.A.P. al edulcorar el pasado terrorista de Orlando Bosch, se hace cómplice y cae, una vez más, en el "terrorismo mediático" contra Cuba. Por eso no menciona la injusta inclusión de la Isla en una ilegítima lista de países terroristas ratificada por la administración del presidente Barack Obama, pese a que siempre el país agresor ha sido los Estados Unidos, y Cuba el agredido.

Sin duda, el "terrorismo mediático" guarda relación con el terrorismo que producen las "bombas libertarias" lanzadas contra determinados países, con las acciones encubiertas para asesinatos individuales y colectivos, en abierta práctica de la ley del Talión: "ojo por ojo, diente por diente", al más puro estilo del Oeste estadounidense, puesto que, en el caso de los medios de prensa, se trata de asesinar las ideas, perturbarlas y dejarle a los individuos secuelas de por vida en la capacidad de discernir sobre los procesos políticos en otras naciones que se desean libres e independientes de las potencias dominantes.

En la historia contemporánea el "terrorismo mediático" es la antesala de la guerra contra los países y gobiernos catalogados de indeseables por los Estados Unidos. Lo más curioso en el diario Le Monde es su voluntad de rebajamiento a periódico de segunda categoría, a un típico libelo del terruño, desde el momento que publica en su portada, y en otras secciones de la misma edición, referencias al egregio terrorista Osama Bin Laden, de los terroristas de Al Qaida, de los terroristas en Marrakech, pero, en contraste, no menciona una palabra sobre sus propios "terroristas mediáticos" como P.A.P; quien, por su obsesión e irracional postura anticubana, ha analizado de forma simplista la vida de uno de los más connotados terroristas de las Américas. Claro, P.A.P. es un fiel asalariado en línea con los intereses de la edición y vale la pena aupar su pluma.

Reconozco que de otro modo no sería posible para P.A.P. escribir en las páginas de Le Monde, un diario que agoniza en los marcos de una prensa mutilada por la orientación de recrear argumentaciones favorables a los grandes centros de poder mundial. No obstante insisto, ¿P.A.P. podría escribir de otro modo? La solución del problema requeriría de una investigación científica de amplio calado y ese no es el fin de estas líneas, centradas, únicamente, en la nota del 4 de mayo del 2011 en el periódico Le Monde.

Por favor, no nos perdamos en desvaríos inútiles. Allá los científicos. P.A.P. también simplifica y silencia el abultado historial de acciones terroristas contra Cuba, porque es la razón por la cual Cinco cubanos fueron a Estados Unidos para salvar vidas, ahorrar nuevos sufrimientos a las familias en la Isla y evitarles nuevas acciones terroristas, con sus secuelas de daños económicos a una nación que sufre un bloqueo comercial y financiero por la única superpotencia mundial. Sobre este asunto aseguro que no encontrará una mención, ni mínima ni enjundiosa, en el diario Le Monde.

Mientras tanto, los Estados Unidos sigue protegiendo a Luis Posada Carriles en el contexto de una "nueva" cruzada contra el terrorismo. Sí, señores, ni una palabra, pero los Cinco antiterroristas cubanos cargan una prolongada prisión en cárceles de los Estados Unidos, sin que se repare la injusticia a la que son sometidos bajo la sordina cómplice de los grandes medios de la desinformación serviles a los intereses de las potencias dominantes.

Pero ya no queda tiempo para ambigüedades y confusiones, P.A.P. está bien alineado con el campo de los poderosos que acechan a Cuba. Su tendencia creciente es la defensa de los archiconocidos terroristas poniéndoles el disfraz de "activistas cubanos". De insistir en ese carril, P.A.P. proseguiría en una aventura que apuesta furtivamente a la declinante credibilidad de Le Monde sobre los temas de América Latina y el Caribe, lo que sin discusión perjudica a uno de los principales diarios bandera de la presumida libertad de expresión en Francia. Visto así, amén.

1.6. EL GRAN NOTICIERO DEL TERROR CONTRA CUBA EN FRANCIA.

Desde el balcón de mi residencia parisina, el agradable sol primaveral –tórrido en horas de la tarde para la mayoría de los franceses- me sirvió de motivación tropical para un artículo basado en un hecho real que se reitera con distintos actores políticos y periodistas en la televisión francesa.

El día miércoles 20 de abril del 2011, el señor Jack Lang, diputado por el Partido Socialista, acudió a un programa de gran audiencia: "Le Grand Journal" (El Gran Noticiero) del Canal + con el supuesto de debatir diversos temas relacionados con la política interna francesa; pero para sorpresa de muchos espectadores, el periodista Jean Michel Aphatie entonó su conocida estridencia anticubana para precisarle a Lang su enfoque de predilección: "¿Es Fidel Castro un dictador de la peor especie?" "Por sus prisioneros políticos y las personas que apenas pueden respirar, mientras solo quedan algunos comunistas.", apostilló Aphatie, en un contexto en que se presentaban imágenes de Fidel acompañado del presidente cubano Raúl Castro Ruz, en el plenario del VI Congreso del Partido Comunista de Cuba.

A la sazón, cabría preguntarle a Aphatie por qué, con tantos temas en Francia y en la agenda de la política internacional, siempre tiene que hacerle a sus entrevistados la misma pregunta, como si su repertorio se resumiera a una interpelación, como si le pagaran por repetir una y varias veces la palabra "dictadura". Ante esta situación extravagante, se podría sugerir a los lectores buscar el nombre de Aphatie en la nómina del Cuban Money Project, un centro de pago a los periodistas de diversos países para que entrevisten en contra del gobierno cubano; por lo que, en adelante, habría que dilucidar si Aphatie ya aparece o si aspira a que lo tengan en cuenta en la lista del dinero ante la reducción creciente del "poder adquisitivo" en su entorno. La ruta del dinero en Aphatie sería una investigación interesante que ayudaría a despejar la causa de su maligna actitud hacia Cuba, pues, hasta ahora, se me ocurren tres hipótesis fundamentales: es una cuestión de mercenarismo al servicio de grandes potencias; es un apego ciego, sin límites, a la ideología anticomunista; se trata de una compleja patología mental todavía no diagnosticada.

Pero sigamos. A la brutal tortura del antipático Aphatie, quien repetía a ritmo de ritornelo: "dictadura, dictadura, dictadura", con voz segunda de un conjunto musical, Lang intentó hilvanar palabras, pero, tal vez, "inconscientemente" salieron favor del objetivo propuesto por su entrevistador, que consistió en llevarlo a una posición indigna, hasta que cayó como una endeble caña brava a la orilla de un rio, algo que casi siempre sucede con el azote de vientos huracanados.

El ruido de aquel estribillo subliminar, con acento de Aphatie, perturbó la inteligencia de Lang, quien confesó a su inquisidor que, a toda prueba, tenía razón: "Fidel Castro es un dictador, un opresor que impuso un régimen político a su pueblo". Desde entonces, Lang siguió en completa sintonía de jolgorio con Aphatie, hasta recordar bellas palabras del iluminismo francés: "Castro es un déspota ilustrado, que obtuvo logros en cultura, cine, educación y salud". Así lo sorprendente es que, en un sistema cruel y de opresión, pueden lograrse semejantes conquistas sociales, las mismas que hoy existen en Cuba, trabajándose intensamente para su ampliación y perfección.

Pero Lang traía en su plegaria contra Fidel una verdad revelada, y ese era el momento para publicarla: "Sí, evidentemente, Cuba es una dictadura". Y lo dijo con la transparencia del agua bendita que corre por el hermoso Sena. Claro, para mostrar que es un candidato ideal e idóneo al nuevo puesto de "defensor" de los derechos humanos.

Lang retozó con la acreditación mediática de Fidel y Cuba, de dictador y dictadura, y quiso matizar sus criterios con visos de una apócrifa imparcialidad cuando benefició al presidente estadounidense Barack Obama con la voluntad de diálogo y de cambio de la política hacia Cuba, ignorando la nítida posición del gobierno cubano acerca de esta problemática, que le fuese transmitida, en el 2009, por el presidente Raúl Castro Ruz durante horas de conversación en La Habana, que lo enaltecieron y emocionaron en calidad de "emisario especial" del presidente Nicolás Sarkozy. Habría que preguntarle al bien informado Jack Lang, por qué ignoró las apreciaciones sobre el tema de James Carter, ex presidente estadounidense, quien, en visita a la Isla, se reunió con Fidel y Raúl, sosteniendo amplios encuentros con sectores e instituciones de la sociedad civil cubana y de la llamada disidencia tutelada por Washington. Estas omisiones mutilaron todo equilibrio en sus festinados juicios sobre Cuba.

En el programa el dios crono corría veloz.

Aphatie había casi ganado el debate cuando Lang se burló del tiempo: se vistió de gladiador intrépido y en un segundo entró en desacuerdo con un "embargo anormal" que los cubanos consideran un bloqueo económico, comercial y financiero", porque significa un conjunto de acciones agresivas mantenidas, por medio siglo, para destruir a todo un país, o sea, un verdadero genocidio, pero que en apego a la "moralidad" de un francés es un simple "embargo", que no debería existir después de la "guerra fría". Tal parece que las estrategias, los métodos y los procedimientos de ese período nefasto en las relaciones internacionales no se aplican hoy en la política internacional, y en las guerras calientes que los imperialistas occidentales practican con la participación de la OTAN en África y Medio Oriente. Sí, por mezquinos intereses geopolíticos y económicos en sus fines de dominación global.

En fin, Jack Lang estuvo irreconocible en el estudio del Canal +, y asumió una postura irrespetuosa hacia el líder y fundador de la primera Revolución socialista que habla español, y que es tan autóctona – lo seguirá siendo- como el pingorotudo de su palma real. Lamentablemente, este factor de índole civilizatorio fue soslayado por Lang: un avezado conocedor de cuestiones socio-culturales.

Nadie como el novelista Gabriel García Márquez, premio Nobel de literatura, genuino embajador de la cultura universal, ha podido captar al Fidel auténtico, puesto que lo hizo en su artículo titulado: "El Fidel Castro que yo conozco", del cual deseo compartir un fragmento con los lectores:

"Fidel es el antidogmático por excelencia (...) cuando habla con la gente de la calle, la conversación recobra la expresividad y la franqueza cruda de los efectos reales. Lo llaman Fidel. Lo rodean sin riesgos, lo tutean, le discuten, lo contradicen, le reclaman, con un canal de transmisión inmediata por donde circula la verdad a borbotones. Es entonces que se descubre al ser humano insólito, que el resplandor de su propia imagen no deja ver. Este es el Fidel Castro que creo conocer: un hombre de costumbres austeras e ilusiones insaciables, con una educación formal a la antigua, de palabras cautelosas y modales tenues, e incapaz de concebir ninguna idea que no sea descomunal. Sueña con que sus científicos encuentren la medicina final contra el cáncer y ha creado una política exterior de potencia mundial, en una isla 84 veces más pequeña que su enemigo principal."

Después de estas palabras del célebre novelista, el show Aphatie-Lang es un espectáculo bajo y risible que roza con el peor estilo miamense basado en el terror mediático sobre y contra Cuba. Lo que sí resulta evidente es que Lang no conoce al Fidel real, tampoco le interesa conocerlo a plenitud, porque es un revolucionario radical, anticapitalista y antiimperialista.

A Lang solo le concierne la democracia burguesa y la institucionalidad capitalista impuesta a sangre y fuego por las ricas potencias occidentales.

A Lang solo le incumbe la puja por obtener el bien remunerado puesto francés de "defensor de los derechos", en disputa también por otros excelsos paladines de los "derechos humanos y la democracia occidental". Y me refiero a Bernard Kouchner, quien -a diferencia de Lang-, aduce razones íntimas y entrecruza sentimientos del corazón para manifestar su odio visceral a Fidel, considerado un "malvado dictador" en sus asiduas diatribas anticubanas en la radio francesa. En ambos casos, ni con el travestismo mediático podrían lograr su "ilusión" de adjudicarse el disputado cargo.

Mientras la contienda por la justiciera responsabilidad de "defensor de los derechos" continúa, Lang, aturdido de oportunismo y por el látigo despiadado de su verdugo Aphatie, pudiera encontrarse todavía tan aquejado como el público de la emisión estelar del Canal +, o, por qué no, absorbido en el análisis filosófico y semántico de este texto insondable: "Cuba: todo es y todo no es. Cuba: nada es y nada no es. Cuba: es lo que es y no es lo que no es. Sí es no y no es sí. Donde dije digo, ahora digo Diego".

Así de graves son probablemente las lesiones cerebrales que deja Aphatie en las personalidades políticas que con frecuencia son invitadas al gran espectáculo del Canal +. Desde luego, señores, este es, en mi opinión, el periodismo de la peor especie sobre Cuba en Francia, que por sus impactos y secuelas en las mentes de millones de personas pudiéramos clasificar de gran noticiero del terror.

Créanme. Siento piedad por Jack Lang: un hombre que ama la cultura y profesa el sueño del "Duende cubano".

1.7. APARECE EN FRANCIA NOVELA SOBRE EL CHE.

Publicada por la editorial francesa Publibook, circula en Paris la novela "Cuba mi amor", de Kristian Marciniak, quien reconoció en mensaje a este cronista que Cuba ha sido en su vida el país que le concedió mayor felicidad, las más grandes alegrías y las más bellas emociones, entre las cuales se encuentra el orgullo de haber conocido al Che y trabajado junto a él en el Ministerio de Industria.

La novela "Cuba mi amor" es un libro impresionante de más de 400 páginas que posee una extraña combinación de un título en español para un contenido en francés, en una portada que ilumina con la más célebre foto del Che, expresión de toda la dignidad y de una mirada fija hacia el fututo de luchas por el socialismo en Cuba, América Latina y el mundo, como realmente ocurrió en el transcurso del siglo XX y sucede todavía hoy en "Nuestra América".

En mi opinión, se trata de una novela biográfica, de testimonio histórico y político que nos muestra la vida interesante, azarosa, difícil y la aventura de dos personajes: Jackie y Kris, ambos influenciados por el triunfo de la Revolución cubana y su gran admiración por el Che y Fidel, a quienes conocieron, a inicios del proceso revolucionario, en sus años de estancia y trabajo solidario en Cuba.

Este libro describe, con justicia y rigor, la modestia y la calidad humana del Che, asesinado, por orden de la CIA, en Bolivia. Enfoca la traición de un francés en la guerrilla, cuyo nombre no se menciona porque sabemos quién es, a partir de las referencias explícitas al diario del Che. Nos entrega hermosos diálogos del Che con Jackie en La Habana, nos acerca a sus ideales comunistas, a la unidad de acción y de pensamiento entre el Che y Fidel; y así nos cuenta la importante contribución del Che a la construcción del socialismo en Cuba.

Esta novela es un viaje histórico por decisivas etapas de la Revolución cubana: la temprana imposición por los Estados Unidos de un bloqueo económico, comercial y financiero, la invasión mercenaria por Playa Girón en 1961, la crisis de octubre o de los misiles en 1962, el robo de médicos y profesionales para debilitar la naciente Revolución, las acciones terroristas y atentados contra Fidel, e incluso la obstinada política de Washington dirigida a construir una oposición política contra el gobierno revolucionario con el pretexto de la defensa de los "derechos humanos".

La compleja evolución de la historia de Francia, de la Revolución de 1789 hasta la actualidad, y la interacción con Cuba de algunas de sus personalidades políticas y culturales, queda reflejada en las páginas este libro. Se encuentra también en el texto la vasta

erudición del autor con importantes menciones a la cultura universal, francesa y cubana,
a través de la música y la literatura, tanto
clásica como popular, el baile de la salsa
acompañada del mojito o el ron cubano y el
elogio a la belleza y simpatía inevitable de la
mujer cubana. Todo esto y otras historias paralelas, se pueden leer en este libro fascinante de 26 capítulos de fácil lectura, que dejan bien claro la magnitud de una obra que no
constituye un documento de propaganda política.

El autor demuestra su talento y capacidad
para recrear una historia basada en sus recuerdos personales, la investigación de acontecimientos reales en revistas y periódicos
parisinos y cubanos. El frecuente desplazamiento en el tiempo histórico y presente, sin
perder la lógica narrativa de la trama principal, de la política cubana, francesa y europea,
constituye uno de los elementos que más
atracción me produjo de la lectura de esta novela.

Considero que es consustancial con el ideal
y la práctica comunista de Marciniak, su honestidad política y literaria que apunta hacia
un cierto realismo en la intención de evidenciar las cosas tal y como fueron (son) sobre el
fracasado socialismo en Europa del Este, los
problemas del Partido Comunista francés, las
actuales contradicciones en Cuba, así como la
injusticia de dar lecciones desde el exterior -
sin autoridad moral- a la Revolución cubana.

Marciniak nos ofrece, una vez más, su amistad, su fidelidad, su alegría de vivir, su amor por Cuba. Reitera su compromiso personal con el pensamiento comunista y la obra de Fidel y el Che, no pocas veces atacada por feroces campañas mediáticas en Francia.

Esta novela puede considerarse un homenaje a sus cuatro héroes principales: Che, Fidel, Jackie y Kris. Sería positivo que este libro se difunda y sea conocido por las nuevas generaciones con el objetivo de que Cuba continúe por siempre en Revolución y siga siendo: "Mi amor, nuestro amor".

1.8. LAS EXPERIENCIAS SOCIALISTAS EN ÁFRICA.

La presentación de un novedoso libro, en Paris, sobre las experiencias socialistas en África, durante el periodo 1960-1990, -con motivo del 50 aniversario de la independencia africana- abrió un debate de plena actualidad con los escritores comunistas Henri Alleg y Francis Arzalier, en el cual coincidieron que la independencia de los países africanos no fue un regalo de las metrópolis coloniales porque, después del año 1945, surgieron, al interior de ese continente, movimientos y fuerzas sociales que lucharon por la liberación de sus pueblos.

Ambos intelectuales expresaron, además, que esos movimientos populares encontraron el respaldo solidario del Partido Comunista Francés (PCF) y de la Confederación General de Trabajadores (CGT), actores de la política francesa que, en su momento, ejercieron una influencia favorable en la génesis y desarrollo de las fuerzas progresistas africanas.

Los comentarios de Henri Alleg reconocieron la ejemplar labor internacionalista de la Revolución cubana en África; primero, en el apoyo a la independencia de varios países y, posteriormente, con el envío de médicos y colaboradores, lo cual también se refleja en el contenido de la obra y sus testimonios gráficos, donde aparece incluso una foto de Fidel Castro Ruz, durante su visita de tres días a Etiopia en el mes de marzo de 1977.

En este libro, bajo el sello de la Editorial "Les Temps des Cerises", el lector encuentra valoraciones sobre las principales causas que dieron inicio a los cambios revolucionarios en Malí, Ghana, Guinea, Egipto, Argelia, Angola, Etiopía, Burkina Faso y Congo Brazzaville. También el balance histórico de sus éxitos, errores y fracasos ocurridos en el tenso contexto internacional de la "guerra fría", desatada por los Estados Unidos y la derecha mundial, para hacer retroceder y destruir el avance progresista de los pueblos del Tercer Mundo, incluyendo a la Unión Soviética.

Esta obra, en su recuento histórico hacia un nuevo socialismo africano, aboga por la apertura de estudios minuciosos y sistemáticos que revaloricen los procesos emancipadores de África en el siglo XX, como única vía para la creación de las condiciones subjetivas que permitan la construcción de una perspectiva socialista en una región del planeta en extremo esquilmada por las poderosas potencias coloniales. Las mismas que todavía hoy pretenden seguir controlando las proyecciones políticas y los recursos naturales de los países africanos. Claro, todo eso y mucho más queda de manifiesto a despecho del medio siglo de sus independencias.

Este esfuerzo de integración de contenidos, sobre países y procesos de una misma región geográfica, fue posible gracias a la iniciativa del Colectivo Comunista sobre Política Exterior (Polex), al trabajo de dirección y compilación desplegado por el periodista y académico Francis Arzalier, con la participación de académicos africanos y franceses, quienes cumplieron con el objetivo de ofrecer una mirada objetiva, despojada de nostalgias, hacia las principales transformaciones de orientación socialista en África. Cada línea de esta obra transpira las percepciones militantes de sus autores y, a la vez, la rica experiencia de haber sido testigos excepcionales de la mayoría de los hechos narrados y analizados.

El debate de los artículos compilados en este libro sirvió de escenario para que intelectuales franceses y africanos reconocieran el liderazgo internacionalista desempeñado por la Revolución cubana y sus importantes contribuciones a los movimientos de liberación de los pueblos africanos, e incluso al mantenimiento de esas luchas mediante el desarrollo de efectivos programas de cooperación internacional.

Bienvenida esta indagación que señala un camino de luchas recorridas y nos estimula a renovados empeños teórico-prácticos, para encontrar una vía de progreso socialista que establezca la definitiva independencia política y económica de los países africanos.

1.9. CUBA EN LA POLÍTICA INTERNACIONAL.

La política exterior de la Revolución cubana tiene sus raíces en la más avanzada tradición de lucha de diferentes generaciones de cubanos por la independencia y la soberanía nacional. Desde el siglo XIX, se ha nutrido del fuerte carácter patriótico, independentista, latinoamericanista y del radicalismo antiimperialista expresado en el pensamiento martiano y en las ideas marxistas y leninistas del líder de la Revolución cubana, Fidel Castro Ruz.[v]

El accionar de Cuba en las relaciones internacionales es también el resultado de la contribución política de todas las fuerzas revolucionarias que lucharon contra la dictadura de Batista (1952-1959): el Movimiento 26 de Julio, dirigido por Fidel, el Directorio Revolucionario 13 de marzo, liderado por José Antonio Echeverría, el Partido Socialista Popular, conducido por Blas Roca, que más tarde consolidaron su proceso de unidad con la creación del actual Partido Comunista de Cuba.

La política exterior de Cuba se basa en principios y sus pronunciamientos son la expresión de la resistencia cubana al injusto sistema de relaciones internacionales, en el cual los Estados Unidos, como una única superpotencia, desde 1991, y sus aliados europeos, dictan sus condiciones en la política internacional e intentan dominar, por la fuerza militar y el chantaje económico, a las naciones del Tercer Mundo.

Desde el triunfo revolucionario, el 1 de enero de 1959, la política exterior de Cuba se adhiere y defiende los principios básicos del Derecho Internacional Público. Entre los más importantes sobresalen: el respeto a la soberanía; la independencia y la integridad territorial de los estados; la autodeterminación de los pueblos; la igualdad soberana de los estados y los pueblos; el rechazo a la injerencia en los asuntos internos de los estados; el derecho a la cooperación internacional en beneficio e interés mutuo, equitativo entre los estados; el respeto a las relaciones pacíficas entre los estados y demás preceptos consagrados en la Carta de la Organización de las Naciones Unidas (ONU).

Cumpliendo con las disposiciones recogidas en la Carta de la ONU, la Revolución cubana condena toda práctica de hegemonismo, injerencia y discriminación en las relaciones internacionales, así como la amenaza o el uso de la fuerza militar, la adopción de medidas coercitivas unilaterales, la agresión y cualquier forma de terrorismo de Estado.

Al mismo tiempo, la política exterior de la Revolución cubana se rige por principios políticos invariables que prestigian y fortalecen sus posiciones ante la opinión pública y amplios sectores políticos y gubernamentales a escala mundial. Entre esos principios pueden mencionarse: el internacionalismo, la cooperación, el antiimperialismo, la solidaridad y la unidad entre todos los estados y pueblos progresistas del planeta.

En la compleja coyuntura internacional que atraviesa la humanidad, las líneas estratégicas generales de la política exterior de la Revolución cubana podrían resumirse en los siguientes objetivos:

La lucha contra el bloqueo económico, comercial y financiero de Estados Unidos contra el pueblo cubano, verdadera guerra económica que ha costado más de 975 mil millones de dólares a la nación cubana. Para tener una idea de los cuantiosos daños humanos y materiales, el gobierno de los Estados Unidos confiscó a Cuba más de 493 millones de dólares[vi], desde el 2010 hasta abril del 2012, como parte del bloqueo económico impuesto a la mayor de las Antillas, desde hace más de medio siglo. Bajo el mismo concepto, el gobierno de los Estados Unidos congeló 223,7 millones de dólares a Cuba en el año 2009. Igualmente, las autoridades norteamericanas mantienen bloqueadas seis propiedades en Nueva York y Washington, pertenecientes al estado cubano.

Es importante enfatizar que el bloqueo económico, comercial y financiero de los Estados Unidos contra Cuba constituye una violación de la Carta de las Naciones Unidas y de las normas del Derecho Internacional Público. Tras el fin de eliminar a la Revolución cubana, el bloqueo económico estadounidense ha pretendido rendir por hambre y enfermedades al pueblo de Cuba. El memorando que en 1960, Lester Mallory, subsecretario adjunto de Estado para los Asuntos Interamericanos, le enviara a Roy R. Rubottom Jr., entonces subsecretario de Estado, lo reconocía en estos términos:

"La mayoría de los cubanos apoyan a Castro (...) No existe una oposición política efectiva (...) El único modo efectivo para hacerle perder el apoyo interno (al gobierno) es provocar el desengaño y el desaliento mediante la insatisfacción económica y la penuria (...) Hay que poner en práctica todos los medios posibles para debilitar la vida económica (...) negándole a Cuba dinero y suministros con el fin de reducir los salarios nominales y reales, con el objetivo de provocar hambre, desesperación y el derrocamiento del gobierno".

Los fines de las injustas sanciones económicas de los Estados Unidos contra Cuba son de amplio conocimiento de la opinión pública internacional. Por eso, el enfrentamiento de la diplomacia cubana al bloqueo estadounidense tiene un apoyo casi universal. En el 2012, 188 países votaron contra el bloqueo en el plenario de la Asamblea General de la ONU y tres en contra: Estados Unidos, Israel y Palau, mientras ocurrieron dos abstenciones: Islas Marshall y Micronesia. Después del año 1992, en que por primera vez en Naciones Unidas se votó contra el bloqueo y Cuba obtuvo 59 votos a favor de aquella resolución, se han sumado a la condena al bloqueo 127 países. Incluso, aliados de los Estados Unidos se han visto obligados a votar contra el bloqueo ante la presión de la opinión pública y la influencia de la mayoría de los estados miembros de las Naciones Unidas. Es importante destacar que las Islas Marshall, Palau, y de Micronesia, ubicadas en el Océano Pacífico, son virtuales protectorados estadounidenses, ocupadas por Washington o transferidas a los Estados Unidos al concluir la Segunda Guerra Mundial.

En realidad, ponerle fin al bloqueo de los Estados Unidos contra Cuba está en manos del presidente Barack Obama, quien solo tendría que escuchar a sus conciudadanos, al mundo y cumplir con lo que él mismo dijo en el 2009 desde la tribuna de la ONU, dirigiéndose a todo el planeta: "El Derecho Internacional no es una promesa vacía (...) Ninguna nación puede tratar de dominar a otra nación"·

Por otro lado, la integración con América Latina y el Caribe, ampliando relaciones con la Comunidad de Estados del Caribe (CARICOM), la Asociación de Estados del Caribe (AEC), la Asociación Latinoamericana de Integración (ALADI) y el Mercado Común del Sur (MERCOSUR), en los marcos de la Alternativa Bolivariana de las Américas (ALBA), la Unión de Naciones Suramericanas (UNASUR), la Comunidad de Países de América Latina y el Caribe (CELAC), y mediante el desarrollo de la colaboración médica, en la educación, el turismo y el sector energético, para el beneficio de los pueblos de América Latina y el Caribe.

Junto a los países de América Latina y el

Caribe, Cuba ha resistido y enfrentado el poder hegemónico y unipolar estadounidense. Una batalla que tuvo especial relevancia en la oposición a la política económica neoliberal y el Área de Libre Comercio para las Américas (ALCA), expresión de un esquema de dominación que persiguió la anexión de América Latina y el Caribe al gran capital y las transnacionales de los Estados Unidos.

El desarrollo y fortalecimiento de los nexos de amistad y colaboración con el Tercer Mundo, contribuyendo al fortalecimiento del Movimiento de Países No Alineados, y otros foros de signo progresistas en las relaciones internacionales.

La promoción de la democratización del Consejo de Seguridad de las Naciones Unidas. El fortalecimiento de esa organización internacional y la defensa de un real multilateralismo en la política internacional, en correspondencia con las normas más elementales del Derecho Internacional Público plasmadas en su carta constitutiva.

La lucha por la liberación de los Cinco Héroes injustamente encarcelados en los Estados Unidos, por prevenir a Cuba de las acciones terroristas de la mafia cubana-americana apoyada por los sucesivos gobiernos de los Estados Unidos. En estrecha relación con lo anterior, en la política exterior cubana, tiene especial significación la batalla contra todas las formas de terrorismo y, en particular, el terrorismo de Estado, que ha sido una práctica del gobierno estadounidense cuando, a la vez, evaden la condena del terrorista de origen cubano Luis Posada Carriles, y la demanda de que sea extraditado y juzgado en Venezuela.

El resultado de la política criminal de terrorismo de Estado contra Cuba, durante once gobiernos norteamericanos, ha provocado 3 478 muertos y dos 2 099 discapacitados a la nación cubana, en total irrespeto por la soberanía e integridad física de todo un pueblo.[vii]

El fortalecimiento de las relaciones diplomáticas y políticas con Iberoamérica y Europa, sobre la base del respeto mutuo, de consideraciones éticas y de principios invariables en materia de política exterior.

Es una estrategia priorizada el trabajo con los intelectuales y personalidades de la cultura. La interacción permanente con sectores de partidos políticos, organizaciones sindicales, mujeres, estudiantes, parlamentarios, autoridades regionales, locales y municipales, así como el mantenimiento de una dinámica amplia de nexos y relaciones de amistad con muchos sectores de la opinión pública mundial.

La política exterior cubana, en los últimos años, ha obtenido importantes logros internacionales. En primer lugar, como tendencia principal, se destaca la consolidación de la capacidad creciente de la Revolución para derrotar el plan de aislamiento internacional de Cuba, ejecutado por el gobierno de la administración republicana de George W. Bush y continuado por el demócrata Barack Obama, que ha contado con la complicidad de sus aliados europeos. Dicha estrategia anticubana ha sido aplicada con toda fuerza y le han dedicado cuantiosos recursos económicos y financieros con el fin, infructuoso, de desestabilizar el sistema político cubano.

Por el contrario, Cuba tiene hoy relaciones diplomáticas con 184 miembros de la Organización de Naciones Unidas y dispone de 148 representaciones en el exterior en 121 países. [viii] También tiene relaciones políticas y diplomáticas con los representantes de las justas causas del pueblo palestino y saharaui, en la batalla que desarrollan por alcanzar el control total de su territorio, constituirse en estados independientes e integrar la membresía de las Naciones Unidas.

Una cuestión de suma trascendencia política es que los Estados Unidos no ha podido impedir que la Revolución cubana amplíe su presencia internacional, cultive sus lazos de amistad, de cooperación y de respeto con otros países. La Revolución cubana, al no poder ser aislada por los Estados Unidos, tiene en este momento más prestigio, más autoridad y más relaciones que nunca; y recibe cada vez más delegaciones, visitas de Jefes de Estados y cancilleres. Los vínculos internacionales de Cuba se desarrollan a partir de la admiración que ha generado su resistencia y victoria durante los años difíciles de profundo desafío y crisis económica que debió enfrentar la Isla.

Por otra parte, también se profundiza, como nunca antes, la cooperación de la Revolución cubana con el Tercer Mundo, destacándose el desarrollo de la "Operación Milagro", para recuperar la visión de miles de pacientes de América Latina y el Caribe; la continua graduación de médicos del Tercer Mundo en la Escuela Latinoamericana de Ciencias Médicas; hasta el curso 2007 - 2008, se habían graduado en centros de enseñanza en Cuba 52 662 jóvenes de 132 países y 5 territorios de ultramar.

La matrícula del curso escolar 2008-2009 alcanzó la cifra de 30 987 becarios, procedentes de 121 países de América Latina, el Caribe, África, Medio Oriente, Asia y Oceanía y 5 territorios de ultramar. En esta cifra se incluyen los estudiantes de la Escuela Latinoamericana de Medicina, la Facultad Caribeña, la Escuela Internacional de Educación Física y Deporte, el Nuevo Programa de Formación de Médicos y Enfermeras, diferentes especialidades de ciencias técnicas y humanidades del Ministerio de Educación Superior, carreras pedagógicas y de formación artística en las modalidades de música, teatro, danza y pintura. Del total de becarios 23 838 estudian Medicina, lo que representa un 76.9%. En la actualidad esos jóvenes graduados, principalmente de países subdesarrollados, aplican los conocimientos adquiridos en función del desarrollo económico y social de sus respectivas naciones.[ix]

En la actualidad laboran en el exterior cerca de 50 000 colaboradores cubanos en 98 países y 4 territorios de ultramar, de ellos más de 37 000 pertenecen al sector de la salud. La política solidaria de la Revolución cubana creó el contingente "Henry Reeve", para enfrentar los problemas de salud generados por las catástrofes naturales en otras naciones. Las brigadas médicas cubanas han prestado su ejemplar ayuda internacionalistas en Paquistán, Guatemala e Indonesia, países seriamente afectados por desastres naturales.

Cuba libra una batalla de ideas contra las campañas de desinformación financiadas y organizadas por las instituciones norteamericanas. La política exterior cubana ha demostrado la hipocresía y la doble moral de los Estados Unidos y la Unión Europea en la antigua Comisión de Derechos Humanos. La diplomacia cubana denunció la oposición de la Unión Europea a una resolución que solicitaba una investigación en el campo de torturas que estableció los Estados Unidos en la Base Naval de Guantánamo, un territorio ocupado contra la voluntad del pueblo cubano.

La diplomacia cubana ha exigido, en el nuevo Consejo de Derechos Humanos (CDH) de las Naciones Unidas, una investigación de los abusos de los Estados Unidos en la cárcel que ocupa en Guantánamo, así como respecto a los vuelos y cárceles clandestinas en el propio territorio europeo, en las que se tortura y humilla a los prisioneros. La Unión Europea ha obstaculizado, hasta hoy, la investigación y el esclarecimiento de estos hechos. [10]

Del 11 al 16 de septiembre del 2006, por segunda ocasión en la historia, Cuba fue sede de la Cumbre del Movimiento de Países No Alineados (MNOAL), que cuentan con 120 países miembros. El gobierno cubano ratificó su compromiso con la revitalización y fortalecimiento de la unidad del MNOAL, y asumió su presidencia por un período de tres años. Como presidente del MNOAL, Cuba trabajó por la paz, el respeto, la colaboración y el derecho al desarrollo para todos los pueblos, pues propuso que el MNOAL debe convertirse en un espacio para impulsar la cooperación Sur-Sur, y el desarrollo de proyectos sociales: la alfabetización, la formación de recursos humanos para la salud pública y de programas que permitan el uso eficiente y racional de la energía.

La elección de la Isla, para presidir esa organización, fue un genuino reconocimiento a su trayectoria y defensa de los principios más nobles del Derecho Internacional Público. Fue también un homenaje a la resistencia del pueblo cubano, un reconocimiento a los cientos de miles de cubanos que han cumplido y cumplen honrosas misiones internacionalistas.

LA INTERRELACIÓN ENTRE POLÍTICA INTERNA Y EXTERNA.

Cuba es un país con limitados recursos naturales y financieros que, en poco más de 50 años, tejió una impresionante red de relaciones y nexos políticos que le permitieron evitar ser derrotada por la única superpotencia mundial, pese a los declarados objetivos de destruirla. Cuba es un actor propositivo en el escenario internacional, con un fuerte liderazgo tercermundista y constituye un símbolo, un referente incuestionable para importantes sectores de la opinión pública.[11]

Las relaciones exteriores de Cuba son parte esencial de su política interna. La acción de Cuba en el ámbito internacional manifiesta la interrelación dialéctica entre los componentes de su política interna y externa. La participación social en el proceso revolucionario y su apoyo a las políticas gubernamentales, propician mejores perspectivas para la exitosa actuación de Cuba en la política internacional.

La política exterior cubana se ampara en un profundo sentimiento de soberanía y dignidad nacional. La tradición ética del pensamiento político revolucionario cubano y la ejecutoria histórica de la Revolución, contribuyen a aumentar su poder político, moral y de convocatoria mundial. Cuba siempre dice la verdad, nunca miente en lo internacional y eso es una constante ética de su política exterior.

La Revolución cubana no adapta sus posturas a las coyunturas internacionales. No abandona a sus amigos, independientemente de las adversidades. Cuba no ha subordinado los intereses de otros a sus intereses nacionales. Tampoco emplea los instrumentos de colaboración y ayuda como una herramienta de presión o injerencia en los asuntos internos de otros estados y pueblos. Cuba no discrimina a los receptores de su colaboración por razones ideológicas, políticas o étnicas.

En un contexto internacional caracterizado por un desenfrenado militarismo y una grave crisis económica y social del sistema capitalista liderado por los Estados Unidos, la política exterior de la Revolución cubana demuestra su vocación humanista y su lugar de vanguardia hacia un sistema internacional multicéntrico y pluripolar. O sea, mucho más justo, funcional y equilibrado.

1.10. CINCUENTA AÑOS DE LA CRISIS DE OCTUBRE

CONVERSACIÓN CON SÉBASTIEN MADAU, PERIODISTA DE LA "LA MARSELLESA", FRANCIA.

Sébastien Madau: ¿Qué visión tienen los historiadores cubanos sobre la posición cubana durante esta crisis?

Leyde E. Rodríguez: Primeramente, es necesario precisar que cincuenta años han transcurrido desde que la humanidad se vio al borde de la guerra nuclear. Desde entonces, este hecho histórico se ubica entre los acontecimientos más relevantes y trascendentes de la política internacional contemporánea. Desde el punto de vista político y académico, ha constituido un aspecto de especial atención de politólogos, sociólogos e historiadores en todo el mundo.

La prioridad de los estudios realizados ha recaído en el análisis de la forma en que se condujeron las relaciones entre las grandes potencias y las enseñanzas que de ellas se derivan para evitar situaciones que, como la Crisis de Octubre, podrían haber tenido consecuencias catastróficas. Sin embargo, la experiencia singular que significó la implicación de un país del Tercer Mundo y pequeño como Cuba, por su extensión territorial, en un acontecimiento de esa magnitud entre dos superpotencias, aún requiere de mayor estudio científico y difusión en el ámbito internacional.

Desde el punto de vista histórico, dos problemáticas diferentes, aunque interrelacionadas, estuvieron presentes en la crisis y en todo el conjunto de la política internacional de la posguerra: las relaciones entre las grandes potencias y las relaciones de estas con el Tercer Mundo.

En esa dualidad puede encontrarse una explicación al hecho de que mientras la solución de la crisis inició un proceso de distensión entre las dos superpotencias, no ocurrió lo mismo entre Estados Unidos y Cuba, porque aunque la Isla no se proponía mezclar la situación internacional y el proceso de "guerra fría "con su Revolución, también es cierto que la dirección revolucionaria y su pueblo no estaban dispuestos a renunciar a ella y a la construcción del socialismo.

En ese sentido, la visión que tienen los historiadores cubanos sobre la posición de principios mantenida por la política exterior de Cuba durante la crisis, es que ella no hubiera sido posible, en condiciones de tanto peligro, sin la valentía demostrada por toda la nación en aquellas circunstancias reales de guerra y de posibilidad de exterminio nuclear. La conducta heroica y de unidad del pueblo cubano en defensa de su Revolución, que significa la independencia y la soberanía nacional del país, no tiene paralelo, no tiene precedentes en la historia reciente de la humanidad frente a la apocalíptica amenaza de confrontación nuclear. Esta determinación colectiva del pueblo cubano de defender su patria -a cualquier precio- es lo que durante muchos años me ha impresionado y, explica el accionar progresista e independiente de la política exterior cubana en el escenario internacional.

Pienso que la posición cubana, que no cedió en principios frente a las presiones estadounidenses, constituyó un acto de alcance histórico y un aporte de la Revolución no solo para su propio destino en el siglo XX y XXI, sino también para la experiencia de todos los países independientes y liberados del planeta. La razón histórica y la moral de Cuba se sintetiza y plasma en las cinco condiciones exigidas por el gobierno revolucionario como una verdadera garantía de cara a las intenciones de los Estados Unidos de humillarnos, imponiéndonos la inspección de nuestro territorio. Lo que recibió un No rotundo. Aquel no, junto a los Cinco puntos, que relaciono a continuación, se convirtió para la historia de Cuba en un Baraguá del siglo XX; y ofreció la perspectiva de una Cuba que actuaría en el futuro con total independencia en política exterior:

1. Cese del bloqueo económico y de todas las

medidas de presión comercial y económica que ejercen los Estados Unidos en todas partes del mundo contra Cuba.

2. Cese de todas las actividades subversivas, lanzamientos y desembarcos de armas y explosivos por aire y mar, organización de invasiones mercenarias, infiltraciones de espías y saboteadores que se llevan a cabo desde el territorio de los Estados Unidos y algunos países cómplices.

3. Cese de los ataques piratas que se llevan a cabo desde bases en los Estados Unidos y Puerto Rico.

4. Cese de todas las violaciones de nuestro espacio aéreo y naval por aviones y navíos de guerra norteamericanos.

5. Retirada de la Base Naval de Guantánamo y devolución del territorio cubano ocupado por Estados Unidos.

Para los historiadores cubanos, la posición cubana y la evolución de los acontecimientos durante la crisis, están directamente relacionados con el liderazgo de Fidel Castro Ruz y la manera en que él manejó el comportamiento de Cuba frente a las dinámicas soviéticas y norteamericanas. La enorme estatura de Fidel, como dirigente político y estadista, quedó evidenciada en su actitud de dignidad nacional. Por haber conducido, con tanto talento político, una situación que pudo haber tenido un desenlace muy grave, no solamente para Cuba, sino para la supervivencia de la humanidad. Debe recordarse que el Che expresó en su carta de despedida: "He vivido días magníficos y sentí a tu lado el orgullo de pertenecer a nuestro pueblo en los días luminosos y tristes de la Crisis del Caribe. Pocas veces brilló más alto un estadista que en estos días…"

Pero, ¿Qué significa esta frase? Que nunca tuvimos miedo. Los documentos históricos demuestran que mientras en Washington y en Moscú hubo dudas sobre el curso a seguir en determinados momentos, en Cuba siempre hubo claridad de qué se quería. Jamás se dudó. Y Fidel, en particular, actuó desde una posición absolutamente vertical. Eso quedó manifiesto desde el momento mismo en que llega la propuesta de la Unión Soviética, hasta que se desata la crisis, y posteriormente. Los encuentros sucesivos, en las últimas décadas, entre los protagonistas principales de la crisis, lo han confirmado. Su sugerencia de hacer público el convenio – que Jrushov no aceptó, dando motivo a los Estados Unidos para desatar el alboroto mediático con que estalló la crisis – como las precisiones al documento soviético para garantizar la soberanía y destacar las ventajas mutuas del convenio, o los Cinco puntos en que se sintetizaron los reclamos cubanos, explican esa frase histórica del Che, que como sabemos recorrió el mundo.

La posición de principios de la Revolución

cubana y la firmeza de sus líderes, fue decisiva para que la crisis produjera, como aporte positivo fundamental, el compromiso de los Estados Unidos de no invadir la Isla. Y fue así porque al final de la crisis, los Estados Unidos no pudieron dejar a Cuba al margen de los resultados de un suceso que estremeció, durante siete días, la política internacional, teniendo como escenario principal a la mayor de las Antillas. Sin embargo, a la distancia de cincuenta años puede afirmarse que, salvo una invasión militar "a gran escala", pues ocurrió la agresión por Bahía de Cochinos, los Estados Unidos lo han intentado todo, para desestabilizar y destruir a la Revolución cubana, para evitar que su ejemplo cunda en los pueblos de América Latina y el Caribe, e incluso más allá.

Después de la Crisis de Octubre, la seguridad y la soberanía de Cuba se preservó, ante todo, porque las once administraciones norteamericanas, que de un modo u otro han repetido los errores de la precedente, no han podido abrir una brecha que vulnere el sentimiento de independencia y unidad nacional del pueblo cubano.

En el plano de la historia de las relaciones internacionales, la Crisis de Octubre nuevamente confirmó que hay que ir siempre a la raíz de los problemas o fenómenos de carácter político, y que sin olvidar la necesaria flexibilidad, se puede negociar en pie de igualdad cuando se mantienen los principios que sustentan una Revolución socialista, lo cual también es válido, en el siglo XXI, para cualquier nación independiente.

Estas son las principales enseñanzas que podemos recoger los historiadores cubanos de la Crisis de Octubre, en una época de nuevos desafíos, riesgos y amenazas, en la que sigue predominando en las relaciones internacionales el peligroso fantasma de la guerra y la posibilidad del uso destructivo del arma nuclear.

Sébastien Madau: ¿Por qué se llegó a tal situación, casi de tercera guerra mundial?

Leyde E. Rodríguez: La humanidad estuvo casi a punto de una tercera guerra mundial porque aunque algunos historiadores occidentales hayan querido limitar las causas de la crisis a una insuficiente comunicación y los malos entendidos entre los protagonistas - sin omitir que estos accidentes estuvieron presentes – lo cierto es que la Crisis de Octubre fue uno de los episodios más dramáticos de la "guerra fría", una estrategia de confrontación iniciada por los Estados Unidos que representó un cisma en las relaciones internacionales, puesto que el mundo se dividió en zonas de influencia política y militar, ignorando – en no pocas ocasiones – los problemas específicos de los países del Tercer Mundo.

La causa principal de que se llegara a una situación muy tensa, y al peligro del estallido de una tercera guerra mundial, estuvo en la postura agresiva e intransigente de los Estados Unidos hacia Cuba. Los Estados Unidos no hicieron un solo intento por comunicarse directamente con Cuba, aun asumiendo el riesgo de que un cálculo equivocado desencadenara la guerra. Tampoco permitió que Cuba participara en las negociaciones, hasta el punto de que el gobierno cubano tuvo que hacer una declaración por separado ante el Consejo de Seguridad de las Naciones Unidas, porque Washington se negó a trabajar en un documento tripartito que reflejara el fin de la crisis.

Durante la crisis, para los Estados Unidos no constituyó un elemento a considerar que estaba en plena ejecución la llamada "Operación Mangosta", que fue una verdadera cruzada agresiva contra Cuba, y tenía el firme propósito de crear las condiciones para la intervención militar estadounidense en nuestro país.

Es importante destacar que ni el retiro de los cohetes, ni la desaparición de la URSS fueron suficientes para las exigencias estadounidenses en relación con Cuba. Habría que preguntarse: ¿Por qué los Estados Unidos pudo llegar a acuerdos, en 1962, con su principal enemigo de la "guerra fría" y, sin embargo, en relación con Cuba no estuvo dispuesto a avanzar un solo paso en la solución de un diferendo aparentemente mucho más sencillo? Además, a lo largo de cincuenta años, Washington ha podido mejorar sus relaciones con Vietnam, a pesar de que sostuvo, con ese país, una guerra sangrienta y desgarradora para su estabilidad interna y su prestigio internacional. También permite que los ciudadanos estadounidenses viajen tranquilamente a Corea del Norte, lo que contrasta con el intacto y férreo bloqueo económico, financiero y comercial contra Cuba, y la actitud beligerante de mantener a la Isla en un arbitrario y espurio elenco de países considerados terroristas.

Una lección importante del pasado es que el tratamiento que recibió Cuba, durante la Crisis de Octubre, no es único en la historia de la política internacional, pues la arrogancia, la prepotencia y la irracionalidad, ha sido, lamentablemente, una práctica habitual de los poderosos en todas las etapas del azaroso devenir de la humanidad.

Sébastien Madau: Hoy, ¿Cuál es la posición del estado cubano hacia el armamento nuclear?

Leyde E. Rodríguez: En cuanto a las armas nucleares, la política exterior de Cuba tiene una posición de principios, pues la posesión de esas más de 20 000 armas en poder de diferentes estados, representan un grave peligro para la supervivencia de toda la especie humana. En suma, la vida en nuestro planeta pende de un hilo, ya que miles de esas armas se encuentran listas para ser empleadas de inmediato por estados antagónicos o rivales en el escenario de la política internacional.

Cuba ha reafirmado su histórica posición en el Movimiento de Países No Alineados: el desarme nuclear es, y debe seguir siendo, la más alta prioridad en la esfera del desarme. La relevancia del desarme nuclear no podrá ser ignorada o minimizada por las grandes potencias, porque de la eliminación de las armas nucleares depende el futuro de la humanidad.

En distintos foros multilaterales, Cuba ha denunciado que son conocidas las pretensiones de algunas potencias de promover un enfoque de no proliferación selectivo, donde el problema no radica en la existencia de las armas nucleares, sino en la "buena" o "mala" conducta de quien las posee". Por eso, Cuba ha rechazado la aplicación selectiva del Tratado de No Proliferación Nuclear (TNP). Asimismo, el gobierno cubano, ha alertado a todos los estados que las obligaciones contraídas en materia de desarme nuclear y el uso pacífico de la energía nuclear, no pueden continuar siendo relegadas en el marco de ese Tratado.

La política exterior cubana considera importante el respeto al derecho inalienable de los estados al uso pacífico de la energía nuclear, bajo la estricta observancia de los compromisos contraídos en virtud del TNP.

En fin, Cuba defiende un proceso o programa escalonado de Desarme General y Completo de todos los tipos de armas de destrucción masiva, el cual debe ser verificado por las instituciones internacionales competentes; pero también el cese de las estrategias y doctrinas político-militares agresivas que, teniendo su origen en el período de la "guerra fría", todavía hoy, privilegian el desarrollo y el perfeccionamiento del arma nuclear.

1.11. LA NECESIDAD DE "PENSAR LA PAZ" Y EL DESARME.

La política exterior cubana ha expresado, en múltiples tribunas internacionales, su preocupación por la parálisis de la agenda multilateral de desarme, mientras los gastos militares, en todas las regiones del sistema internacional, aumentaron de manera desproporcionada, después de la desaparición de la confrontación Este-Oeste.

A pesar del proclamado fin de ese conflicto en las relaciones internacionales, existen actualmente en el planeta unas 25 000 armas nucleares, más de 12 000 de ellas listas para ser empleadas de inmediato por fuerzas aliadas o antagónicas. Tampoco fueron detenidos los programas de modernización de las armas nucleares, aun cuando es ampliamente conocido el peligro mortal que éstas representan para la supervivencia de la humanidad.

Los Estados Unidos siguió siendo el principal inversionista en armamentos, aumentando sensiblemente los gastos militares, tras el 11 de septiembre del 2001, en más de 661 mil millones de dólares en el año 2009, -en el 2012 sobrepasan los 750 mil millones de dólares- como resultado de los cambios operados, en septiembre de 2002, en su doctrina militar y en su estrategia de seguridad nacional, en el contexto de la costosa "guerra contra el terrorismo", cuyas concepciones sostuvieron la posibilidad del uso de las armas nucleares, en caso de que un escenario militar desfavorable a los Estados Unidos así lo exija.

Según el Instituto Internacional de Investigaciones para la Paz de Estocolmo (SIPRI, según sus siglas en inglés), el incremento de los gastos militares es un factor que, efectivamente, genera desconfianza y legítima preocupación internacional. Se estimó que el gasto militar global total fue, en el 2009, de 1 531 billones de dólares. Esto representa un incremento del 6 por ciento en términos reales respecto al 2008, y de un 49 por ciento desde el 2000. El gasto militar comprendió aproximadamente el 2.7 por ciento del producto mundial bruto global en el 2009, una tendencia que se conserva hasta la actualidad.

Se ha enfatizado que resulta contraproducente que el gasto militar mundial continúe superando con creces los fondos dedicados a cumplir los Objetivos de Desarrollo del Milenio. Cuanto antes, la humanidad debería enfrentar esas realidades. Por su lado, ante esta problemática, Cuba ha reiterado en los foros internacionales su propuesta de crear un fondo manejado por las Naciones Unidas, al cual se destinarían, al menos, la mitad de los actuales gastos militares, para atender las necesidades del desarrollo económico y social de los países necesitados.

En cuanto a las armas nucleares no hay dudas que representan un grave peligro para toda la especie humana y que miles de ellas se encuentran listas para ser empleadas de inmediato. Cuba siempre ha reafirmado la histórica posición del Movimiento de Países No Alineados de que el desarme nuclear es, y debe seguir siendo, la más alta prioridad en la esfera del desarme. Al tratarse de la supervivencia de la humanidad y de la preservación del planeta, la relevancia del desarme nuclear no debería ser ignorada o minimizada por las grandes potencias, así como por todos los países poseedores hoy de esas terribles armas de destrucción masiva.

El 4 de noviembre del 2002, Cuba depositó, en Moscú, el instrumento de su adhesión al Tratado de No Proliferación de las Armas Nucleares (TNP). En el momento de la adhesión, el gobierno cubano reiteró su posición de principios de que las doctrinas militares sustentadas en la posesión de las armas nucleares son insostenibles e inaceptables, a la par de que a ningún estado o grupo de estados debe permitírsele el monopolio de las armas nucleares ni su desarrollo cuantitativo y cualitativo.

La diplomacia cubana estima que la única forma de superar los vicios de origen del TNP y su esencia selectiva y discriminatoria, es cumpliendo el objetivo de la eliminación total de las armas nucleares, que garantizará la seguridad de todos los estados por igual. Asimismo, ha denunciado las conocidas pretensiones de algunos estados que promueven un enfoque de no proliferación selectivo, donde el problema no radica en la existencia de las armas nucleares, sino en la "buena" o "mala" conducta de quien las posee", por lo que La Habana ha rechazado la aplicación selectiva del Tratado de No Proliferación Nuclear

(TNP); considerando, además, que las obligaciones contraídas en materia de desarme nuclear y el uso pacífico de la energía nuclear no pueden continuar siendo relegadas en el marco de ese Tratado.

Un aspecto esencial, en el caso de Cuba, es el respeto al derecho inalienable de los estados al uso pacífico de la energía nuclear, bajo la estricta observancia de los compromisos contraídos en virtud del TNP. En ese sentido, la Isla ha abogado por la conclusión de un instrumento universal, incondicional y jurídicamente vinculante sobre garantías de seguridad para los estados que no posean armas nucleares, porque, en apego a la verdad, es la falta de voluntad política de las principales potencias mundiales lo que impide un debate sobre estos temas cruciales para la preservación de la paz y la vida en el planeta.

AMÉRICA LATINA Y EL CARIBE: ZONA LIBRE DE ARMAS NUCLEARES

El Tratado de Tlatelolco tiene como objetivo el establecimiento de una zona libre de armas nucleares en la parte del Hemisferio Occidental que comprende a los países latinoamericanos y caribeños. Con la ratificación de Cuba, dicho Tratado entró en vigor en toda su área de aplicación, y se declaró a América Latina y el Caribe como la primera zona habitada de la Tierra completamente libre de armas nucleares.

Entre las obligaciones del Tratado se incluyó la prohibición del ensayo, el uso, la fabricación, la producción o la adquisición de toda arma nuclear. También prohíbe el recibo, el almacenamiento, la instalación, el emplazamiento o cualquier forma de posesión de estas armas.

Cuba, cuando firmó el Tratado de Tlatelolco, el 25 de marzo de 1995, expresó su voluntad política y el compromiso en relación con la aplicación de ese instrumento jurídico. Fue esencialmente un acto de solidaridad con los países de América Central y el Caribe, a pesar de que los Estados Unidos, única potencia nuclear en las Américas, sostenía –mantiene todavía en el 2012- contra Cuba una política de hostilidad, con un permanente bloqueo económico, comercial y financiero, refuerza su campaña mediática contra el país y mantiene por la fuerza, y en contra de la voluntad del pueblo cubano, la ocupación ilegal de una parte del territorio nacional en Guantánamo,

Al momento de ratificar el Tratado de Tlatelolco, estos obstáculos continuaban presentes e incluso se acrecentaron en los años posteriores. Sin embargo, en contraposición al interés de la superpotencia mundial de hacer prevalecer el unilateralismo en la solución de los problemas internacionales, Cuba, una vez más, demostró su compromiso con la promoción, el fortalecimiento y la consolidación del multilateralismo y los tratados internacionales en materia de desarme y control de armamentos.

La ratificación del Tratado de Tlatelolco reafirmó el apego y el respeto de Cuba al principio de la no proliferación nuclear en el contexto global. Es decir, la aplicación de medidas en este ámbito constituye solo un paso intermedio en el proceso hacia la eliminación total de las armas nucleares. Es una importante contribución a los esfuerzos regionales en favor del desarme nuclear, la paz y la seguridad internacionales.

EL PROGRESO ES EQUIVALENTE AL DESARME Y LA PAZ

Con posterioridad, en el 2009, otros acontecimientos desarrollados incluyeron la entrada en vigor de dos nuevas zonas libres de armas nucleares que comprende al Asia Central y África, cuando todavía muchos se preguntan dónde se encuentran las armas nucleares que estuvieron bajo el poder del oprobioso régimen del Apartheid en Sudáfrica. Por otro lado, en la región del Medio Oriente reina la impunidad con el caso de Israel que, con la ayuda y la cooperación de los Estados Unidos, fabricó el arma nuclear, disponiendo hoy de cientos de ellas, sin reconocer la posesión de estas armas. El mismo Israel que, con la complicidad de las principales potencias occidentales, atacó y destruyó los reactores de Iraq y Siria, para impedir el desarrollo de las investigaciones en esos países. Coincide que Israel ha revelado encontrarse presto para atacar y destruir los centros de producción de combustible nuclear de Irán.

Sin embargo, aunque parezca contradictorio, en marzo del 2012, en Seúl, capital de Corea del Sur, el presidente Barack Obama, en
una cumbre de seguridad nuclear, anunció la
imposición de políticas relacionadas con la
disposición y el uso de las armas nucleares,
precisamente cuando el Pentágono planifica
un proceso de amplia destrucción de la infraestructura de Irán, mediante el uso combinado de bombas nucleares y de monstruosas
bombas convencionales con nubes en forma
de hongos, que incluye a la MOP: "la madre
de todas las bombas", que es considerada una
poderosa bomba que apunta directamente a
las instalaciones nucleares subterráneas de
Irán y Corea del Norte, pues por su alta capacidad destructiva puede reventar un bunker
de 13,6 toneladas.

A la sombra de las armas de alto poder destructivo y del arma nuclear siguen estando
las relaciones internacionales del siglo XXI.
Insuficientes lecciones ha extraído la humanidad de dos hechos en torno al arma atómica
o nuclear que conmocionaron, en su conjunto,
al sistema internacional: el monstruoso bombardeo, inigualable acto de terrorismo de Estado, de Hiroshima y Nagasaki, ordenado por
Truman en 1945, inaugurando un periodo de
permanente militarismo y "chantaje nuclear"
en la política internacional, que condujo por
primera vez, y afortunadamente a la última,
en que la humanidad se ha visto al borde de
la guerra termonuclear, escenario que tuvo
como centro a Cuba, cumpliéndose, en octubre del 2012, los cincuenta años de ese breve,

pero peligroso acontecimiento de la "guerra fría", cuyo nombre, para los cubanos, fue la Crisis de Octubre de 1962, la Crisis del Caribe, para los soviéticos, o Crisis de los Misiles, para los norteamericanos.

En el contexto en que se cumplieron los cincuenta años de la Crisis de Octubre, se puede decir que nunca antes el porvenir de la humanidad dependió tanto del entendimiento entre los seres humanos, así como de la evolución de las relaciones internacionales a favor de un clima global de paz que permita la supervivencia de la sociedad mundial.

Hoy no es posible concebir el progreso sin que se pueda despejar el camino que conduce inexorablemente a la catástrofe. El desarme y la paz constituyen la única alternativa posible y realista a la catástrofe. El progreso es equivalente al desarme y la paz. Sin desarme y paz otro mundo no sería posible.

En pocas palabras, en los tiempos difíciles que corren para la vida en la Tierra, la tarea impostergable, no exenta de audacia política en esta etapa cargada de amenazas, es la necesidad de "pensar la paz" y el desarme.

1.12. DESARME NUCLEAR: UNA VISIÓN DESDE LAS RELACIONES INTERNACIONALES

"El poder desencadenado del átomo lo ha cambiado todo excepto nuestras formas de pensar, y es por ello que avanzamos sin rumbo hacia una catástrofe sin precedentes" Albert Einstein.

La humanidad se enfrenta en el siglo XXI a

dos grandes desafíos: el cambio climático y la existencia de armas nucleares, que de ser utilizadas provocarían un desastre ambiental, acelerando definitivamente el cambio climático global.

Si las armas nucleares, por su alto poder destructivo, carecen de utilidad militar, porque su uso provocaría un invierno nuclear de imprevisibles consecuencias para vida en el planeta, entonces es necesario destruirlas y así la humanidad se protegería de los accidentes, los errores de cálculo o cualquier actividad demencial que provoque su uso. Por eso, ante la existencia de unas 25 000 armas nucleares, más de 12 000 de ellas listas para ser empleadas de inmediato por fuerzas aliadas o antagónicas, es más imperioso que nunca el esfuerzo mancomunado de todas las naciones para detener los programas de modernización de las armas nucleares a través de un efectivo proceso desarme nuclear.

A estas armas fundamentales se unen otras de exterminio masivo. En la esfera atómica, las bombas de neutrones o de rayos gamma, armas de radiación, además de las armas químicas y bacteriológicas. Todas estas armas hacen que la guerra en nuestra época no pueda considerarse un instrumento racional de la política. Pero, mientras existan, implican siempre el peligro de que ocurra el conflicto que nadie puede desear: la guerra nuclear.

Lamentablemente, la actuación de las potencias imperialistas ha generado la proliferación de armamentos, incluso los de exterminio masivo. Muchos estados subdesarrollados gastan enormes sumas en armas convencionales y en los intentos de dotarse de armas nucleares, pero también químicas y bacteriológicas. La proliferación de armas nucleares lleva la difusión del poder a estados medianos e inclusive pequeños, acentuando los riesgos de la guerra en las relaciones internacionales. Todo esto se debe al mal ejemplo de las grandes potencias, que no cumplen con el compromiso de trabajar por el desarme y no solo se arman ellas mismas, como base de su poder en el plano internacional, sino que hacen grandes negocios suministrando armas a otros actores, contribuyendo a las tensiones y los conflictos en diversas regiones del planeta.

Desde el punto de vista histórico, es conocido que, en las concepciones militares de los Estados Unidos, las armas nucleares son reconocidas como "sus mejores armas", el resultado de las tecnologías más adelantadas, al mismo tiempo de postular que dejar de emplearlas, si fuese necesario, equivaldría a renunciar a las ventajas de un potencial estratégico-militar e industrial superior.

Por lo contrario, el desarme nuclear, en su aspecto conceptual, es el sistema de medidas cuya aplicación debe conducir a la completa destrucción o sustancial reducción de los medios de guerra y a la creación de las condiciones necesarias para eliminar la amenaza de una guerra nuclear mundial.

En los estudios académicos de las Relaciones Internacionales se distinguen los conceptos de limitación y control de armas nucleares y sus medios portadores (desarme parcial), enfocado también a mitigar la carrera armamentista, con el proceso general y completo de desarme nuclear, que sigue siendo una aspiración de la humanidad, aunque parezca una utopía.

Los acuerdos que prevén el desarme parcial son, por ejemplo, el Tratado de Moscú sobre la prohibición de los ensayos con armas nucleares en la atmósfera, en el espacio ultraterrestre y bajo el agua (1963), el Tratado sobre la no proliferación de armas nucleares (1968) y el Tratado de prohibición completa de los ensayos nucleares (CTBT, por sus siglas en inglés) (1996).

Lo que los Estados Unidos y la Unión Soviética (URSS) pretendieron con sus acuerdos de limitación y control de armamentos no fue otra cosa que conseguir la estabilidad en los presupuestos militares de ambos países, manteniendo una cierta distensión en un sistema internacional bipolar, como fueron los casos de los acuerdos SALT-I (1972) y SALT-II (1979), este último no fue ratificado por el Senado de los Estados Unidos, que establecieron algunas limitaciones en los arsenales nucleares de las superpotencias de la época.

En años posteriores, con el mismo objetivo de reducir los arsenales nucleares estratégicos, entendiendo por estos tanto las armas atómicas como sus sistemas de lanzamientos, pero manteniendo siempre la doctrina de la disuasión recíproca, fueron firmados otros acuerdos como el START-I (1991), por el cual fueron desnuclearizados Ucrania, Bielorrusia y Kazajstán. Este acuerdo fue considerado el de mayor reducción de armamentos en la historia. Por el START-I, Rusia declaró la reducción de sus vehículos de lanzamiento estratégico desplegados a 1.136 y sus cabezas nucleares a 5518; el START-II (1993), nunca llegó a entrar en vigor, pero se proponía la reducción de los arsenales de ambos estados en torno al 50 %.

Los Estados Unidos solo ratificaron el Tratado START-II en 1996 y no el paquete completo de medidas, que nunca sometió al Senado para su consideración. La retirada de Rusia del Tratado START-II, declarándose nulo, se produjo al día siguiente de la denuncia unilateral de los Estados Unidos, el 13 de junio de 2002, del Tratado ABM de 1972, que estableció la arquitectura de seguridad internacional con la prohibición del despliegue de sistemas de defensa antimisiles de los Estados Unidos y la Unión Soviética (Rusia).

Roto el compromiso con el tratado ABM, los Estados Unidos avanzaron por su cuenta en el desarrollo de un Sistema Nacional de Defensa Antimisil (SNDA) extendido, en sus variantes de defensas antimisiles de teatro, a sus aliados en Europa, en el marco de la Organización del Tratado del Atlántico Norte (OTAN), en Asia y el Medio Oriente. Esta es una estrategia militarista directamente relacionada con los medios de transporte del arma nuclear que goza, hasta ahora, de la firme oposición de Rusia y China, porque representa una seria amenaza al precario equilibrio estratégico mundial.

El fracaso del Tratado START-II, llevó a la firma del Tratado SORT, el 24 de mayo de 2002, en Moscú, con vigencia hasta el 31 de diciembre de 2012. Este acuerdo limitó las cabezas nucleares estratégicas a 1.700-2000, es decir por debajo de los límites propuestos en el Tratado START-II (2.000-2.500). La principal diferencia entre los tratados SORT y START residía en que el primero obligaba a las partes al desmantelamiento de la carga y no a la destrucción de los vectores por lo que, en términos prácticos, su alcance era limitado, tratándose más de una medida de confianza que de un acuerdo de desarme stricto sensu.

Con el START-III (2010), los Estados Unidos y Rusia, se comprometieron a reducir el 30 % de los arsenales nucleares estratégicos, hasta situarlos en un máximo de 1550 ojivas para cada una en el año 2020. Este acuerdo fue ratificado por el Senado estadounidense y la Duma Rusa, el 22 y 24 de diciembre del 2010, respectivamente.

Este tratado, los llamamientos del presidente estadounidense Barack Obama a favor de "un mundo libre de armas nucleares" y el otorgamiento del premio nobel de la paz crearon esperanzas, pero no se tradujeron en acciones concretas para el desarme nuclear, porque para que ello ocurra se requiere de un cambio de paradigma en las proyecciones de la política exterior de las grandes potencias que propicie el abandono de las doctrinas y estrategias político-militares de la "guerra fría", tales como la disuasión nuclear y las concepciones de seguridad internacional sustentadas en los presupuestos del concepto de la Destrucción Mutua Asegurada.

Sin embargo, frente al desarme parcial de las grandes potencias, debe defenderse el enfoque de un desarme general y completo, el cual posee una dimensión más universal, racional y democrática. Entendemos por desarme general y completo el proceso que debe conducir a la total destrucción de los medios de conducción de la guerra y la eliminación de la carrera armamentista, priorizando las armas de mayor capacidad destructiva: las armas nucleares, por su peligrosa amenaza a la paz y a la supervivencia de la vida en la Tierra.

El desarme nuclear no es un acontecimiento aislado, sino un proceso que al enfrentarse a la amenaza de una catástrofe nuclear, como un problema global, no se puede alcanzar por iniciativa de un solo estado o dos gobiernos, porque concierne a la humanidad. El desarme nuclear, integral y sostenible, tiene necesariamente que incorporar a todos los actores internacionales afectados, incluyendo los gobiernos, los representantes de diversos sectores públicos, privados y a la llamada sociedad civil.

El desarme nuclear sistémico es un tema que compete a la seguridad de las grandes potencias, a las potencias medias y a la gran mayoría los países periféricos en todas las regiones, independientemente de la estructura internacional existente resultante de la configuración internacional de fuerzas en un determinado periodo histórico de las relaciones internacionales.

Por lo que, desde una perspectiva teórica, el proceso de desarme nuclear podría ser unilateral, bilateral o multilateral, universal, regional o local. Su ejecución puede ser completo o parcial y pudiera ser controlado o sin control. Cualquiera de las modalidades señaladas podría acompañar los movimientos hacia la consolidación de la seguridad y la estabilidad internacional. La dimensión multilateral se ve encarnada fundamentalmente en la Conferencia de Desarme, creada, en 1979, en el primer periodo extraordinario de sesiones de la Asamblea General de la Organización de las Naciones Unidas (ONU), y que cuenta con 65 miembros.

Reivindicar el fortalecimiento de la Conferencia de Desarme, frente al desinterés de las grandes potencias nucleares en materia de desarme nuclear, es enfrentar el injusto "orden" internacional convulsionado por el actuar violento de los Estados Unidos, Gran Bretaña y Francia, que se proyectan más a "policiar" las relaciones internacionales con el pretexto de intervenciones con "fines humanitarios" o para proteger los "derechos humanos", que a edificar las bases de un verdadero, genuino, justo y humano nuevo orden mundial que preserve las paz y los intereses de la mayoría de la humanidad.

Es en el marco de la ONU, en su Conferencia de Desarme, donde debe iniciarse un proceso profundo, escalonado y por etapas de desarme nuclear en beneficio de la supervivencia de la humanidad, y no en mecanismos alternativos, manejados o manipulados por un grupo de potencias nucleares.

La Conferencia Desarme debe trabajar para evitar una catástrofe climática de dimensiones planetaria inducida por la energía nuclear. Así como extender a otras regiones del sistema internacional los regímenes que propician la existencia de Zonas Libres de Armas Nucleares (ZLANs), hasta ahora existentes en el Sureste Asiático (Tratado de Bangkok); Asia Central (Declaración de las Cinco Naciones de Almaty); África (Tratado Pelindaba); Antártida (Tratado Antártico); América Latina y el Caribe (Tratado de Tlatelolco) y el Pacífico Sur (Tratado de Rarotonga).

Está claro que, para lograr el desarme nuclear universal, se requiere mayor voluntad política de las grandes potencias, lo que solo podría ser posible mediante un movimiento global de educación y sensibilización para el desarme y en rechazo a las armas nucleares. La educación para el desarme nuclear, aunque parezca tan obvio, empieza por la divulgación de información y la concientización de la opinión pública nacional e internacional por todos los medios de prensa al alcance de los estados, incluyendo las Nuevas Tecnologías de las Comunicaciones, como las redes sociales Facebook y Twitter, entre otras, en

Internet. Se hace necesaria la apertura de sitios y páginas Web en la red de redes en defensa del desarme nuclear.

El desarme nuclear no es una utopía, como algunos afirman y desestimulan. En mi opinión requiere de un esfuerzo de concertación internacional de enormes esfuerzos y envergadura político-diplomática, para vencer los manejos militaristas de las grandes potencias dotadas de enormes arsenales nucleares.

A pesar de la compleja coyuntura internacional y de las posiciones antagónicas entre las principales potencias mundiales, se podría lograr el objetivo del cese de la carrera de armamentos nucleares y el desarme nuclear mediante las siguientes acciones o medidas:

a) Creación de una cultura o educación mundial de paz y contra las armas nucleares, por todos los medios y vías posibles, que ofrezca una visión de la importancia actual y futura de "un mundo sin armas nucleares";

b) Cesación del desarrollo y el perfeccionamiento cualitativo de las armas nucleares;

c) Cesación de la producción de todos los tipos de armas nucleares y de sus vectores y de la producción de material fisionable para armas.

d) Aplicación de los avances de la ciencia y la tecnología en el desarme nuclear.

e) Reducción de los gastos militares y utilización de los recursos destinados al mantenimiento de los arsenales nucleares, para el desarrollo, atendiendo a la conexión intrínseca entre desarme y desarrollo.

f) Un programa amplio y por etapas con plazos convenidos para la eliminación de las armas nucleares, bajo estricto y eficaz control de la Conferencia de Desarme de la ONU.

En realidad, en el siglo XXI, se han agravado los temores y peligros, ya existentes en la época de la confrontación bipolar o de la llamada "guerra fría" del siglo XX, acerca de la posibilidad de una guerra generalizada con armas nucleares.

Debe recordarse que la Conferencia del Tratado de No Proliferación (TNP) adoptó una decisión trascendental, denominada "Principios y Objetivos de Desarme y No Proliferación Nuclear (Documento NPT/Conf.1995/L.5)", que también ha sido contraria a los intereses hegemónicos de las grandes potencias; por lo que todo está aún por hacerse para alcanzar el desarme nuclear. Pero un verdadero proceso de desarme nuclear requiere de un cambio cualitativo de las relaciones internacionales, no solo una distensión pasajera sino la creación de un genuino "nuevo orden mundial", justo y humano, donde se prioricen las necesidades de la inmensa mayoría de la humanidad.

Mientras tanto, ante la inminente amenaza

que significan los enormes arsenales de armas nucleares, para la continuidad de la vida en nuestro planeta, los estados debieran actuar con urgencia a favor de un desarme nuclear general y completo.

1.13. PENSAMIENTO DE FIDEL CASTRO RUZ SOBRE EL DESARME NUCLEAR

La idea del desarme nuclear es de larga data en el pensamiento político de Fidel Castro Ruz. La dimensión de su humanismo universalista radica en la prédica incansable por la salvación del planeta y todo lo creado por el hombre: una maravillosa y única especie capaz de "pensar la paz y el desarme".

Las concepciones expuestas por Fidel relacionadas con el desarme nuclear, constituyen un amplio acervo político que nos introduce en la compresión de la compleja realidad política y económica internacional, conscientes de los graves peligros y amenazas que acechan la supervivencia de la especie humana.

Es importante enmarcar los enfoques de Fidel, sobre la paz y el desarme nuclear, en la tradición de la cultura política cubana, que tiene en el ideario martiano el principal sostén de la justicia social, la cultura de paz -con dignidad-y una vocación en la que "Patria es humanidad, es aquella porción de la humanidad que vemos más de cerca, y en que nos tocó nacer."[12]

Y por ser en la que nos tocó nacer hay para con ella un deber más inmediato. Es, además, la que conocemos mejor y por la que podemos trabajar con mayor efectividad, pero siempre con la conciencia de que es solamente una parte del todo. Es lícito y necesario que se ayude a levantar una parte del todo como contribución a la obra mayor de alzar a la humanidad. En la búsqueda de la integración y el equilibrio en la política regional e internacional frente a la creciente codicia, prepotencia y agresividad del imperialismo norteamericano, que - como un aldeano vanidoso- desestima que las armas del juicio vencen a las otras muy poderosas proporcionadas por las nuevas tecnologías aplicadas a los destructivos armamentos de los tiempos modernos.

La Revolución cubana, de Martí a Fidel, ha demostrado que trincheras de ideas, valen más que trincheras de piedras.[13] El contenido ético-humanista del pensamiento político de Fidel, como forjador de la Revolución cubana, es expresión de continuidad del ideario martiano, y se nos muestra en sus múltiples discursos, artículos, entrevistas, mensajes y declaraciones publicadas en la prensa escrita durante décadas de bregar revolucionario por Cuba y la humanidad.

El paradigma[14] Marxista–Leninista está presente en la obra de Fidel concerniente a la paz, contra la carrera armamentista y el desarme nuclear. Los principios teóricos y metodológicos marxistas aparecen en cada uno de los análisis que realiza; ya sea de manera explícita sobre las causas históricas, políticas, económicas, tecnológicas y científicas del surgimiento y desarrollo de las armas nucleares, de las guerras actuales, así como de manera implícita, en sus estudios sobre los problemas globales que amenazan la perpetuación y el avance de la civilización.

Ese conjunto de principios conforman la base teórica de sus proyecciones políticas sobre la paz y el desarme nuclear, resultando de utilidad para la formación de las nuevas generaciones de cubanos, los estudios académicos y la orientación de la opinión pública internacional, en cuanto al curso de las acciones para alcanzar el desarme nuclear.

Las valoraciones de Fidel referidas al desarme nuclear son identificables en los múltiples discursos pronunciados desde 1959, en Cuba y en el extranjero, y en una serie de recientes reflexiones publicadas bajo el rótulo del "compañero Fidel", que arrojan un acumulado de propuestas paradigmáticas que nutren los objetivos de la política exterior cubana en un período histórico en que la política ha tomado un extraordinario alcance global, con sus consecuencias para todas las naciones e individuos, al margen del tipo de régimen socio-económico de sus respectivas sociedades y de la posición geográfica en que se encuentren.

Como planteamientos a favor del desarme y en su crítica a los monopolios que controlan la industria armamentista y a los peligros de una guerra nuclear, Fidel, en el discurso ante la Asamblea General de las Naciones Unidas, el 26 de septiembre de 1960, expresó: "ahora, ¿cuáles son las dificultades del desarme? ¿Quiénes son los interesados en estar armados? Los interesados en estar armados hasta los dientes son los que quieren mantener las colonias, los que quieren mantener sus monopolios, los que quieren conservar en sus manos el petróleo del Medio Oriente, los recursos naturales de América Latina, de Asia, de África; y que, para defenderlos, necesitan la fuerza. Y ustedes saben perfectamente que en virtud del derecho de la fuerza se ocuparon esos territorios y fueron colonizados; en virtud del derecho de la fuerza se esclavizó a millones de hombres. Y es la fuerza la que mantiene esa explotación en el mundo. Luego, los primeros interesados en que no haya desarme son los interesados en mantener la fuerza, para mantener el control de los recursos naturales y de las riquezas de los pueblos, y de la mano de obra barata de los países subdesarrollados. (...)

Luego, los colonialistas son enemigos del desarme. Hay que luchar con la opinión pública del mundo para imponerles el desarme, como hay que imponerles, luchando con la opinión pública del mundo, el derecho de los pueblos a su liberación política y económica. Son enemigos del desarme los monopolios, porque además de que con las armas defienden a esos intereses, la carrera armamentista siempre ha sido un gran negocio para los monopolios. Y, por ejemplo, es de todos sabido que los grandes monopolios en este país duplicaron sus capitales a raíz de la Segunda Guerra. Como los cuervos, los monopolios se nutren de los cadáveres que nos traen las guerras.

Y la guerra es un negocio. Hay que desenmascarar a los que negocian con la guerra, a los que se enriquecen con la guerra. Hay que abrirle los ojos al mundo, y enseñarle quiénes son los que negocian con el destino de la humanidad, los que negocian con el peligro de la guerra, sobre todo cuando la guerra puede ser tan espantosa que no queden esperanzas de liberación, de salvarse, al mundo".[15]

Como hemos visto, el pensamiento de Fidel es expresión de una ética progresista y revolucionaria, que se propone no solo interpretar la problemática internacional, sino transformarla con una profunda inspiración emancipadora. Pero esta visión redentora choca directamente con la posibilidad de la autodestrucción del planeta, por el estallido de una devastadora guerra nuclear o el paulatino daño que produce al ecosistema el acelerado cambio climático mundial.

La amenaza de una guerra nuclear y el cambio climático global son el resultado directo de un inusitado e irracional modo de producción capitalista que en el siglo XX, y hasta hoy, exacerbó un armamentismo que tomó su mayor auge en el contexto de un Complejo Militar-Industrial estadounidense cada vez más y más imponente, después de 1945, arrastrando en esa lógica suicida a sus principales aliados europeos, pero también a la Unión Soviética (Rusia), China, India, y a otros actores de menor dimensión territorial o protagonismo internacional, ubicados en Asia, Medio Oriente y África.

Al respecto, el líder histórico de la Revolución cubana esbozó que "se inició la Guerra Fría y la fabricación de miles de armas termonucleares, cada vez más destructivas y precisas, capaces de aniquilar varias veces la población del planeta. El enfrentamiento nuclear sin embargo continuó; las armas se hicieron cada vez más precisas y destructivas. Rusia no se resigna al mundo unipolar que pretende imponer Washington. Otras naciones como China, India y Brasil emergen con inusitada fuerza económica. Por primera vez, la especie humana en un mundo globalizado y repleto de contradicciones ha creado la capacidad de destruirse a sí misma"[16]

El pensamiento de Fidel coincide con el de V. I. Lenin, cuando este último legó a la teoría marxista, a principios del siglo XX, ya en la época del imperialismo,[17] que "el militarismo es el resultado del capitalismo. Es en sus dos formas, una manifestación vital" del capitalismo: como fuerza militar utilizada por los Estados capitalistas en sus choques externos y como instrumento en manos de las clases dominantes.[18]

Fidel, en la segunda década del siglo XXI, explicó a un grupo de periodistas que "el imperialismo y sus aliados han convertido la industria militar en el sector más próspero y privilegiado de su economía. Cada día se publica alguna noticia sobre los más increíbles artefactos para destruir y matar; se elaboran códigos para su empleo; los derechos de la persona, elaborados durante siglos, han sido barridos. Matar y destruir, sin límite alguno, es su filosofía. Como es lógico, tal actitud provoca la reacción de los países adversarios con suficiente desarrollo técnico y científico para fabricar las armas capaces de contrarrestar, e incluso superar tales armas.[19]

Para Fidel, "cuando las supuestas amenazas del comunismo han desaparecido y no quedan ya pretextos para guerras frías, carreras armamentistas y gastos militares, ¿qué es lo que impide dedicar de inmediato esos recursos a promover el desarrollo del Tercer Mundo y combatir la amenaza de destrucción ecológica del planeta?[20]

Todo lo que significó de negativo la desintegración de la URSS y del campo socialista, para la causa de la paz y el desarme nuclear quedó expuesto por Fidel de la manera siguiente: "(…) Al socialismo había que perfeccionarlo, no destruirlo, los únicos que salieron gananciosos con la destrucción del socialismo fueron los países imperialistas. (…) Creo que sí había que luchar por la paz, habría que luchar por el desarme, y pienso que un mundo más sabio habría luchado por alcanzar a través de negociaciones lo que pudo conseguirse sin la disolución y sin la desintegración de la Unión Soviética. (…)

Digo que se habría podido concebir la paz; pero, bueno, hubo una competencia entre Estados Unidos y la Unión Soviética en la carrera armamentista. Y todo el mundo conoce hoy que la estrategia de Reagan fue la estrategia de arruinar a la Unión Soviética, imponiéndole una carrera armamentista que iba más allá de sus posibilidades económicas.

No solo se equivocaron los dirigentes soviéticos, se equivocaron los dirigentes mundiales, porque no fueron capaces de luchar por una paz verdadera sin desintegrar países enteros, cuyas consecuencias no se sabe todavía cuáles serán". [21] Como derivaciones de esos hechos, en las últimas décadas, un nuevo periodo de desequilibrio estratégico-militar y de guerras imperialistas, conducidas por los Estados Unidos, azotaron la estabilidad, el orden y la paz internacional, impidiendo así el desarme nuclear.

A continuación expondré, en forma de breves mensajes, algunas de las principales ideas o frases contenidas en los discursos y las reflexiones en las que Fidel ha manifestado sus criterios vinculados al fenómeno de las armas nucleares, y la consecuente lucha que debemos librar por la paz y el desarme nuclear:

• Ningún país grande o pequeño tiene el derecho a poseer armas nucleares.

• La existencia de las armas nucleares es uno de los más graves peligros que amenazan la existencia de nuestra especie.

• No cometeré la ingenuidad de asignar a Rusia o a China la responsabilidad por el desarrollo de este tipo de armas, después de la monstruosa matanza de Hiroshima y Nagasaki, ordenada por Truman, tras la muerte de Roosevelt.

• La destrucción es la única garantía de que las armas nucleares no puedan usarse, por los estados ni por nadie.

• La única solución es el desarme general y completo bajo estricta verificación internacional.

• Para sobrevivir, es imprescindible un salto en la conciencia de la humanidad.

• El nuevo tratado START, suscrito en Praga en el mes de abril del 2010, entre las mayores potencias nucleares, no implica más que ilusiones, con relación al problema que amenaza a la humanidad.

• Las soluciones acordadas de forma multilateral constituyen el único método viable de abordar los asuntos relacionados con el desarme y la seguridad internacional.

• Alrededor de 25 000 armas nucleares en manos de fuerzas aliadas o antagónicas dispuestas a defender el orden cambiante, por interés o por necesidad, reducen virtualmente a cero los derechos de miles de millones de personas.

• El "invierno nuclear", inconciliable con la supervivencia humana, sería la consecuencia del empleo de un reducido porcentaje de las armas nucleares acumuladas por las potencias que las poseen.

• Israel, que con la ayuda y la cooperación de Estados Unidos fabricó el armamento nuclear sin informar ni rendir cuenta a nadie, hoy sin reconocer la posesión de estas armas, dispone de cientos de ellas. Para impedir el desarrollo de las investigaciones en países árabes vecinos atacó y destruyó los reactores de Iraq y de Siria. Ha declarado a su vez el propósito de atacar y destruir los centros de producción de combustible nuclear de Irán.

• A fin de impedir la proliferación nuclear, Israel puede acumular cientos de ojivas nucleares mientras Irán no puede producir uranio enriquecido al 20 %.

• Gracias a la posesión de las armas de destrucción masiva es que Israel ha podido desempeñar su papel como instrumento del imperialismo y el colonialismo en esa región del Medio Oriente.

• Crece igualmente la tensión en torno a Rusia, país de incuestionable capacidad de respuesta, amenazada por un supuesto escudo nuclear europeo.

• Mueve a risas la afirmación yanqui de que el escudo nuclear europeo es para proteger también a Rusia de Irán y Corea del Norte. Tan endeble es la posición yanqui en este delicado asunto, que su aliado Israel ni siquiera se toma la molestia de garantizar consultas previas sobre medidas que puedan desatar la guerra.

• Es realmente inusitado observar una nación (se refiere a Estados Unidos) tan poderosa tecnológicamente y un gobierno tan huérfano a la vez de ideas y valores morales.

En estas reflexiones encontramos una guía para la acción concertada en el ámbito político-diplomático, con el propósito de sensibilizar a amplios y diversos sectores sociales sobre la necesidad de lograr el desarme nuclear. En cada pensamiento hay un motivo de rigor para comenzar un dinámico proceso de negociaciones internacionales que interrumpa la peligrosa ruta que nos conduce inexorablemente al desastre nuclear, el que también podría ocurrir no necesariamente por el desencadenamiento de un conflicto violento entre estados poseedores de estos tipos de armas.

Del permanente optimismo de las ideas de Fidel y su inquebrantable fe en el progreso del hombre, que es capaz de conducirse por el conocimiento y menos por los instintos, se afirma, sin dogmatismo, que la guerra no es una calamidad natural, como un huracán, una sequía, una plaga. La guerra no es un acto de Dios. La guerra es una enfermedad social engendrada por las sociedades explotadoras y desplegadas a su máxima expresión en la época histórica de la barbarie imperialista. La guerra la hacen los hombres y por consiguiente los hombres la pueden evitar. La hacen los hombres y ellos la pueden eliminar, si cesan los egoísmos, si cesan los hegemonismos, si cesan la insensibilidad, la irresponsabilidad y el engaño, como razonó Fidel hace 21 años en la Conferencia de Naciones Unidas sobre Medio Ambiente y Desarrollo, celebrada en Rio de Janeiro.[22]

Sin embargo, "mientras los polos se derriten velozmente, el nivel de los mares sube por el cambio climático, inundando grandes áreas en unas pocas decenas de años, todo lo cual supone que no habrá guerras, (incluyendo la nuclear) y las sofisticadas armas que se están produciendo a ritmo acelerado no se usarán nunca. ¿Quién los entiende?"[23] Evidentemente a los hombres, en el curso de una de las crisis sistémica y multidimensional de las más graves que haya conocido el sistema capitalista. "Nuestra época que se caracteriza por el avance acelerado de la ciencia y la tecnología. Estemos o no conscientes de ello, es lo que determina el futuro de la humanidad, se trata de una etapa enteramente nueva. La lucha real de nuestra especie por su propia supervivencia en todos los rincones del mundo globalizado".[24]

En resumen, el pensamiento político de Fidel es una fuente que nos ilumina para luchar de forma consecuente por el desarme nuclear, sabiendo que no significa una campaña o una retórica coyuntural, porque es desafiar poderosas fuerzas e intereses que desprecian a la humanidad en su conjunto e impiden la construcción de un equilibrio justo y respetuoso entre las naciones. En las condiciones de una tiranía impuesta al mundo por Estados Unidos y sus poderosos e incondicionales aliados en dos temas: la guerra nuclear y el cambio climático[25], dejar el desarme nuclear para mañana será demasiado tarde. Sería hacer, dijo Fidel, lo que debimos haber hecho hace mucho tiempo.[26]

Capítulo 2

La política francesa
y la caliente "postguerra fría"

2.1. La insurrección en Francia por las urnas.

La abstención masiva fue el signo final de las elecciones regionales en la que, de 35 millones de electores registrados para votar, solo el 51% asistió a las urnas y un 49 % lo hizo con los pies, en expresión del cansancio popular hacia las políticas gubernamentales.

El abstencionismo récord mostró la indiferencia de los franceses hacia la política, los partidos y sus instituciones representativas, una tendencia que, como reflejaron las urnas en ambas vueltas del escrutinio, se ha acentuado durante el período gubernamental del presidente Nicolás Sarkozy. Se confirmó, una vez más, que las elecciones regionales del año 2010 pasaron a la historia en calidad de un voto de castigo hacia la derecha conducida por Sarkozy.

Habría que hurgar profundamente en las causas de la baja participación popular en la primera y segunda vuelta de las elecciones regionales francesas. Por ahora, sin ir a la raíz del problema, solo pretendo compartir algunos elementos que pudieran ser el origen de esta situación, lo que relaciono en los siguientes puntos:

• El desinterés y la desmotivación generalizada de las clases populares con la política económica puesta en práctica por el partido de la derecha en el poder que, en la coyuntura de una aguda crisis económica internacional, ha atizado las contradicciones sociales, con el manifiesto interés de persistir en las reformas salvadoras del capitalismo y sus bancos.

• La falta de confianza de amplios sectores de la nación en un sistema que no les ofrece perspectivas de creación de nuevos empleos, la construcción de viviendas accesibles a las personas con menores ingresos, la reducción de la violencia y los actos delictivos, cada vez más frecuente en las grandes ciudades, el mejoramiento del trato a los inmigrantes, y que es incapaz de poner freno a una estrategia dirigida a la disminución del servicio público en beneficio de la privatización, favoreciendo así a las clases más ricas de la sociedad.

• La crisis de la cultura política local y la disminución de la credibilidad de los partidos políticos tradicionales que conforman el bipartidismo actual, centrado en la Unión por un Movimiento Popular (UMP) y el Partido Socialista (PS).

• Las maquinarias electorales del bipartidismo que monopolizan la vida política francesa exacerban, en última instancia, un déficit de democracia participativa y deliberativa de las masas populares, las cuales ya no esconden su falta de identificación con el sistema, pues se han dado cuenta que no constituyen verdaderos actores del juego de la política en la sociedad moderna.

Si de apego a la teoría política se trata, se debe explicar, ante el fenómeno de la abstención, que la democracia francesa ha puesto en cuestionamiento lo más preciado de la mencionada palabra de origen griego: el demo, que significa pueblo en castellano, pero, ¿podría el sistema político galo soportar por mucho tiempo el divorcio existente entre su demo (pueblo) y la cracia (poder)? Reconozco que es una pregunta que me resulta difícil responder. Tendría que dedicar horas de estudio a un problema complejo, que debería tratarse con un enfoque multidisciplinario de las ciencias sociales, para encontrar una respuesta precisa, justa e integral.

Lo que sí se observa, en la superficie, es que el abstencionismo significa la renuncia de amplios sectores sociales a su condición de lo más elemental: la categoría de ciudadano y al derecho cívico de expresarse en las urnas. La abstención podría simbolizar un rechazo generalizado al sistema social imperante y a la clase política en su conjunto. Esta problemática fue denominada por el líder del Partido de Izquierda, Jean-Luc Mélenchon, como "la insurrección por las urnas", en un país donde a juzgar por las encuestas, en el contexto actual de crisis económica capitalista, una (1) de cada cinco (5) personas estaría dispuesta a la revuelta popular en las calles para la defensa de sus legítimas reivindicaciones.

Otro notable político, pero de derecha, Dominique de Villepin, adelantó un escenario no menos preocupante cuando hizo sonar las campanas de los abrumadores medios de prensa al avizorar, en el mes de abril del 2009, "el riesgo de una revolución social en Francia, resultante del profundo sentimiento de injusticia y dificultades que agobian a una parte considerable de la población", lo que también fue corroborado en el lenguaje de las cifras por el Centro de Ciencias Políticas de Paris, una institución científica a la que no deberíamos adjudicarle veleidades izquierdistas. Según esta academia, la situación social del país es delicada si se reflexiona en torno a los siguientes datos:

• La juventud francesa es la más pesimista de Europa.

• El 67% de los franceses desconfían de los partidos de derecha y de las denominadas fuerzas políticas de izquierda para el ejercicio gubernamental.

• El 79% de la población piensa que la situación socioeconómica no cesa de empeorar.

• Una (1) persona de cada diez (10) está desempleada y el resto tienen miedo de perder su trabajo.

La relación de datos puede ser mayor, pero no persigo impresionar al lector con excesivos ejemplos. Solo estimo que las dificultades de Francia, expuestas más arriba, pueden encontrarse, en mayor o menor escala, en todos los países, pero devienen alarmantes en una potencia que ostenta el quinto rango en la economía mundial y que, por obra de la historia, es considerada la cuna de la libertad, la igualdad y la fraternidad, en alusión a su "sacrosanta" determinación por el respeto de esos derechos del ser humano en cualquier sitio del planeta. Pudiera pensarse, en esta ocasión, que los electores franceses hicieron un urgente llamado al cuidado y atención de sus derechos fundamentales.

Pero, sin interés de extraviarme en esta digresión, por los guarismos arrojados en el escrutinio final de la elección regional, también se puede deducir que el sistema político francés reafirmó el bipartidismo centrado en la UMP y el PS, principales maquinarias electorales que comparten los roles esenciales en la defensa de los preciosos intereses de la clase dominante en la gran nación europea.

Es importante destacar que, después de ocho años, el PS había ganado todas las elecciones municipales y regionales, mientras la derecha también lo había logrado en cada elección legislativa y presidencial. La elección regional del año 2010 pasó a los anales como si los electores hubieran escogido una especie de "nueva cohabitación", porque en el poder local decidieron mantener al PS y sus aliados de izquierda, quedando en el poder central, nacional, al menos hasta mayo del 2012, la derecha de la UMP.

Pero el hecho de que haya sido ratificada la confianza a los socialistas para dirigir a los franceses a nivel local, instancia predilecta del elector galo para la realización de las políticas sociales y su control, no quiere decir que se ha operado un cambio real en la política francesa, porque en rigor el PS carece de un proyecto social diferente al de la UMP, y atraviesa una grave crisis ideológica que le impide la transformación revolucionaria de la sociedad francesa.

Además, la llamada izquierda solidaria -en progresión- compuesta por socialistas, verdes y comunistas parece todavía un poco alejada del movimiento popular, por lo que para mantener su credibilidad deberá trabajar en un proyecto de sociedad que responda a los intereses y esperanzas de las clases populares. Este es el mayor desafío de la "izquierda solidaria" francesa hasta las elecciones presidenciales del año 2012, otro momento de prueba para la "izquierda", los anticapitalistas y el sistema político galo.

Es evidente que las clases populares tampoco se sienten representadas en un PS que, huérfano de ideas y sin un programa para sacar a Francia de la crisis económica, desde el 2004, en 20 de las 22 regiones, no ejerció una política novedosa y opuesta a la dictada desde el Elíseo. En suma, ni las regiones, ni los departamentos en manos de los socialistas tendrán los medios y la capacidad efectiva para desplegar un real contrapoder frente al ejecutivo y al legislativo nacional, donde se continuará decidiendo la alta política francesa, pese a los votos de sanción recibidos en estos comicios.

Y así las cosas, concluyo aquí algunas de las lecciones aprendidas de las elecciones regionales francesas del año 2010, una cita que constituyó un importante referendo antes de la elección presidencial fijada para mayo del 2012. Más allá de las emociones suscitadas, los resultados de estos sufragios tendrán un inevitable influjo en la recomposición –acción y reacción- de la dinámica política francesa hacia un futuro no muy lejano.

2.2. LA POLÍTICA FRANCESA Y LAS ELECCIONES PRESIDENCIALES DEL 2012.

Desde que Nicolás Sarkozy llegó al poder, en el año 2007, hizo de la política exterior su principal carta de triunfo. La diplomacia se erigió en un resorte de credibilidad para su accionar político.

Con esos fines, hizo solemnidad de un hiperactivismo en promoción de iniciativas de alcance regional y mundial en calidad de presidente de turno de la Unión Europea, con el concebido objetivo de enfrentar la crisis económica-monetaria del sistema capitalista y diseñar una "nueva" arquitectura financiera internacional por medio de su presidencia anual, en el año 2011, del G-8 y el G-20, respectivamente. Sobresalieron sus gestiones a favor de la Iniciativa para el Mediterráneo y su dinamismo en la concertación de posturas con los Estados Unidos sobre diversos conflictos internacionales: Afganistán, Côte d'Ivoire y Libia, para solo mencionar los de mayor impacto en las relaciones regionales e internacionales.

El aspecto militar fue el área de mayor sobredimensionamiento en la política exterior francesa. En el año 2010, se destinados 570 millones de euros a las operaciones exteriores de carácter militar, en correspondencia con un presupuesto para la "defensa" de 32 000 millones de euros. En el año 2011, los militares recibieron 900 millones de euros, de ellos 500 millones para las acciones en Afganistán, a lo cual se agregaron, a comienzos de julio de ese año, 900 millones de euros para la guerra en Libia[27]. Solo la operación "Harmattan" contra Libia, iniciada el 19 de marzo del 2011, costó 50 millones de euros sin que la clase política francesa obtuviera rápidamente los resultados esperados, pues el conflicto se prolongó más allá del tiempo previsto debido a la resistencia ofrecida por el líder libio Muammar Al-Gaddafi. En esa elevada cifra no se cuenta, obviamente, el golpe humano de más de 70 soldados muertos en el exterior y de cientos de heridos que han regresado vivos, pero sufriendo severos traumatismos psicológicos, ya que no comprenden las razones de su participación en conflictos internos de otros países, como tampoco lo entienden la mayoría de los ciudadanos franceses.

Para tener una idea precisa del militarismo francés allende sus fronteras nacionales, informaciones oficiales confirmaron que 22 000 soldados intervinieron en el extranjero: 4 000 en Afganistán, 9 700 en África, 1 500 en Côte d'Ivoire, además de la implicación de sus dispositivos militares en Libia, Kosovo, Líbano, Somalia, en el Golfo de Guinea y la República Centroafricana, entre otros países con menor presencia militar.

Pero esos datos fueron insuficientes para predecir qué ocurrirá exactamente en Francia en las elecciones presidenciales, en su primera vuelta, el 22 de abril y, en su segunda vuelta, el 6 de mayo del 2012, porque cualquier vaticinio de lo que sucedería requirió de un análisis profundo de las principales tendencias políticas y, en última instancia, de los factores económicos y sociales que dictan el movimiento real de la sociedad francesa.

La nación francesa no es una excepción en el concierto internacional, como en otras potencias, los ciudadanos, ante una elección presidencial, están condicionados por discernimientos de carácter económico y social. Los asuntos internacionales, salvo en ciertos períodos de extrema tensión o de guerra legítima, no constituyen una prioridad. Tal vez por eso la imperceptible reacción popular y de las fuerzas del arcoíris progresista al intervencionismo militar francés en Libia y otras regiones del planeta.

En la elección presidencial de Francia, "la madre de todas las votaciones" y el punto incandescente del debate político[28], sus dos candidatos finales: el presidente conservador saliente Nicolás Sarkozy, y el líder socialista, François Hollande, no pudieron menospreciar un conjunto de argumentaciones racionales que expongo a continuación:

Los franceses, en sentido general, están acostumbrados a la política de potencia de su estado-nación. Por eso, en mayor o menor medida, los enfoques estratégicos en torno a la política exterior estuvieron presentes en los debates que se produjeron en ambas vueltas de la elección presidencial, aunque sabemos que el factor internacional fue el argumento predilecto y de más peso en el discurso y la acción política de Sarkozy. A fin de cuentas, no es menos cierto que un candidato poco creíble, para representar los múltiples intereses galos en el extranjero, es muy probable que no obtendría un amplio margen de votos del electorado porque, en el imaginario de un segmento cardinal de los franceses, el Jefe de Estado es la imagen principal de su país y desempeña un papel fundamental en la escena internacional.

¿Es que eso significa que la sociedad francesa sea mucho más conservadora que en décadas anteriores? Este problema podría tener una respuesta positiva, pero lo principal radica en que el régimen de la Quinta República otorga poderes esenciales al presidente en dos sectores clave de la seguridad nacional de la nación: la política de "defensa" y exterior (diplomacia). Al mismo tiempo, las cuestiones internacionales también jugaron un papel relevante, por tanto una potencia con las dimensiones y atributos de Francia deberá enfrentar los desafíos que entrañan, para su posicionamiento global, las nuevas correlaciones de fuerza en un sistema internacional que ya perfila un acento multipolar y pluripolar, a lo cual no podría ser indiferente la futura política exterior francesa.

Nunca antes, en la historia de las relaciones internacionales, el escenario mundial y la política exterior de los estados habían sido tan influyentes al interior de las naciones. Eso se debe, entre un conjunto de causas históricas, al rápido proceso de la globalización en materia comercial y tecnológica, a la concentración del poder militar y económico en un reducido grupo de potencias principales y al alcance sin límites de las transnacionales de la información con su impacto mediático. En el momento actual, ya ningún ciudadano puede ignorar los efectos de esos factores constitutivos de todo lo que ocurre fuera de las fronteras nacionales. El ciudadano con acceso a las redes sociales tiene ahora un alcance global y los franceses, en particular, se interesan cada vez más por el devenir y el futuro de su país en los asuntos internacionales.

Nicolás Sarkozy aplicó el realismo político en la lucha por el poder. Su pragmatismo arrojó luz sobre la importancia que concedió al peso de la dimensión internacional y a lo que ella podía jugar a su favor en la elección presidencial. Lo más importante para la derecha gala es que el gobierno de Sarkozy realizó, en cuatro años, una inversión inmensa en el ámbito de los principales actores de la política internacional, mientras conocíamos, por diversas empresas encuestadoras, sobre su sostenido índice de impopularidad y de baja aceptación social. Priorizar la diplomacia y administrar sus efectos en la política interna, fue la estrategia seguida por el Elíseo a fin de legitimar la gestión presidencial de Sarkozy, pues la tradición política ha hecho que el electorado francés tenga bien interiorizado el valor de la cultura de lo internacional.

Por otro lado, es muy poco probable que el accionar internacional de Francia abandone, en la coyuntura actual, las estrechas relaciones con los Estados Unidos en el ámbito de la Organización del Tratado del Atlántico Norte (OTAN), lo que constituirá un legado de la política exterior desarrollada por Sarkozy focalizada en una proyección de acentuada alianza militarista con los Estados Unidos, quedando demostrado en los frentes de guerra abiertos en Libia y Afganistán. En línea con lo anterior, la vergonzosa victoria en Libia, frente al Gaddafi, otorgó algunos créditos electorales a Sarkozy, que se mostró vencedor en este conflicto. Con el éxito militar en Libia, Sarkozy calculó obtener un tipo de popularidad comparable a la de Jacques Chirac, después de su rechazo a la guerra de Iraq en el año 2003, pero el favorable resultado de ese conflicto fue incapaz de aupar a Sarkozy en el

plano de las intenciones de votos del electorado, manteniéndose siempre por debajo de
cualquier candidato del Partido Socialista.

Otro problema es que el fortalecimiento de la
presencia militar francesa en Afganistán
trajo consigo un incremento de la cantidad de
los soldados muertos. Y esto fue un tema sensible en los debates electorales entre ambos
candidatos.

En la elección presidencial, los dos candidatos finales: Nicolás Sarkozy y François Hollande, más allá de las problemáticas internacionales que incumben al hexágono, tuvieron
que afrontar todos los aspectos de la compleja
vida nacional francesa. Los debates se desa-
rrollaron en un contexto marcado por dos fenómenos principales: la mayor crisis económica y social que Francia ha conocido en los
últimos decenios, y una creciente desconfianza hacia el funcionamiento de la democracia representativa.

La guerra de las encuestas reflejada en la
gran prensa francesa, un mes antes de la
elección, mostró que la mayoría de los sondeos favorecían a un Sarkozy capaz de acor-
tar la distancia con Hollande, desde el fin de
los tiroteos que ocasionaron el asesinato de
tres militares en el sur de Francia y la odiosa
matanza de niños judíos en Toulouse, el 19 de
marzo del 2012, cometida por un joven yiha-
dista relacionado con Al Qaeda, impactando
con fuerza en la campaña, y dándole natural-
mente un protagonismo particular al presidente saliente Nicolás Sarkozy. Si bien el in-

cidente de los tiroteos le dio un pequeño impulso al mandatario, no resultó un vuelco en las intenciones de voto de los electores, porque el desempleo y el bajo poder adquisitivo constituyeron las principales y verdaderas preocupaciones del pueblo francés.

El electorado galo no pudo ser glacial al balance mediocre de Sarkozy, para muchos detestable, como presidente de Francia. En el instante supremo del voto, Sarkozy fue recordado por sus numerosos escándalos en los que estuvo envuelto, enturbiando su gestión política como el "presidente de los ricos", a quienes hizo regalos fiscales insólitos, mientras sacrificaba a las clases medias y desmantelaba el Estado de Bienestar General. Esa postura, en exceso conservadora, exacerbó las posibilidades de castigo electoral contra la derecha, porque las mayorías sociales sintieron profundamente las dificultades que trajo para sus vidas el espejismo de la política de reformas introducidas por Sarkozy, desde su llegada al poder en el 2007, que se tradujeron en pérdida de empleos, reducción del número de funcionarios, retraso de la edad de jubilación, disminución del nivel de vida, sin que sus promesas y esperanzas de una existencia mejor se produjeran.

Los sondeos de prensa mostraron a la candidata de extrema derecha Marine Le Pen, en tercer lugar, con un 15 por ciento, evidenciándose que mientras se acercaba la cita electoral menos intenciones de votos favorables encontró en las distintas encuestas. Por su parte, Nicolás Sarkozy trabajó duro para atraer en su tardía, pero intensa campaña electoral, a los votantes de la extrema derecha con una dura postura sobre la inmigración y la seguridad. En estos temas existió un claro corrimiento de Sarkozy a actitudes propias de la extrema derecha francesa.

Todo lo anterior hizo que François Hollande fuese el sereno favorito de los sondeos electorales, concentrando las crecientes y legítimas aspiraciones de una alternancia política en la sociedad francesa. Todas las encuestas, sin excepción, lo dieron como vencedor en la cita electoral presidencial fijada para el 6 de mayo del 2012, tal y como ocurrió en la práctica. Hollande es considerado, por sus propios electores, un representante de la burocracia partidista dado su desempeño, durante más de once años (1997-2008), en el cargo de primer secretario del partido socialista. No es calificado un líder natural o carismático. Nunca se desempeñó como ministro. Solo fue designado candidato a la presidencial después de unas durísimas elecciones primarias en el seno de su partido, a las que estuvo imposibilitado de asistir Dominique Strauss-Kahn, el preferido de los electores socialistas, quien se encontraba retenido por la justicia de los Estados Unidos.

François Hollande es un socio-liberal de la antigua corriente socialdemócrata, ahora ubicado en el centro del espectro político, en representación, en buena lid, de los sectores de derecha al interior del partido socialista amparados en un programa económico muy poco diferente en contenido al de los conservadores liderados por Sarkozy. Hollande pertenece a la misma familia política que abandonó las concepciones de la socialdemocracia europea en España, Portugal y Grecia, quedando en el más claro desprestigio y debilidad política tras haber aceptado los paquetes de medidas de austeridad neoliberales de las instituciones supranacionales de la Unión Europea.

Finalmente, con la confirmación de la victoria electoral de Hollande, el 6 de mayo del 2012, se validó la conjunción de los factores expuestos en este ensayo. La participación activa de los sectores populares en la elección podría ayudar a encauzar nuevas configuraciones de los actores políticos franceses hacia una verdadera alternancia política desde la izquierda. En ese sentido, Jean-Luc Mélenchon, carismático líder del Frente de Izquierda (alianza entre el Partido de la Izquierda y Partido Comunista, entre otras pequeñas fuerzas de izquierda), se propone colocar al ser humano en el centro de la sociedad, proponiéndose una revolución ciudadana que permita la mejor distribución de las riquezas, abolir la inseguridad social; arrebatarle el poder a los bancos y a los mercados financieros; una planificación ecológica; o sea, todo un proceso de cambios que tendría como eje una asamblea constituyente que se proponga la construcción de una nueva República, con una política contraria a los postulados neoliberales impulsados por la Unión Europa.

Por esas razones, Jean-Luc Mélenchon, simboliza la nueva esperanza de una sociedad sumida en una crisis económica, social y de representación política, pero, en particular, para quienes dentro de esa casa en dificultades constituyen los perdedores del juego neoliberal: la clase trabajadora, los ancianos, los jóvenes indignados, en fin el ciudadano de a pie.

Por eso, para la izquierda progresista fue importante evitar unas elecciones presidenciales que arrojaran un alto abstencionismo cívico, porque un escenario de esa naturaleza limitaría las perspectivas novedosas para un verdadero cambio de tonalidad política en la sociedad francesa.

2.3. "FRANCIA, PAÍS POLÍTICO".

Carlos Marx decía que Francia es el país de la política, Alemania el de la filosofía e Inglaterra el de la economía.

«Francia, país político», es una simplificación intencionada, una síntesis, pero que ahora, como en los tiempos del genial pensador, contribuye a explicar que existe, a partir del 6 de mayo del 2012, una singularidad francesa (más que una « excepción francesa »). Esta singularidad, que podría ser relativa, radica en que el Partido Socialista francés (centro-izquierda, antigua socialdemocracia), ha llegado a la presidencia sin ocultar el deseo de intentar cerrar un breve y problemático ciclo histórico de políticas neoconservadoras.

Es un dato sumamente curioso que el nuevo inquilino del Elíseo, François Hollande, haya pronosticado, el 6 de mayo del 2007, cuando ostentaba el cargo de primer secretario del partido socialista, que la luna de miel de los galos con Nicolás Sarkozy terminaría con un amargo despertar: los ciudadanos recibirán una temible factura como consecuencia de la política económica y fiscal del entonces flamante presidente.

Sin equívocos, François Hollande -vencedor y nuevo líder de los franceses con más del 52% de los votos de la elección presidencial-, fue premonitorio, porque la derrota de Nicolás Sarkozy está asociada a la incapacidad de cumplir con su principal axioma de la campaña electoral, en el 2007, centrada en la manida frase de "trabajar más, para ganar más", la cual embrujó a los 18.800.000 de personas que votaron por él, para un 50,8% de los votos.

En aquel momento, el análisis socio-demográfico realizado por los institutos de encuestas arrojó que habrían votado por Nicolás Sarkozy el 46% de los obreros, el 25% de los desocupados, el 77% de los trabajadores independientes, el 82% de los artesanos y comerciantes, el 67% de los agricultores, el 65% de los jubilados y el 42% de los estudiantes.

Aquel 6 de mayo del 2007 se pudo constatar que, incluidos los obreros, ningún estrato social numéricamente significativo, salvo los desocupados, votó masivamente contra Nicolás Sarkozy y que, por lo contrario, los sectores ideológicamente más conservadores, los agricultores, los trabajadores independientes, los artesanos y los comerciantes, votaron masivamente por el candidato de la derecha.

Por su parte, los más ricos no tuvieron ninguna dificultad en identificar al candidato más resuelto a defender sin vacilaciones sus intereses. Los dirigentes de la asociación patronal MEDEF estuvieron exultantes con el resultado electoral, y un ejemplo extremo fue el caso de Neuilly-sur-Seine, el suburbio aristocrático de París, donde Nicolás Sarkozy obtuvo el 86,81% de los votos.

Bajo el influjo de esta ola sarkozysta, Francia se vio gobernada, en los años 2007-2012, por una derecha dura e implacable que defendió, sin concesiones de ningún tipo, un programa funcional a los intereses del gran capital transnacional, el cual había quedado expuesto claramente durante la campaña electoral adornada con promesas demagógicas de un futuro mejor, luego que Nicolás Sarkozy delineara su misión imposible: "moralizar" un sistema capitalista" que, en el siglo XXI, es más impúdico y represivo que en épocas históricas precedentes. [29]

En tal sentido, Nicolás Sarkozy no solo se vio frustrado de moralizar el sistema social, que por naturaleza reproduce la inmoralidad a escala planetaria, sino que también tuvo poco éxitos en sus esfuerzos por incrementar el crecimiento económico, reducir el déficit presupuestario, que se hace cada vez mayor, y las inversiones siguieron sin responder a las expectativas de mejoramiento del nivel de vida de la población. La manipulada frase de "trabajar más, para ganar más", se tradujo, en la cotidianidad francesa, en menos posibilidades de empleos, lo que significó aproximadamente una tasa general de desocupación de 9,8 %, un desempleo de los jóvenes de menos de 25 años de un 24% y un número total de parados en el orden de los 4,5 millones. Además, 8 millones de personas viven por debajo del umbral de la pobreza, fijado en 970€ mensuales, en la quinta potencia mundial, mientras que el país es dos veces más rico que en 1990 (2,56 billones de euros de riqueza producida al año). [30]

Calificado por muchos como "el hiperpresidente", por su intensa actividad presidencialista y la constante exposición mediática, Nicolás Sarkozy recibió un voto de castigo por sus promesas incumplidas e irresponsabilidades al frente del Palacio del Elíseo, que lo llevaron a convertirse en el estadista más impopular de la V República francesa. El ejercicio de malabarismo electoral para seducir a los electores de la extrema derecha perjudicó a Nicolás Sarkozy, porque los votantes de este viejo partido filo-fascista están muy identificados con la estrategia de su joven líder y abogada Marine Le Pen, quien tiende a distanciarse del antisemitismo de su padre y relativizar la retórica del Frente Nacional contra los inmigrantes y la Unión Europea, lo que le ha funcionado para que se convierta en la tercera fuerza política gala. Por ahora, el Frente Nacional goza de unos apoyos más amplios que nunca en la política francesa.

En el momento del voto definitivo, el 6 de

mayo del 2012, en la mente de millones de franceses martilló el recuerdo de las controversias alrededor de la personalidad y la imagen de Nicolás Sarkozy. Los electores recordaron múltiples escándalos de corrupción y de financiamientos ocultos a su carrera política. El capítulo de las vacaciones pagadas por amigos multimillonarios en exclusivos emporios turísticos, su cercanía al neoconservador estadounidense George W. Bush, con respecto a la invasión a Iraq, la guerra en Afganistán, contra Libia, e incluso la intervención del ejército galo en Costa de Marfil, completaron el dudoso perfil del antiguo inquilino del Elíseo, quien, por sus últimos movimientos electorales en el ámbito político del Frente Nacional, demostró su marcado linaje derechista cuando exhortó a sus socios europeos a aceptar un cierre de las fronteras, si el flujo migratorio lo exigiera, revisando así el acuerdo Schengen en vigor desde 1995.

¿El cambio es ahora?

La victoria de la centroizquierda francesa, luego de 17 años de presidentes de derecha, tiene un impacto en el escenario europeo que no puede minimizarse, porque como ha prometido François Hollande en su consigna electoral: "el cambio es ahora", lo que debe producirse en los próximos meses es la reorientación del rumbo en la política económica y financiera de Francia, pasando inevitablemente por un debate sobre estas intenciones en el seno de las instituciones de la

Unión Europea, que implicaría a todos sus miembros, atendiendo a la influencia de Francia en el sistema regional europeo, su condición de quinta potencia mundial y segunda economía de la eurozona.

François Hollande estableció el compromiso con su pueblo de que renegociará el pacto fiscal europeo de ajustes y austeridad, impulsado por Nicolás Sarkozy y la canciller Angela Merkel, quienes establecieron una alianza bautizada como el eje "Merkozy", para agregarle un acápite de apoyo al crecimiento económico. Es conocido que François Hollande explicó a Angela Merkel su deseo de que el Banco Europeo de Inversiones, en Luxemburgo, conceda más créditos a las pequeñas y medianas empresas; reasigne los fondos de cohesión no utilizados del presupuesto de la Unión Europea, para impulsar el estímulo de la economía; la creación de bonos europeos, para financiar las infraestructuras sociales, y otros proyectos que permitan el crecimiento económico y la transformación de la relación entre el Banco Central Europeo y el Mecanismo Europeo de Estabilidad Financiera, para que este último pueda aprovechar el dinero del primero.

¿Qué pasará en caso de que François Hollande defienda con fortaleza sus promesas electorales? Una nueva política francesa, sin alejarse totalmente de la economía neoliberal dominante en el escenario europeo, provocaría una inevitable conmoción y contradicciones con la ortodoxa política de austeridad aplicada por la Unión Europea. El nuevo presidente francés parece hablar con responsabilidad cuando exige una reorientación del nuevo marco de gobierno económico de la eurozona hacia políticas que piensen más en el crecimiento de las economías.

La proyección de François Hollande no implica transformaciones estructurales del capitalismo; pero muchos coinciden que, con las perspectivas económicas y presupuestarias cada vez más pesimistas que afrontan España e Italia, una nueva campaña para poner en marcha políticas de crecimiento económico más dinámicas, podrían no dejarle tan aislado en Europa, como algunos predecían, y reduciría las tensiones con Alemania. De todas formas, hay que esperar la reacción de los mercados financieros a la nueva estrategia francesa. Si los mercados permanecen tranquilos, el presidente François Hollande tendría la posibilidad de iniciar un periodo más largo de incertidumbre europea. De lo contrario, ningún presidente francés se permitiría el lujo de provocar o mantener una situación de más inestabilidad en Italia y España, con el riesgo de contagio a Francia. Es imposible prever cuánto tardará la eurozona en alcanzar un nuevo consenso sobre la disyuntiva entre austeridad o crecimiento económico.

En el plano interno, para el presidente François Hollande es una fortaleza política que su partido cuente con mayoría absoluta en el Senado, que es incluso presidido por Jean-Pierre Bell, un correligionario socialista. Es, además, seguro que pueda apoyarse en una mayoría de su propio partido en la Asamblea Nacional, como resultado de las elecciones parlamentarias del 10 y el 17 de junio del 2012. Otro escenario no menos favorable sería la necesidad de alcanzar algún acuerdo de gobierno con otros partidos de la llamada izquierda plural como los verdes, el partido de la izquierda y el comunista, estos dos últimos unidos en el Frente de Izquierda, en una progresión electoral de indiscutible perspectivas políticas para la sociedad francesa, porque enarbola un programa verdaderamente alternativo al neoliberalismo.

En cualquier caso, François Hollande, por el extraordinario poder constitucional del presidente francés, tendría enorme libertad para dirigir la política europea de Francia. Las únicas limitaciones posibles estarían en las presiones para convocar referendos sobre temas importantes y la necesidad de obtener una mayoría parlamentaria de tres quintos para lograr cambios constitucionales.

El presidente François Hollande también deberá recordar que los franceses aman la paz, por lo que tiene el desafío de cumplir el compromiso electoral de retirar los 3 600 efectivos militares desplegados en Afganistán, antes de finales del 2012.

Pero el escenario postelectoral interno continuará caldeado ante la siguiente cita electoral legislativa -fijada para junio del 2012- en que el Frente Nacional, encabezado por Marine Le Pen, anticipa obtener algunos escaños en la Asamblea Nacional. Este sería otro hecho que impactaría la política gala al significar el regreso de la extrema derecha al Parlamento, después de 25 años de ausencia en esa instancia de poder. En la extrema derecha en ascenso, con un discurso antisistema y antieuropeo, François Hollande tendría la oposición más radical a su proyecto de reacomodo del modelo económico neoliberal en el contexto francés.

La elección de François Hollande en Francia y el progreso de la influencia política de Jean-Luc Melenchon, líder del Frente de Izquierda, debería ser un motivo de reflexión para las fuerzas de izquierda europeas incapaces hasta ahora de dar una respuesta teórica, ideológica, económica, política y cultural coherente a la realidad contemporánea, dominada en todos los órdenes por el capital monopolista transnacional y caracterizada por el incremento de la explotación y de la opresión de los trabajadores de todas las categorías, el despojo de los recursos naturales, incluidos los alimentarios, de los países llamados periféricos, la degradación acelerada del medio ambiente y la sucesión de guerras de agresión imperialistas desatadas por los Estados Unidos, las cuales recibieron de sus aliados, incluida Francia, un apoyo incondicional.

Esperamos que en "Francia, país político", el cambio de verdad sea a partir de ahora. El presidente François Hollande tiene en sus manos una gran responsabilidad histórica y la posibilidad única de innovar y renovar los enfoques hacia una dirección progresista de la política francesa en Europa y en el escenario internacional.

Sí, en eso se espera, con toda seguridad, la contribución de Francia en los próximos cuatro años, para bien de los franceses que acaban de desafiar por las urnas las draconianas políticas de austeridad. Y para esperanza de la humanidad toda. ¿Por qué no?

2.4. LOS NEXOS ENTRE LAS OPERACIONES "ODISEA DEL AMANECER", HARMATTAN" Y EL EJERCICIO "SOUTHERN MISTRAL" CONTRA LIBIA.

Definitivamente, el gobierno de los Estados Unidos no fue un socio más en la agresión militar a Libia por un colectivo de países imperialistas. El Pentágono reconoció muy bien su función protagónica en la coordinación y liderazgo de una estrategia de guerra bautizada con el nombre de "Odisea del Amanecer".

La "Odisea del Amanecer" fue también la guerra iniciada por los bombardeos de los aviones franceses, al inicio del día 19 de marzo del 2011, bajo la operación "Harmattan".[31] Este era el conflicto que necesitaba el presidente galo Nicolás Sarkozy, en un contexto electoral caracterizado por la baja aceptación popular; y que logró su materialización gracias a la luz verde otorgada por Barack Obama, los servicios distinguidos del filósofo -devenido diplomático- Bernardo-Henri Lévy, la activa gestión del canciller Alain Juppé y al gobierno conservador inglés.

Esta nueva guerra imperialista, en el siglo

XXI, estuvo en preparación, al menos, desde la firma, el 2 de noviembre del 2010, de un tratado franco-británico de cooperación militar, que se perfiló en un ejercicio militar de gran amplitud organizado entre las dos potencias, entre el 15 y el 25 de marzo del 2011, contra un supuesto país -"Southland"- con una población vapuleada por un "régimen dictatorial" al sur del Mediterráneo. El ejercicio militar, que abrió la vía para una fuerte cooperación castrense entre Francia y Gran Bretaña, estuvo codificado con el seudónimo de "Southern Mistral".[32] Desde entonces, para atacar a Libia, solo faltaba un pretexto de fuerza mayor con tintes de carácter humanitario que propiciara la creación de una coalición occidental, es decir, la aprobación de una resolución del Consejo de Seguridad de la ONU, que arrastrara consigo a todas las potencias, las instituciones y gobiernos Árabes favorables al plan presentado por el bloque de países imperialistas.

La agresión contra Libia se convirtió en un hecho consumado. Cientos de blancos en el territorio libio fueron golpeados por los barcos de guerra y submarinos de los Estados Unidos y Gran Bretaña, que lanzaron, en apenas unas horas, una lluvia de más de 110 misiles de crucero Tomahawk, ocasionando terribles daños humanos y a la infraestructura de ese país. Esta guerra, transmitida en vivo por algunos canales de la televisión internacional, mostró inevitables imágenes de niños heridos y muertos, a los que difícilmente se les podría llamar "partidarios del Gaddafi".

¿Cuál fue el objetivo de la intervención, proteger a los civiles o retirar al Gaddafi del poder? En una rueda de prensa ante periodistas, Hillary Clinton, secretaria de Estado de los Estados Unidos, respondió esa interrogante a una periodista cuando -con cinismo- afirmó que la operación militar había tenido la finalidad de "proteger a los civiles libios del ataque de su propio gobierno"; pero lo cierto es que la realidad dijo otra cosa, quedando al desnudo la inmoralidad e irresponsabilidad política de los Estados Unidos y sus aliados occidentales en este conflicto.

Cientos de civiles, mujeres, niños y ancianos murieron bajo las "bombas de la libertad" y la "democracia" de la Organización del Tratado del Atlántico Norte (OTAN), las mismas que caen cada día en Afganistán o Paquistán, para liberar a esos pueblos del fantasma terrorista y de la opresión. Las mismas bombas que llevaron la libertad a Iraq al costo de unos cuantos cientos de miles de muertos. Pero ese chorro de sangre -verdadera barbarie- es justificado por occidente en su concepción de "daños colaterales" en beneficio de una supuesta libertad que, en realidad, no llega a los países del Sur, aunque se le sirva en bombas con el sello estadounidense, francés o británico.

George W. Bush y José María Aznar, ya no gobiernan en sus respectivos países, pero la continuidad de sus políticas y el legado ideológico de las "guerras infinitas" sigue en pie, agitando los tambores de la guerra contra países ubicados en la periferia capitalista. La agresión militar a Libia evidenció que Barack Obama representa la vieja política conquistadora de los Estados Unidos. La política de "cambio de régimen", entronizada por W. Bush, se mantiene incólume. El sutil "emperador" Barack Obama mostró su estampilla guerrera a contrapelo de su inmerecida condición de Premio Nobel de la Paz.

Las acciones de la política exterior del gobierno de Barack Obama persiguen mantener el actual sistema de poder mundial, en su configuración unipolar en el orden estratégico-militar, y sin ningún contrapeso de la Unión Europea, que también se ha convertido en un instrumento de los intereses geoeconómicos y militaristas de los Estados Unidos en el escenario internacional.

Con su aplastante poderío militar en la guerra contra Libia, los Estados Unidos, Francia y Gran Bretaña, intentaron intimidar la ola de sublevaciones progresistas en los países Árabes; amenazaron con la eliminación de los gobiernos que no son de su agrado, independientemente de su orientación política, filosófica o religiosa; revertir las crecientes tendencias objetivas hacia un sistema internacional multicéntrico y pluripolar, así como minimizar los nuevos roles internacionales que pudieran desempeñar naciones como Brasil, India, Sudáfrica, Venezuela, Rusia, China e Irán.

Por eso, la política exterior de Barack Obama ha sido diametralmente contraria a los intereses de los países que aspiran a un sistema-mundo sin hegemonías imperialistas en el siglo XXI. En América Latina y el Caribe, los Estados Unidos recrudecen las campañas mediáticas contra Cuba, Venezuela, Bolivia y Ecuador, considerados, según los estrategas militares estadounidenses, "un peligro" para los intereses de la superpotencia en ese continente. De manera increíble Cuba permanece en la lista de los países terroristas elaborada por Washington, cuando, desde esa capital, se han financiado y organizado cientos de acciones terroristas contra la mayor de las Antillas, las cuales han sido ejecutadas por las organizaciones terroristas asentadas en Miami. Sin embargo, los Estados Unidos siempre percibieron a sus terroristas como "combatientes por la libertad" en cualquier parte del mundo.

El gobierno estadounidense también apoya a las fuerzas de derecha que se oponen a los proyectos de integración y a los gobiernos democráticos de la región. Se intenta neutralizar a Brasil y su política exterior independiente. Los Estados Unidos actúan con fuerza para limpiar la nefasta imagen de su intervencionismo militar en América Latina y el Caribe, y usa el carisma de Obama para presentar una "nueva política" hacia la región con discursos demagógicos en Brasil, Chile y El Salvador. Se pretende reciclar viejas "Alianzas para el Progreso", al estilo de la época del presidente John F. Kennedy, para contener y obstaculizar la alborada de los países miembros de la Alternativa Bolivariana para los Pueblos de Nuestra América

(ALBA), y de todos aquellos que ansían un futuro sin subordinación a la superpotencia estadounidense.

En teoría, el discurso de Barack Obama manifiesta que las nuevas estrategias militares y de seguridad nacional de los Estados Unidos se orientan hacia la cooperación y el multilateralismo, pero, en la práctica, mantiene el objetivo de imponer sus intereses a través de un uso descarnado de la fuerza militar. Esto quedó demostrado en los bombardeos para una intervención militar y cambio de régimen en Libia, un país miembro de la Organización de Países Exportadores de Petróleo (OPEP), que posee las mayores reservas probadas de petróleo en África: 44 000 millones de barriles, y un poco más de 54 billones de pies cúbicos de gas natural. Estas riquezas energéticas constituyeron la motivación real para la intervención militar de las potencias imperialistas en el conflicto interno que sacudió a Libia.

Lo más preocupante, ante estos hechos, ha sido la pasividad de las fuerzas progresistas y de izquierda en las sociedades occidentales que, ensimismadas en la profunda crisis estructural del sistema capitalista, no se han movilizado contra la guerra, el sufrimiento y la masacre de los pueblos por el militarismo imperialista. Las acciones guerreristas de Francia, en Afganistán, han costado la vida a más de 70 franceses y tiene un costo aproximado de 700 millones de euros anuales. Al mismo tiempo, los terroristas del ejército israelí pueden continuar matando palestinos en completa impunidad, pues saben que sus amigos de la "Comunidad Internacional" y la ONU no les molestarán. Si acaso una esporádica resolución en la ONU, que sabemos no será nunca respetada por Israel.

La nueva guerra contra Libia, y la concretización de toda una estrategia guerrerista, tras las maniobras militares denominadas "Southern Mistral", dejó en la memoria colectiva la actuación de la aviación francesa y británicas, las que de conjunto destruyeron prácticamente todas las infraestructuras de ese país, en un momento de crisis económica que limita las posibilidades de inversión de las potencias occidentales en los servicios de salud, educación y seguridad social de sus propios pueblos.

Por lo tanto, mucho menos habrá compromisos de Francia y Gran Bretaña, para la reconstrucción de una Libia destruida por sus bombas libertarias.

Hasta aquí, algunos botones de muestra de los resultados de un acuerdo militar entre dos potencias miembros de la OTAN, que no fue debidamente denunciado, en su momento, por los actores políticos europeos amantes de la paz.

2.5. LA IRRESPONSABILIDAD POLÍTICA DE LA GUERRA CONTRA LIBIA.

El reducido grupo de países miembros del Consejo de Seguridad de la ONU aprobó una resolución que autorizó la imposición de una zona de exclusión aérea contra Libia, e incluyó "todas las medidas que sean necesarias" para, evidentemente, atacar a ese país.

Este hecho no debe sorprendernos, el líder cubano, Fidel Castro Ruz, lo había alertado en una de sus reflexiones titulada: "La guerra inevitable de la OTAN", cuyo contenido previsor adquirió trascendencia para el análisis de la política internacional actual. Por su parte, los franceses y británicos continuaron liderando la arremetida contra Libia en una puja, sin límites, para que el Consejo de Seguridad de la ONU autorizara la acción militar, mucho antes de que las autoridades libias pudieran resolver la compleja situación interna que contó con el apoyo incondicional de las potencias occidentales decididas a derrotar al presidente Muammar Al-Gaddafi.

El documento —que recibió la aprobación de diez países (Gran Bretaña, Francia, Estados Unidos, Líbano, Colombia, Nigeria, Portugal, Bosnia y Herzegovina, Sudáfrica y Gabón), ningún voto en contra y cinco abstenciones (Rusia, China, India, Brasil y Alemania) — estableció que los estados miembros de la ONU adoptaran "todas las medidas necesarias" contra Libia, en abierta lógica de guerra y, al parecer, sin detenerse en el cálculo de las imprevisibles consecuencias de un conflicto en esa convulsa región.

Existió un fuerte acoplamiento entre Gran Bretaña, Francia y los Estados Unidos, para lograr el objetivo de luz verde del Consejo de Seguridad contra Libia. Estos tres países coordinaron una amplia estrategia militar y le impusieron de inmediato a Libia los términos de la resolución del Consejo de Seguridad de la ONU. Por su parte, la OTAN convocó a los representantes de los 28 países miembros para el examen de su actuación, lo cual había sido advertido por Fidel en su reflexión, pero con el beneplácito del Consejo de Seguridad de la ONU en un viso de legalidad a lo que resultó un acto contra la diplomacia y un verdadero atentado a la capacidad de los estados para buscar solución a los conflictos por la vía pacífica y la negociación.

La impaciencia por aprobar un acto de guerra en el Consejo de Seguridad soslayó las opiniones de los estados miembros de la ONU que se habían pronunciado contrarios al belicismo de la OTAN contra Libia.

Francia obedeció las órdenes de los Estados Unidos, y su activismo constituyó "un triunfo" diplomático, lo que no pudo analizarse aislado del complicado panorama electoral de las elecciones cantonales del 20 y 27 de marzo del 2011, y de la campaña electoral en hacia las presidenciales del año 2012, porque la acción guerrerista, en el contexto de esos dos escenarios electorales, resultó útil y necesaria para la derecha francesa.

El protagonismo belicoso de Francia tuvo un amplio margen de maniobra porque, en cierta medida, los partidos de izquierda y las fuerzas comunistas no alertaron ni movilizaron al pueblo francés contra la demente espiral guerrerista en que se le involucró, en un momento de fracasos militares de occidente en

Afganistán, y en que los medios de prensa enfatizaron el ascenso electoralista de la extrema derecha representada por el Frente Nacional.

El ataque militar contra Libia no solo fue un golpe a la rebelión de los pueblos árabes, sino una senda peligrosa que señaló el camino hacia la continuación de las aventuras militares de la OTAN contra otros países ubicados fuera del ámbito europeo, cuyos gobiernos no son tolerables por el bloque de potencias occidentales, como son los casos de Siria e Irán.

Esta historia demuestra que todavía se mantiene vigente la política de "cambio de régimen" entronizada por el expresidente estadounidense George W. Bush. Esta concepción aún persiste en los sectores de poder de los Estados Unidos, y de sus incondicionales aliados europeos, siendo esbozada por el comandante supremo de la OTAN, Wesley Clark, quien había señalado que "Libia estaba en la lista oficial del Pentágono para ser dominada después de Iraq, junto con Siria y la joya de la corona: Irán".

Mientras todo esto se perfiló, casi como una certeza, estudié con atención el contenido de la reflexión: "La guerra inevitable de la OTAN", para atinar las motivaciones reales de un nuevo conflicto imperialista en el siglo XXI.

2.6. LA "EMBAJADA VIRTUAL" DE LOS ESTADOS UNIDOS Y LA CALIENTE "GUERRA FRÍA" CONTRA IRÁN.

La administración de Barack Obama, presidente de los Estados Unidos, abrió una nueva escalada en su agresiva política contra Irán, tras la inauguración de una "Embajada Virtual", completamente "on line", en la web, para transmitir al pueblo iraní, en idioma inglés y farsi, los intereses subversivos de Washington.

Según explicó la diplomacia norteamericana, "esta página de Internet no es una verdadera misión diplomática formal, ni representa una embajada real acreditada ante el gobierno de Teherán. Pero, en ausencia de un contacto directo, puede funcionar como puente entre los dos pueblos: el estadounidense y el iraní".

Este hecho hostil hacia Irán, sin precedentes en la historia diplomática reciente, rememoró los peores momentos del período de la "guerra fría", cuando los Estados Unidos, principal responsable de ese conflicto en las relaciones internacionales del siglo XX, utilizó los más importantes avances tecnológicos aplicados a la radio y televisión en su estrategia de contener, hacer retroceder y liquidar a sus adversarios socialistas en Europa del Este, y a sus aliados en otras áreas del sistema internacional.

Con la "Embajada Virtual", Obama profundizó la política oficial de los Estados Unidos de "cambio de régimen" en Irán, y optó por aplicar un poder no ya tan blando como el de las nuevas tecnologías, para conquistar las mentes y los corazones de los jóvenes y de todos aquellos sectores sociales iraníes que, siendo susceptibles a la desobediencia civil, pudieran crear una situación de "sublevación popular" que dañe la imagen y la credibilidad del gobierno presidido por Mahmud Ahmadineyah.

Sin descartar un conflicto caliente de consecuencia nuclear en esa convulsa región del planeta, los Estados Unidos juega a la "guerra fría" en la búsqueda de obtener un escenario de enfrentamiento interno y externo que justifique las condiciones propicias para el inicio de una escalada militar de envergadura mayor contra el país persa, en caso de que este mantenga su comportamiento y sea capaz de derrotar las presiones de la diplomacia real estadounidense, de sus aliados en la Unión Europea y en el entorno geográfico del Cercano Oriente

Más allá de la campaña mediática sobre los supuestos planes encubiertos de Irán, para construir un programa de armas nucleares, la "Embajada Virtual" contra Teherán constituye una demostración del desespero de la Casa Blanca en cambiar la correlación de fuerzas políticas y militares en la región del Medio Oriente y Asia Central. No debemos olvidar que, para los Estados Unidos, resulta vital el control de las rutas del petróleo y el gas, así como la inclinación de la balanza de poder regional a favor de sus intereses estratégicos, mediante cambios de gobiernos en Irán, Siria, la implantación de nuevas bases militares en la región y la extensión de sistemas antimisiles hasta bien cerca de las fronteras nacionales de Rusia y China, sus dos principales rivales en la política internacional del siglo XXI.

Esta jugada de uso de las tecnologías de la información para la agresión política, ideológica y la subversión, a través de una "Embajada Virtual", evidencia que la mayor amenaza en el ciberespacio proviene de los Estados Unidos, porque desprecia las normas del Derecho Internacional Público y la soberanía de los pueblos. Otra vez queda al descubierto que el espacio y el ciberespacio tienen un carácter geopolítico en las concepciones de la política exterior norteamericana, porque es considerado la "cuarta frontera", aspirando a mantener la supremacía absoluta en su afán de vulnerar la independencia y los derechos de autodeterminación de otras naciones.

Independientemente de las peculiares características del sistema político iraní, es justo el accionar de Teherán para entorpecer o bloquear el inaceptable y pretendido "sitio diplomático" enfilado a "tender puentes pueblo a pueblo". Las agencias de prensa también comentaron que al intentar abrir en Irán la web http://iran.usembassy.gov/, aparece un mensaje de las autoridades iraníes en el que se señala que tiene contenidos delictivos y que el acceso no es posible debido a que la página tiene colocado en su entrada un breve vídeo de bienvenida de la secretaria de Estado de los Estados Unidos, Hillary Clinton, quien, con total insolencia, destaca que este medio puede ser una vía de comunicación, entendimiento y respeto entre los ciudadanos estadounidenses e iraníes.

En apego a la legalidad internacional, solo corresponde a los Estados Unidos, en caso de que realmente quisiera relacionarse normalmente con el pueblo iraní, retomar los canales diplomáticos establecidos y reconocidos por todos los estados, porque fue Washington quien rompió sus relaciones diplomáticas con Irán en 1980, durante la ocupación de su Embajada en Teherán, el 4 de noviembre de 1979, por un grupo de estudiantes islámicos apoyados por los partidarios del ayatolá Jomeini, quienes retuvieron en un principio a 66 estadounidenses, de los que liberaron a 14 a lo largo de los 444 días que duró la ocupación, mientras 52 de ellos se mantuvieron como rehenes hasta el final de la crisis, el 20 de enero de 1981.

Desde entonces, el gobierno de Suiza representa los intereses de los Estados Unidos en Irán, mientras que Pakistán alberga una sección de intereses de Teherán en su Embajada en Washington; pero lo cierto es que el bloque de países occidentales liderados por los Estados Unidos, han decidido doblegar a Irán ante el ascenso de este país al rango de incuestionable potencia regional, por su alto desarrollo económico, científico y tecnológico, en un sistema mundial en recomposición por la tendencia creciente a la declinación de las antiguas potencias coloniales y el ascenso de nuevos actores de gran significación internacional en Asia y América Latina.

La "Embajada Virtual" contra Irán es un ensayo que deberá ser rechazado en los foros de la ONU y de otras organizaciones internacionales y regionales interestatales, pues pudiera ser utilizado contra cualquier estado o gobierno que no sea del agrado de Washington. La "Embajada Virtual" es un nuevo instrumento de la diplomacia estadounidense que debe ser considerado inaceptable en su versión de arma de guerra, subversión e injerencia extranjera.

2.7. LA PERSPECTIVA GEOPOLÍTICA EN LA GUERRA CONTRA LIBIA.

La guerra colonial contra Libia fue el resultado de un conjunto de perspectivas estratégicas en una época de profunda crisis estructural del sistema capitalista.

Clasifica entre las guerras de agresión de las potencias dominantes del sistema-mundo contra un país ubicado en la periferia capitalista. Libia atravesaba un conflicto interno atizado por las antiguas potencias coloniales miembros de la Organización del Tratado del Atlántico Norte (OTAN). Se trató de una guerra asimétrica con el uso del armamento convencional más moderno en manos de la OTAN, para un desenlace breve y favorable al "sarkozysmo".

El "sarkozysmo" no es más que una doctrina política ecléctica cimentada en un liberalismo económico sui géneris, en la época del poderío militar unipolar del viejo orden capitalista anglosajón. En sus concepciones combina la defensa del mundo occidental dirigido por los Estados Unidos, manipula los preceptos de la Carta de la ONU y del Derecho Internacional Público. En términos prácticos, pretende la reconstrucción de los ideales que rememoran el pasado imperial de la "Grandeur", a través del aumento del peso específico de Francia en la geopolítica mundial.

El "sarkozysmo" llegó a su máximo esplendor con la guerra de la OTAN contra Libia. Es una doctrina que coloca la política exterior francesa en manos de su presidente y del Elíseo; porque, la corriente política "sarkozysta, es la instauración de un poder presidencialista con orientaciones autocráticas en el arte de la comunicación y de las maneras de hacer la paz y la guerra entre las naciones.

Es una especie de aventurerismo político y golpe mediático permanente en la escena internacional, con el fin de dar una nueva imagen del sistema dominante en medio de la compleja crisis socio-económica que amenaza su funcionamiento, en un planeta aquejado de crisis múltiples bajo el capitalismo globalizado.

En buena medida, los acontecimientos presenciados, en torno a la guerra de la OTAN contra Libia, recuerdan los hechos de las grandes potencias en el período de la "guerra fría", entre los años 1945 y 1991. Entonces, me pregunto: ¿Será el "sarkozysmo" una doctrina del siglo XX o un rumbo novedoso hacia el siglo XXI?

En realidad, para obtener una explicación justa, valga la experiencia de lo acontecido en Libia, tendríamos que remontarnos al pasado colonial de Francia entre los siglos XIX y XX.

Recurrir al análisis histórico permitiría encontrar los sedimentos arqueológicos de los procesos que nutren el "sarkozysmo". La explicación politológica no es suficiente en la definición de un fenómeno complejo por su alcance e interrelaciones en política interna e internacional.

El hilo conductor de la historia de Francia, en su interacción con el mundo colonial y poscolonial, nos previene de la peligrosidad y el carácter desestabilizador del "sarkozysmo" en las relaciones internacionales.

Hasta ahora, los argumentos aquí expuestos permiten la negación de las falsas argumentaciones de quienes, en nombre de la democracia, la libertad y la protección de los civiles, ejecutaron incontables bombardeos contra los territorios libios, exhibiendo más muertos y heridos que la supuesta represión del asesinado "dictador de Trípoli".

Por cierto, una digresión: ¿Alguien ha encontrado las 3 000 personas masacradas por Muanmar Al- Gaddafi, antes del inicio de la operación "Harmattan", el 19 de marzo del 2011? Claro, esta es una pregunta para los historiadores, pues a todas luces ha quedado sin respuesta.

Geopolítica del petróleo

Visto así, y a pesar de que algunos politólogos de alto prestigio intelectual se empeñen en negarlo, es una explicación objetiva el interés de las potencias capitalistas de repartirse los ricos yacimientos de petróleo en el subsuelo libio, como también otros recursos naturales ubicados en los países vecinos del Magreb.

Desde las últimas décadas del siglo XX, los países dominantes en el occidente capitalista han llevado a la práctica una proyección agresiva y militarista en tierra Árabe, conocida con el nombre de "geopolítica del petróleo". La estrategia consiste en el control de este recurso natural no renovable, porque permitiría garantizar el alto nivel de consumo en los países occidentales y ofrecería nuevas perspectivas de crecimiento económico a las principales potencias capitalistas.

Los medios de prensa internacionales alertaron que Francia e Italia pugnarán por repartirse el "tesoro" libio". Los diplomáticos de ambos países negociaron con los rebeldes priorizar las petroleras y las tareas de la futura reconstrucción de Libia. De repente, no existió en nuestro mundo algo más parecido al reparto de un botín por los vencedores, tras una guerra desigual y de conquista.

Si alguien tenía alguna duda de que la guerra en Libia no tenía un trasfondo económico, se equivoca. Diversos motivos impulsaron a Francia a presionar, en los marcos de la OTAN, para intervenir en Libia, pero una cuestión primordial fue su participación en el reparto de los recursos petrolíferos. Este argumento contribuye a comprender la implicación y la urgencia de Francia en el derrocamiento del Gaddafi, con el uso directo de sus fuerzas armadas y recursos de inteligencia militar, en apoyo a los rebeldes libios, bien orientados y apertrechados para actuar en una guerra de rapiña.

Se comentó que la actitud de Francia estuvo impulsada por el acuerdo establecido con el opositor Consejo Nacional de Transición de Libia (CNT), para el control del 35 por ciento del petróleo libio a cambio de su apoyo. Mientras la guerra contra Libia transcurría, circularon rumores, en Paris, sobre una carta, con fecha 3 de abril del 2011, destinada al emir qatarí, donde el CNT comunicó haber firmado, con las autoridades galas, "un acuerdo sobre la entrega del 35 por ciento del petróleo a Francia, a cambio de su apoyo pleno y sin condiciones al CNT.[33]

Otro móvil no menos visible, ha sido la voluntad de Francia de ganar protagonismo frente a Gran Bretaña y al resto de Europa en la "transición "democrática" de Libia, en la etapa posterior al Gaddafi, y la compensación que reclamarían las empresas francesas para equilibrar de algún modo la inversión económica y en medios militares que el país galo aportó a la misión de la OTAN, los que representaron recursos financieros ahorrados por los Estados Unidos en esta nueva guerra que, dirigida por Washington, fue llevada a la práctica por sus incondicionales aliados europeos.

Francia desplegó todos sus instrumentos de política exterior en el esfuerzo para derrotar al Gaddafi, quien paradójicamente hace apenas dos años era recibido con alfombra roja en el Palacio del Elíseo, y firmaba acuerdos comerciales con Sarkozy. Recordemos que la mencionada operación "Harmattan" destruyó las posiciones defensivas y de ataque del Gaddafi, lo que permitió, en cuestión de horas, la desaparición de la reducida fuerza aérea y de los medios de combate militares que disponía el gobierno libio.

Como si fuera poco, Francia envió el portaaviones Charles de Gaulle, decenas de cazas Mirage y Rafale, desplazando entre 1 500 y 2 500 militares en operaciones marítimas y ataques aéreos. La guerra costó más de 200 millones de euros al país galo, que se incluye en un total de 950 millones de euros, si se tiene en cuenta el sobredimensionamiento militarista de las tropas francesas en Afganistán e Iraq.

Esta cuestión, en términos de política interna, es un aspecto muy sensible para el ciudadano francés en una coyuntura de crisis económica y financiera. Y en una etapa electoral en el que los temas de política exterior no pudieron ser ignorados por la opinión pública.

Esta nueva guerra por el petróleo favoreció el posicionamiento estratégico-militar de la OTAN en el Norte de África. Le permitió a la OTAN monitorear y controlar de cerca los procesos enarbolados por los movimientos sociales en Egipto, Túnez y otros países de la región. El eje Washington-París-Londres evitó que el Gaddafi se apoderara del vacío de poder dejado en la región por la caída de las dictaduras al servicio de occidente en Egipto y Túnez. Esta triada imperialista podría convertir a Libia, y a los países vecinos, en una base de operaciones militares que intimide a los países de África Subsahariana, donde es conocido que pujantes fuerzas sociales están opuestas a la creciente penetración extranjera en sus territorios, en particular de los Estados Unidos.

El reparto del botín

En el camino hacia la persistencia de las evidencias enunciadas, el 24 de agosto del 2011, Radio Francia Internacional (RFI) comunicó: "ahora que el capítulo militar está al parecer en su fase final, París espera proseguir con ese papel de liderazgo en el plano diplomático. Se citaba al ministro francés de Relaciones Exteriores, Alain Juppé: "Hemos suministrado con nuestros amigos británicos el 80 por ciento de las fuerzas de la OTAN. Corrimos riesgos, riesgos calculados, y esto era una causa justa: la liberación de un pueblo y su aspiración a la democracia (...) Ahora hay que reconstruir Libia, construir un país democrático. Es un país rico, que tiene un potencial importante, habrá que acompañarlo".

La emisora francesa mostró con claridad los fines que justificaron los medios: "con relación a la ayuda económica, el objetivo es ayudar a Trípoli a relanzar muy rápido la producción y la exportación de petróleo". Una ayuda que no será por supuesto desinteresada, pues Francia, como otras potencias, espera que su industria petrolera pueda aprovechar el proceso de reconstrucción.

Libia posee las principales reservas petroleras de África, con 44 000 millones de barriles, y sus yacimientos son particularmente codiciados a causa de su baja cantidad de azufre y su proximidad geográfica con Europa. Este comentario corrobora, una vez más, la existencia de la "geopolítica del petróleo" entre las potencias, las cuales asumen posturas que oscilan entre la cooperación y la competencia por la explotación de los recursos naturales en los países de la periferia capitalista.

Por ejemplo, la petrolera francesa Total y la italiana ENI, estuvieron en la primera línea entre las corporaciones que participaron en la gestión de los enormes recursos energéticos que quedaron bajo la administración de los rebeldes.

Es conocida la promesa que hizo Francia al CNT, para apoyar en la reconstrucción del país mediante la firma de jugosos contratos en el sector de la construcción de infraestructuras para el transporte, gasoductos y carreteras en Libia. La lucha por los mercados y la competencia por los nuevos negocios formaron parte del reparto del botín por los vencedores.

En el entramado de los intereses geoeconómicos en torno a Libia, se perfiló la participación de grandes empresas en la reconstrucción de las infraestructuras. Las empresas francesas Alcatel-Lucent, Total, Thales, Entrepose, EADS, Sanofi, Veolia, GDF Suez, Sidem y Denos, figuraron entre las compañías que darían el salto hacia las futuras oportunidades de negocios en suelo libio.

No son pocas las potencias capitalistas que desean ahora comercializar con el nuevo régimen el reparto de los recursos energéticos y las formidables posibilidades de mercado en un país con potencialidades financieras, industriales y comerciales.

Queda poca duda de que el eje Washington-París-Londres logró en Libia una estratégica victoria política y una inversión de futuro que no será fácil mantener en el contexto convulso del Magreb, así como de los procesos en Libia hacia su pacificación total, sobre lo cual también existen disímiles interrogantes e incertidumbre.

Las implicaciones geopolíticas de la guerra contra Libia no pudieron minimizarse, porque tendrán consecuencias futuras para Libia y los países vecinos. Es una guerra que afincó la doctrina de la "intervención humanitaria" y la "responsabilidad de proteger", estableciendo otro mal precedente en la política internacional.

Al ignorar totalmente la soberanía y autodeterminación de los pueblos, estas doctrinas se convierten en una amenaza para los países del Sur contrarios a la imposición de un orden económico y financiero internacional fiel a los intereses globales de occidente.

El eje Washington-París-Londres apostó a todas las ventajas posibles, porque los precios del petróleo continuaban bajando y se abría una oportunidad real para la economía y los intereses de las empresas petroleras.

En ese contexto, las potencias imperialistas consideraron vital el control y la influencia política sobre los procesos internos en Libia, Sudán y Nigeria, tres países con abundante petróleo, que como es conocido es bien codiciado por su calidad.

Ahora el eje Washington-París-Londres está posicionado a las puertas de Argelia, con todo lo que ello puede representar para la seguridad nacional de ese país.

Al mismo tiempo, ha consolidado su presencia en una zona geográfica esencial del planeta, desde la cual se domina el Mediterráneo y el interior de toda el continente de África. Desde allí, la triada imperialista intimida a Siria, su mayor desafío en la presente coyuntura, e Irán queda todavía más acorralado por la OTAN.

Por lo que se observa en el escenario internacional, asistimos a un nuevo reparto de intereses geoestratégicos con sólidas motivaciones económicas y financieras.

Se vislumbran ahora nuevas guerras de agresión y conquista, pues, en un sistema-mundo sin equilibrios de poder, la impunidad se reproduce sin límites, mientras aquellos que dictan la regla de la democracia devienen los mayores violadores de los derechos humanos.

Basta con un vistazo a los daños humanos y materiales causados por la reciente guerra contra Libia, para tener un ejemplo elocuente de la capacidad de maniobra militar, diplomática y política del "Sarkozysmo": una doctrina que en el pináculo de su triunfalismo militar padeció la agonía del sistema político de la V República francesa.

2.8. LA PENETRACIÓN DE LOS ESTADOS UNIDOS EN EL ÁFRICA SUBSAHARIANA.

Durante el período de la "guerra fría", la significación de ciertos países o una región geográfica, se solía determinar por el peso específico de su poderío en un lado u otro de la balanza de poder entre las superpotencias, o por los retos que podrían representar para sus valores políticos, ideológicos e intereses geoestratégicos. Para algunos historiadores y teóricos del conflicto bipolar en las relaciones internacionales, los intereses geoestratégicos de los Estados Unidos en África Subsahariana fueron escasos después de la Segunda Guerra Mundial, sin obviar que este país no dejó de enfrentar a la Unión Soviética, desde el punto de vista político, económico y militar, en casi todas las problemáticas africanas en que la confrontación entre los bloques se trasladó a ese escenario regional.

Pero, a diferencia del pasado, la manifestación de un renovado interés por África en la política exterior de los Estados Unidos se distingue de los tradicionales fundamentos aplicados en el período de la confrontación Este-Oeste. En la coyuntura internacional actual, los sectores "neoconservadores" norteamericanos sumaron a la atención priorizada que reciben las complejas relaciones estratégicas de los Estados Unidos con Rusia, China y los estados petroleros del Medio Oriente, el incremento de su presencia e influjo político en África, con el objetivo a largo plazo de establecer nuevos espacios geopolíticos y económicos en esa área del sistema internacional.

Esa tesis fue confirmada por el establishment norteamericano: "atravesamos un momento de grandes oportunidades" para Estados Unidos, porque "no hay otra ideología que verdaderamente pueda competir con lo que nosotros podemos ofrecerle al mundo". Los Estados Unidos deben "usar el poderío que tenemos -nuestro poderío político, nuestro poderío diplomático, nuestro poderío militar, pero especialmente el poder de nuestras ideas- para seguir comprometidos con el mundo"[34]. No por casualidad el reconocido pensador e investigador egipcio Samir Amín ha concluido que el sistema capitalista entró en una fase en la cual la disparidad centroperiferia se manifiesta en la ventaja del capitalismo central en cinco claros monopolios: a) el monopolio de control de la tecnología; b) el monopolio del acceso a los recursos naturales; c) el monopolio de los flujos financieros internacionales, el monopolio de la comunicación; e) el monopolio de las armas de destrucción masiva.

Con el predominio de esas dimensiones de poder global, los Estados Unidos impulsan, en el siglo XXI, una estrategia hegemónica mundial que, por su alcance y pretensiones geopolíticas, asoma el inicio de un retorno "suave"[35] de los mecanismos de dominación neocoloniales en los países situados en la periferia del sistema capitalista. El caso del África Subsahariana no es una excepción, pues la diplomacia estadounidense ha insistido en el diseño de un futuro marco de relaciones bilaterales con los países africanos atado a la existencia de valores compartidos en sus respectivos sistemas políticos y económicos, tales como: la instauración de sistemas democráticos y de derechos humanos, según la concepción occidental, y la apertura económica con estabilidad financiera conducida por los programas del Fondo Monetario Internacional (FMI).

Así, para una efectiva presencia de los Estados Unidos en la región, las instituciones financieras internacionales han garantizado que las élites políticas africanas persistan en la introducción de los mecanismos de la economía neoliberal y la apertura de sus mercados. Conjuntamente al interés de entregar la gestión de los asuntos sociales a la llamada sociedad civil y a la iniciativa individual de los actores sociales, los países del África Subsahariana han aplicado una efectiva reducción de las funciones de regulación económica del estado y disminuido la participación política e ideológica de los partidos en la acción gubernamental, lo que ha debilitado -aún más- las históricamente frágiles estructuras estatales africanas.

En el contexto de la aplicación de esa estrategia, la administración demócrata de William Clinton logró la aprobación por el Con-

greso, en mayo del 2000, de la Ley de Crecimiento y Oportunidad Africana (AGOA por
sus siglas en inglés) con el designio de estimular el "libre comercio" y propiciar la entrada de los productos norteamericanos en la
región. En franca continuación de esa política, el presidente republicano George W.
Bush movilizó sus acciones en torno al interés
de construir en los países africanos sólidos
mecanismos económicos y de mercado que
fuesen capaces de absorber las mercancías
estadounidenses, a contrapelo del tradicional
peso económico de las ex-metrópolis europeas
en el África Subsahariana. Desde el punto de
vista político, la AGOA ha devenido un instrumento de chantaje y presión política en
manos de los Estados Unidos, para influir en
la toma de decisiones políticas y determinar
la conducta internacional de los estados africanos a favor de los mezquinos intereses hegemónicos de las principales potencias capitalistas.

Una mezcla de nuevas expectativas y cau-
tela genera para los Estados Unidos, líder de
las ocho naciones más ricas del mundo (G-8),
la Nueva Asociación para el Desarrollo de
África (NEPAD)[36]. Atraídos por la necesidad
de resolver los problemas de gobernabilidad,
el Plan de Acción del G-8 en África delinea
una amplia gama de iniciativas de construcción de capacidades para apoyar la adhesión
de los estados africanos a los principios del
"buen gobierno" y, en los marcos de la puesta
en práctica de la NEPAD, "ayudarlos" en la
búsqueda de normas jurídicas que eviten la

ingobernabilidad de los estados y faciliten los vínculos de cooperación internacional con los países desarrollados, porque como ha explicado el conocido diplomático y académico norteamericano Chester A. Crocker, la ausencia de gobernabilidad en los estados afecta directamente a una amplia gama de intereses estadounidenses, entre ellos la promoción de los derechos humanos, el estado de derecho, la conservación del medio ambiente y las oportunidades para los inversionistas y exportadores estadounidenses.

En realidad, la NEPAD ha sido criticada por no responder con urgencia a las necesidades socioeconómicas apremiantes de los sectores más empobrecidos del continente africano: salud, educación, agua potable, alimentos, vivienda, electrificación y transportes. La iniciativa también atraviesa por un proceso de cuestionamiento político porque sus principales promotores decidieron crear un grupo de expertos con la misión de evaluar si las políticas de los estados africanos convergen con los principios de la NEPAD.[37] Se trata de la imposición de un sistema de control a la mayoría de los países de la región denominado "Mecanismo de Control por los Iguales" (Peer Review Mechanism) que insta a la realización de las metas y objetivos fundamentales de la NEPAD mediante la institucionalización de un artilugio que coincide con el fomento de los intereses y los condicionamientos políticos, económicos de las potencias capitalistas occidentales.

Por consiguiente, se ha supuesto que el éxito

de la NEPAD atraería millonarias inversiones de los países industrializados y, a largo plazo, orientaría al continente en la senda del desarrollo económico y el crecimiento sostenible, lo cual no ocurrió, ya que para el cumplimiento de ese escenario era necesario que los Estados Unidos y el G-8 percibieran a la NEPAD como una alternativa real para el desarrollo económico y social africano. Igualmente, los gobiernos de la región deberían dejar de percibir con temor al gigante sudafricano, que es observado en el área como una potencia hegemónica, porque ha introducido, con la NEPAD, un instrumento de inspección y dominación en función de sus preeminentes pretensiones políticas y económicas en todo el continente.

Por lo antes expuesto, desde la primera cumbre de la NEPAD, efectuada en abril del 2002, en Dakar, con la asistencia de cerca de un millar de inversionistas privados de casi todo el planeta, no pocos dirigentes de la región apoyaron la idea de que, más allá de la ayuda pública y los créditos, el continente africano requiere contar con la voluntad política y el establecimiento de compromisos concretos de los países industrializados para la liberación de sus mercados y el acceso africano al comercio internacional.

Aunque menos del uno por ciento (1%) de las exportaciones de los Estados Unidos estaban destinadas al África a fines del siglo XX, después de casi una década de reformas fiscales y de las políticas económicas de los países africanos, en el imaginario de los sectores de poder norteamericano, Estados Unidos se encuentra en condiciones de expandir su comercio en el África Subsahariana. El interés de las grandes empresas norteamericanas por el continente africano puede identificarse en la lista de algunos miembros del Consejo Corporativo de África, organización privada con sede en los Estados Unidos integrada por influyentes y conocidas corporaciones transnacionales: General Motors, Coca Cola, AT&T, Mobil, H.J.Heinz, IBM, Owens Corning, que con regularidad envían sus representantes a los países africanos en busca de oportunidades comerciales, los que se han ido insertando con éxito en la región y obtienen márgenes de ganancias que figuran entre los más altos del mundo.[38]

El sector empresarial norteamericano también reconoce riesgos y peligros ineludibles, que en gran medida los países africanos tendrán que superar. Los gobiernos de la región deberán mantener los procesos de privatización, desmantelar aún más las barreras al comercio y la inversión, ampliar los esfuerzos de integración regional, poner fin al soborno y la corrupción, crear una estructura jurídica que incentive la inversión extranjera, y establecer una infraestructura que permita que el comercio prospere (...) Será necesario que los líderes africanos mantengan firme el timón de la reforma económica. Se necesitará la coordinación entre las principales instituciones financieras internacionales para ayudar a aliviar las presiones inherentes al avance hacia una economía basada en el mercado.[39]

Por eso, los Estados Unidos se propusieron trabajar con dos países africanos pivotes del desarrollo económico regional: Sudáfrica y Nigeria. En ambos casos son significativos los avances de la economía privada bajo el control de las corporaciones transnacionales y la acelerada apertura externa al comercio y las inversiones internacionales. En Sierra Leona, Sudán, Liberia, Angola, República Democrática del Congo (RDC) y República del Congo, países con abundantes recursos naturales, la diplomacia norteamericana incidió, indistintamente, para el cese de los conflictos armados y la promoción de su "interés nacional".

Empero, en términos reales, los programas de ajuste estructural impuestos por el FMI en calidad de instrumento de la política exterior de los Estados Unidos, han acentuado la deformación de las economías africanas, el subdesarrollo crónico y una creciente deuda externa que representa un verdadero obstáculo para el desarrollo africano. Ya a fines del siglo XX, el FMI y el Banco Mundial (BM) habían clasificado a un total de 41 estados en la categoría de "Países Pobres Altamente Endeudados", que tenían entonces una deuda de 215 000 millones de dólares; de ellos, 32 países pertenecían al África Subsahariana. A esa situación, se suma la competencia desleal en determinados sectores económicos entre el centro capitalista poderoso y su débil periferia, que se ilustra con las subvenciones de los países desarrollados a su agricultura: solo los Estados Unidos destina la cifra de unos 80

000 millones de dólares[40] al subsidio de las producciones agrícolas.

La política de los Estados Unidos, que condiciona la ayuda económica a las reformas democráticas, se relaciona con la motivación estadounidense de implicarse cada vez más en los procesos políticos internos del continente africano en razón de su privilegiada posición de única superpotencia en el sistema internacional. La retórica de los politólogos norteamericanos intenta argumentar que "África debe ser ayudada, no solamente porque la democracia es buena para el continente africano, sino porque es bueno para los Estados Unidos contar con aliados democráticos en todo el mundo".

Esa vocación injerencista de los Estados Unidos, más allá de sus fronteras nacionales, se evidencia en la estrategia de empujar a las sociedades africanas hacia procesos políticos "democráticos" y con gobernabilidad. Ese proyecto, ejecutado a través de los programas de diversas agencias como la Agencia de los Estados Unidos para el Desarrollo Internacional (USAID)[41] y la Fundación Nacional por la Democracia (NED)[42], ofrece apoyo logístico y financiero a grupos antigubernamentales, diseña programas para la inversión en los problemas de salud y educación de las poblaciones y otorga becas de estudios universitarios para la formación de líderes políticos y parlamentarios, interviniendo así en la construcción de nuevas fuerzas opositoras y en la vigilancia de las elecciones presidenciales en distintos países. Con el fin de obtener un mayor poder de acceso, negociación y decisión de sus misiones diplomáticas en los procesos socioeconómicos africanos, las acciones concebidas por los Estados Unidos también incluyen la promoción de reconocidos africanistas e investigadores sociales de origen africano de las más destacadas universidades y centros de investigación norteamericanos al rango de embajadores en importantes estados de la región.

Más que aliados democráticos, el gobierno estadounidense desea contar con líderes africanos dóciles que se conviertan en efectivos asociados de su estrategia en términos económicos y, mediante la AGOA, consolidar redes comerciales que produzcan una relación económica perdurable con los países africanos. No obstante, la principal motivación de la penetración de los Estados Unidos en África Subsahariana se centra en los beneficios económicos que reportaría el control y explotación de sus recursos naturales: petróleo, madera, cuencas hidrográficas, diamante, oro y otros minerales raros que, como el coltán, son utilizados para el desarrollo de las nuevas tecnologías de las comunicaciones. Pero, de todos esos recursos naturales identificados, solo el petróleo significa una verdadera prioridad para la "seguridad nacional" de los Estados Unidos en el siglo XXI. Para ejecutar esa política, el influyente grupo de presión norteamericano African Oil Policy Group, integrado por el gobierno y el sector privado, solicitó al Congreso y a la administración de

George W. Bush activar el fomento de la exploración y la extracción del recurso energético africano.

Pero, ¿por qué ésta inusitada atracción de los sectores empresariales y de poder estadounidenses por el África Subsahariana, si el entonces candidato presidencial George W. Bush, en la campaña electoral del 2002, enfatizó que África no sería una prioridad estratégica nacional? Las razones de la aparente contradicción tendrían explicación en tres factores esenciales: 1) el fracaso de la práctica hegemónica y guerrerista de la política exterior norteamericana en su propósito de conformar un "nuevo orden mundial" mediante el uso de la fuerza militar. 2) Las crecientes necesidades energéticas generadas por el alto patrón de consumo de la economía de los Estados Unidos y 3) las alentadoras perspectivas sobre la existencia de elevadas reservas de petróleo en la plataforma marítima atlántica africana. Veamos el desarrollo de cada uno de los factores enunciados:

El fracaso de la práctica hegemónica y guerrerista de la política exterior norteamericana en su propósito de conformar un "nuevo orden mundial", mediante el uso de la fuerza militar, se constata en el cuestionado éxito de la doctrina de George W. Bush de "guerras preventivas", que tras los sucesos del 11 de septiembre del 2001, proclamó la célebre "cruzada mundial" contra el terrorismo internacional que agudizó la crisis política y de seguridad en el Medio Oriente y el desencadenamiento de las criminales guerras contra

Afganistán e Iraq, una estrategia que tuvo total continuidad durante los primeros años de la administración del demócrata Barack Obama.

La ausencia de claros progresos en la imposición de un proyecto político que estabilice a todo el Medio Oriente, los frecuentes atentados de la resistencia iraquí a los pozos petroleros controlados por los ocupantes, la ausencia de un arreglo definitivo del conflicto palestino-israelí y las persistentes contradicciones en el orden político con Siria e Irán, han imposibilitado el cómodo acceso de las transnacionales estadounidenses al petróleo de esa zona. Estas razones fundamentan la determinación de considerar a África, en las próximas décadas,
como un tema de importancia en la agenda de política exterior y de "seguridad nacional" de los Estados Unidos.

En los sectores de poder y la opinión pública estadounidense se distingue la inquietud por el empantanamiento de sus tropas en la guerra contra el "terrorismo" en Iraq y Afganistán, así como el peligro potencial que esto implica para el aumento de los suministros de petróleo desde el Medio Oriente hacia los Estados Unidos. Estas circunstancias multiplicaron las presiones de las transnacionales petroleras norteamericanas sobre los gobiernos de George W. Bush y Barack Obama, para que los Estados Unidos encuentren otras opciones de aprovisionamiento del vital recurso energético y evitar, por esta causa, un eventual escenario de disfuncionamiento de la mayor economía mundial. Del mismo modo, preocupó que eso suceda en momentos en que los Estados Unidos consolidaba sus atributos de única superpotencia global con el diseño de políticas tendientes a dominar todas las regiones del planeta productoras de petróleo, en un paisaje internacional también caracterizado por la tradicional competencia y rivalidades entre la triada de actores que conforman la emergente multipolaridad económica: Unión Europea, Japón y China.

Las crecientes necesidades energéticas generadas por el alto patrón de consumo de la economía norteamericana

El petróleo es de vital trascendencia para la economía estadounidense al constituir la fuente de dos quinta partes de la provisión total de energía del país –superando cualquier otra fuente- y porque ofrece la mayor parte del combustible para el transporte. Además, el petróleo es indispensable para el mantenimiento de la extendida política guerrerista norteamericana, que cuenta con una vasta flota de tanques, aviones, helicópteros y barcos en el teatro de operaciones militares.

La base geológica de los Estados Unidos está en fase de agotamiento y ha sido explorada en su totalidad. La escasez de energía y la resultante elevación en el costo de producir electricidad, a partir del gas natural, fueron una de las causas de la crisis energética de California en los años 2000 y 2001. La locomotora de la economía mundial se encuentra atrapada en una compleja encrucijada en materia energética, porque ya ha consumido una parte de sus reservas y ahora importa el 54 % de sus necesidades energéticas: el 48 % proviene del hemisferio occidental, el 30 % del Golfo Pérsico y el 15 % de África, indicadores que, según previsiones, podrían agudizarse en un 60 % en el año 2025. Al mismo tiempo, se estima que en los próximos diez años, Estados Unidos se convertirá en un gran importador de gas, desplazando a Japón como el mayor importador mundial de ese recurso energético, pues la demanda crece a una tasa equivalente a dos tercios de la tasa de crecimiento de toda la economía.

Para enfrentar el desafío de la creciente demanda energética, en los Estados Unidos se estableció el Grupo Nacional de Desarrollo de Políticas de Energía (NEPDG, por sus siglas en inglés), integrado por altos funcionarios públicos, con la tarea de desarrollar un plan de largo alcance tendiente a satisfacer los requerimientos energéticos de los Estados Unidos. Este grupo produjo el informe Política Nacional de Energía (NEP, por sus siglas en inglés), que fue revelado públicamente por el presidente George W. Bush, el 17 de mayo del 2001. El énfasis del documento en la obtención de fuentes cada vez mayores de energía importada, para satisfacer la creciente demanda norteamericana, ha tenido, desde esa fecha, un peso determinante en la formulación y toma de decisiones de la política exterior de los Estados Unidos con el fin de expandir y diversificar sus fuentes de suministros de energía.

Los funcionarios de los Estados Unidos no solo se han visto obligados a negociar el acceso a estas fuentes de energía del exterior, y decidir las modalidades de inversión, que harán posible el aumento de la producción y la exportación de petróleo, sino también a dar los pasos necesarios para que el aprovisionamiento externo del recurso energético transcurra con el menor involucramiento directo de los efectivos norteamericanos y sin los obstáculos que imponen los conflictos bélicos, las revoluciones o los desórdenes civiles. Estos imperativos regirán la política hacia todas las regiones proveedoras de petróleo y gas.[43] Sin duda, en ese escenario, las potencialidades africanas justifican la inclinación de los Estados Unidos por activar una fuerte presencia económica, financiera y militar en la región. En África se encuentra el 30% del potencial hidroeléctrico, y en materia de hidrocarburos posee alrededor del 10% de las reservas petroleras del mundo. Los africanos, en su conjunto, conforman un atractivo polo en desarrollo de más de 750 millones de personas y, pese al SIDA, en los próximos 10 o 20 años, serían 1500 millones de habitantes, convirtiéndose en el segundo mercado mundial después de Asia.

Sin embargo, antes de que llegue ese momento, los Estados Unidos –también otras potencias- en sus proyectos para explotar esas potencialidades no podrán descuidar el hecho de que, en el año 2025, el 50% de la población de África tendrá alrededor de 20 años y que el 50% de los africanos vivirá en unas 80 ciudades con más de 1 millón de habitantes cada una, mientras que la población de Europa tiende a decrecer y la de América Latina crece menos rápido cada año. Por ello, los intereses geoeconómicos obligarán a los Estados Unidos y las potencias europeas a invertir en el desarrollo económico africano moviendo sus iniciativas diplomáticas hacia la consolidación de aquellos procesos de paz y esquemas de integración que favorezcan la solución de los más graves problemas socioeconómicos y el mantenimiento de la estabilidad política del continente.

Las alentadoras perspectivas sobre la existencia de elevadas reservas de petróleo en la plataforma marítima atlántica africana, resulta un estímulo para la diplomacia y las transnacionales norteamericanas porque las cantidades de crudo, aún por explotar, están estimadas en 80 mil millones de barriles de petróleo. Con este pronóstico, la economía de los Estados Unidos, en los años 2020-2025, podría importar el 25% del petróleo que consume desde una región más cercana a su costa atlántica que el Medio Oriente.[44] Para los estrategas estadounidenses, África es una alternativa parcial a un Medio Oriente convulso, amenazante y percibido, cada vez más, hostil a la "seguridad nacional" de los Estados Unidos.

El petróleo africano es considerado de gran calidad por su bajo contenido en azufre y, a excepción de Nigeria, que es miembro de la

Organización de Países Productores y Exportadores de Petróleo (OPEC), el resto de los países no están sujetos a los límites de producción coordinados por el cartel. Las exportaciones de la región sobrepasan los cuatro millones de barriles diarios, lo que representa el monto exportador conjunto de tres importantes naciones proveedoras de petróleo a los Estados Unidos: Venezuela, Irán y México. En suma, la producción de petróleo africano aumentó en un 36 %, en diez años, contra el 16 % correspondiente a los otros continentes.[45]

Guiados por esos indicadores, los estrategas de Washington han orientado a las compañías petroleras Exxon-Móvil y Chevrón-Texaco, junto a otras no menos poderosas e influyentes: Amerada Hess, Marathon y Ocean Energy, la exploración de los potenciales yacimientos existentes en la costa atlántica de África Subsahariana. La estrategia petrolera estadounidense pone mayor énfasis en sus relaciones con los siguientes países del área: Nigeria, Sudán, Angola, Guinea Ecuatorial, Chad, Camerún, Sao Tomé y Príncipe y la República del Congo. Examinemos la situación de cada uno de estos actores africanos y su interacción con las acciones o intereses de la política exterior norteamericana:

Nigeria: Es el primer productor y exportador africano de petróleo. De ahí procede el 90% de sus ingresos en divisas, lo que explica, en alguna medida, su dependencia del mercado internacional controlado por el "directorio" de las siete grandes potencias industrializadas. Este país podría aumentar su producción diaria, en el año 2020, a 4,4 millones de barriles, lo cual podría lograr si primero resuelve la corrupción generalizada, que desvía cuantiosos recursos financieros del proceso de expansión petrolera, y el peligroso conflicto étnico que desalienta las inversiones extranjeras. Por el peso específico de su producción, los Estados Unidos ha realizado llamamientos indirectos para que el gobierno nigeriano abandone la OPEP. La economía de Nigeria está en manos de las corporaciones petroleras Shell, Mobil y Chevron, que abastecen casi el 10 % del consumo de petróleo estadounidense.

Los Estados Unidos se propusieron convertir a Nigeria en un aliado regional estable ante las situaciones de conflicto en el África Subsahariana. Este interés ha sido respetado y compartido por Sudáfrica, líder regional en el juego político, conveniente a Washington, para enfrentar las problemáticas del continente. Para fortalecer el estado nigeriano y su proyección regional, los Estados Unidos colabora en el adiestramiento de sus fuerzas armadas, para que Nigeria pueda aportar intervenciones militares de paz en el área, con un mayor grado de profesionalización de sus efectivos, tal como ocurrió en la pasada década cuando sus fuerzas intervinieron en Liberia y Sierra Leona al frente del contingente de la Comunidad Económica de África Occidental (ECOWAS, por sus siglas en inglés).

Sudán: Es un exportador reciente del crudo, que extrae 186 000 barriles diarios. Con la terminación del oleoducto Chad-Camerún, aspira dar salida a 250 000 barriles de petróleo diarios hacia el Atlántico.

El conflicto del Darfur sudanés se enmarca en la geopolítica del petróleo y, por eso, fue incorporado con prontitud a la agenda exterior estadounidense. Las Naciones Unidas recibieron presiones estadounidenses para lograr sanciones contra Sudán por la supuesta violación de los derechos humanos. Con una política al estilo del "compromiso constructivo", los Estados Unidos privilegió la conciliación nacional entre el norte y sur sudanés. El gobierno estadounidense se ha enfrentado a los intereses de las empresas petroleras rusas y chinas deseosas en extraer el petróleo sudanés y ganar ese mercado inexplorado para ellas. Ese escenario de rivalidad entre potencias, por el petróleo sudanés, quedó reflejado en las posiciones tomadas en el Consejo de Seguridad de la ONU sobre las medidas que se debían tomar para resolver el conflicto del Darfur.

Chad: Grandes intereses financieros giran en torno al flamante oleoducto Chad-Camerún. Las ganancias inmediatas que produjo el oleoducto se calculan en 4.700 millones de dólares y sus beneficiarios fueron las empresas Chevron, Exxon, Petronas y las instituciones prestatarias: Banco Mundial y el Banco Europeo de Inversiones, mientras que Chad recibió 62 millones y Camerún 18,6 millones.

Guinea Ecuatorial: Su plataforma marítima es muy cotizada en los contratos de las actuales licencias de búsqueda de petróleo. Se considera que ese país podría convertirse, antes del 2020, en el tercer productor africano de petróleo, con una producción de alrededor de 740 000 barriles diarios y una reserva calculada en 2 000 millones de barriles de petróleo. Teniendo en cuenta esas perspectivas, los Estados Unidos separó al gobierno del presidente Teodoro Obiang Nguema de la lista de los países africanos sancionados por mantener "regímenes totalitarios". En los últimos años, han cobrado fuerza los vínculos financieros y bancarios con los Estados Unidos, por la convergencia de los intereses petroleros de ambos países. En este promisorio "Kuwait africano", el 75% de las concesiones petroleras fueron otorgadas a operadores cercanos a los círculos del poder estadounidense.[46]

Gabón: El descubrimiento, en el año 2004, de nuevos yacimientos, por parte de la empresa Shell, motivó un desarrollo acelerado de los vínculos político-militares entre Libreville y Washington, y que compañías estadounidenses inviertan en la exploración petrolera en este país. Debe recordarse que Colin Powell, hizo, en el año 2002, una visita histórica a este país –la primera de un secretario de Estado norteamericano-, y el presidente George W. Bush, con la colaboración del presidente gabonés Omar Bongo, recibió, el 13 de septiembre del 2002, a diez Jefes de Estado del África Central.

Si tenemos en cuenta las producciones conjuntas de la República del Congo y de Gabón, el Golfo de Guinea, con una reserva estimada en 24 000 millones de barriles de petróleo, es muy probable que emerja, en los próximos años, como el primer polo mundial de producción petrolera.

Angola: La mayoría de los recursos de hidrocarburos de la plataforma marítima angoleña están inexplorados, debido a la carencia de tecnologías propias y a la guerra civil que devastó al país, desde su independencia en el año 1975. Tras el final de la guerra y la muerte del jefe rebelde Jonas Savimbi, en el año 2002, los gobiernos occidentales mediaron para alcanzar una paz que permita invertir y lograr una producción mayor de 3,38 millones de barriles de petróleo. En la medida en que los Estados Unidos traten de reducir su dependencia del petróleo del Medio Oriente, el interés en las inmensas reservas costeras de Angola podría elevarse considerablemente.[47]

Sao Tomé y Príncipe: Junto con Nigeria, tiene previsto explotar los recursos petroleros de una porción del Golfo de Guinea. La zona marítima, al este de las islas de Sao Tomé y Príncipe, resulta muy atrayente para las compañías estadounidenses, tanto como la costa de Namibia en el extremo sur. El Comando Militar de los Estados Unidos en Europa, vigila, desde el año 2002, la seguridad de las operaciones petroleras en el Golfo de Guinea. Y mientras el despliegue de efectivos militares norteamericanos en África Central no parece probable en el corto plazo, los estrategas del Pentágono están interesados en concluir la construcción, en este país, de una base militar regional estadounidense con las características de la existente en Corea del Sur, con la expectativa de que sean necesarias operaciones militares norteamericanas en el futuro.

Otros países que también han recibido, en los últimos años, la afluencia de las empresas transnacionales del petróleo son: República Democrática del Congo, Sudáfrica, Costa de Marfil y República del Congo.

La política exterior de los Estados Unidos, en razón de su posición de única superpotencia garante de un "orden mundial" injusto, basa sus relaciones con los países petroleros mencionados en fuertes exigencias, para que reorienten sus exportaciones de petróleo hacia el territorio norteamericano y, con aumentos considerables en sus producciones, propicien el descenso del alto precio internacional del crudo. Del mismo modo, la estrategia estadounidense hacia el África Subsahariana, ha combinado la geopolítica del petróleo y la creación de incentivos para encontrar algunas "soluciones" al problema de la deuda externa. La diplomacia norteamericana ha intercedido para que los miembros europeos del Club de París –acreedores de la deuda externa de los países periféricos- condonen parcialmente o renegocien la deuda de los países africanos, siempre desde una posición condicionada y mediatizada por los intereses políticos y económicos de las potencias en la región.

Particular atención tiene en la retórica norteamericana la "lucha" contra el SIDA, porque el flagelo se ha convertido en un asunto de seguridad nacional para algunos gobiernos del África Subsahariana, siendo muy graves los casos de Botswana, Zimbabwe, Zambia y Uganda, con más del 35 por ciento de la población portadora del virus[48]. La diplomacia norteamericana no ha podido ignorar que África será incapaz de conseguir el desarrollo socioeconómico sin una iniciativa de largo alcance para controlar y erradicar el SIDA, por lo que durante varios años ha otorgado algunos financiamientos para enfrentar la mortal enfermedad, pero sigue siendo insuficiente para disminuir y eliminar ese flagelo.

La problemática del SIDA, las sequías, el cese de los conflictos armados y la vigilancia de los procesos democráticos también compromete a la diplomacia norteamericana con el desbloqueo de los préstamos del FMI, el inicio de nuevos programas de financiamiento condicionados a la transparencia en el sector petrolero y el cumplimiento de los programas de ajuste estructural en las economías subsaharianas.

Asimismo, la política de seguridad norteamericana expuso sus crecientes pretensiones africanas. Tras los sucesos terroristas, el 11 de septiembre del 2001, los Estados Unidos ofreció, en el concierto africano, una imagen de "víctima" o de país agredido que le valió para dejar atrás los primeros años de la unipolaridad del sistema internacional, caracterizados por una serie de acontecimientos fatales: el descalabro de sus marines en Somalia, en octubre del año 1993, cuando en la denominada "Batalla de Mogadiscio" murieron 18 efectivos de las fuerzas especiales norteamericanas y otros 78 resultaron heridos, o su inacción frente al genocidio ruandés, debido, en lo fundamental, a la indefinición de la política exterior, con respecto a África, en la posguerra fría.

En el nuevo escenario global de la "lucha contra el terrorismo", cualquier situación de conflicto, inestabilidad y golpes de Estado, que destruya las instituciones civiles y gubernamentales africanas, creando un entorno caótico y desordenado, se percibió como un motivo de preocupación y amenaza para la "seguridad nacional" de los Estados Unidos. Para los líderes norteamericanos, los procesos de desestabilización en el África Subsahariana podrían favorecer el asentamiento y la dinámica de organizaciones terroristas proclives a operar, en medio del caos, contra las instituciones e intereses estadounidenses en la región. La estrategia de seguridad norteamericana ha apoyado con recursos, logística y entrenamiento los esfuerzos emprendidos por países de la zona en las operaciones de mantenimiento de la paz, en lugar de propiciar la participación directa de sus efectivos militares en las crisis africanas.

En resumen, la política imperial hacia África Subsahariana ha mantenido su énfasis en los tres componentes básicos de la estrategia de política exterior africana: desarrollo del comercio, de las inversiones privadas y la expansión de la ayuda financiera para la explotación de los vastos recursos energéticos disponibles en la zona.

Sin embargo, el progreso de las iniciativas estadounidenses, para el África Subsahariana, se ha visto afectado por las limitaciones en recursos financieros que impone el abultado déficit fiscal y comercial norteamericano proveniente, en buena medida, de la sobredimensionada dinámica militarista en Iraq y las amenazas de un prolongado periodo de "guerras preventivas", que apunta, como primeros blancos a Irán, Siria u otros estados situados en el peligroso y convulso Arco de Crisis meso-oriental. Si bien durante la "guerra fría", para los Estados Unidos, los recursos naturales constituyeron una preocupación subordinada a las dimensiones políticas e ideológicas de la rivalidad bipolar, ahora, cuando el equilibrio de poder mundial es precario, el acceso seguro a los vitales recursos naturales tiene una posición central en las proyecciones de la política exterior y de seguridad norteamericana.

En el sistema internacional del siglo XXI, el accionar imperialista de los Estados Unidos no despreciará la satisfacción de sus intereses vitales en el potencial mapa de los recursos naturales del África Subsahariana. La política exterior estadounidense, en torno al petróleo y al gas africano, podría estar signada por una nueva doctrina de intervencionismo ilustrado –democracia y "buen gobierno"- que involucrará más profundamente a la superpotencia en los asuntos políticos y económicos de los gobiernos africanos esenciales en la producción de petróleo. En algunos casos implicará el envío de armas y asistencia militar a regímenes amigos. Y en otros, en los que se perciba una amenaza directa al flujo de petróleo, cabría esperar el uso de la fuerza y la intervención militar como una última opción, porque, en términos reales, genocidio y guerra por petróleo han sido rasgos dominantes de la política exterior estadounidense en las últimas décadas.

La recomposición y estrechamiento de las relaciones políticas y económicas estadounidenses con los estados africanos ofrece la perspectiva de una relativa declinación de la histórica influencia y control de los aliados europeos -antiguas potencias coloniales-, en particular de Francia, sobre África, lo cual hace de los Estados Unidos el actor internacional con mayores posibilidades de influir en los destinos de la región, en una centuria que podría caracterizarse por una intensa dinámica de rivalidad, conflicto y cooperación en las relaciones internacionales, por el dominio de los indispensables recursos energéticos y el acceso a los mercados emergentes globales.

2.9. LA GEOPOLÍTICA DEL ESPACIO Y EL UNILATERALISMO HEGEMÓNICO DE LOS ESTADOS UNIDOS.

Después de una campaña electoral pródiga en acusaciones contra el gobierno demócrata de William Clinton, el candidato republicano, George W. Bush, prometió la reconstrucción del poderío militar estadounidense, porque su país sufrió una acelerada decadencia en ese sector, durante la administración precedente, que repercutió en los salarios de los militares, la escasez de materiales de trabajo, equipos y una creciente disminución de su estado de preparación combativa.[49] Con la presentación de ese diagnóstico negativo para la única superpotencia mundial, George W. Bush aseguraba que, con su triunfo electoral, comenzaría una nueva etapa en la expansión de la supremacía militarista de los Estados Unidos.

En la concepción de George W. Bush, la política de "defensa" de un gobierno republicano estaría responsabilizada con la creación de las bases necesarias para la constitución del ejército y los medios militares de los Estados Unidos en el siglo XXI. Su proyección guerrerista rememoró y sobrepasó los límites de la primera ola "neoconservadora", iniciada por la administración de Ronald Reagan, y estuvo dirigida a la satisfacción de los intereses estratégicos de la extrema derecha, cuya agenda política coincidió con la estrategia de reedificación militar de la "gran nación americana", para imponer un efectivo sistema de dominación global, mediante la argumentación de que las décadas de "guerra fría" habían atrofiado las capacidades militares y, en el futuro, la única superpotencia deberá estar preparada para contener y destruir los sistemas espaciales desplegados por países con propósitos hostiles.[50]

La geopolítica del espacio cobró mayor relevancia en los presupuestos políticos de la élite gobernante, entroncándose con la denominada Teoría de la Estabilidad Hegemónica, cuyas principales orientaciones advirtieron que la armonía, seguridad y funcionamiento del sistema internacional exige de un solo estado dominante que coordine con liderazgo, consenso o imposición el cumplimiento de las normas de interacción entre los actores fundamentales del sistema. Según esa teoría, para alcanzar protagonismo hegemónico, una potencia debe poseer determinadas dimensiones de poder que se resumen en seis atributos fundamentales: una economía fuerte y dinámica, el control de los avances tecnológicos y de los sectores económicos asociados a ella, gran capacidad de acceso a los recursos naturales, dominio de los flujos financieros y de comunicación internacionales y el monopolio de las armas de destrucción masiva.[51]

La sustentación de una agenda política delineada por las concepciones hegemónicas de los "neoconservadores" configuró el perfil presidencial de George W. Bush. Su gran estrategia militarista asociada a los dictados conservadores de que los Estados Unidos rige los destinos de la política internacional, porque es la potencia por excelencia y simboliza un "modelo" de sociedad a seguir por todas las naciones, movilizó el núcleo ideológico de los republicanos y propició, con el fraude de la mafia cubano-norteamericana en el estado de la Florida, su ascenso al poder. Esta administración puso en práctica un programa militarista de rearme espacial y de superioridad nuclear que reveló la tónica de la política exterior bajo la conducción del partido republicano.

Para garantizar el éxito de sus compromisos políticos y militares, el llamado presidente de la tradición construyó en silencio uno de los gobiernos más reaccionarios de la historia de esa nación. Los nombrados por George W. Bush poseían una invariable obligación doctrinal con la filosofía imperial y una amplia experiencia en asuntos militares, académicos y jurídicos, lo cual garantizó a los republicanos la ejecución de un programa de extrema derecha en política interna, así como la búsqueda de una "nueva" argumentación para la proyección de una estrategia de "seguridad nacional" acorde con los desafíos del escenario internacional de la postguerra fría.

Entre las figuras que, en el primer gobierno de George W. Bush, ejercieron una importante influencia en el despliegue del denominado Sistema Nacional Defensa Antimisiles (SNDA) y en la decisión de abandonar el Tratado ABM, que prohibía el desarrollo de esos medios en el espacio, sobresalieron el vicepresidente Richard Cheney, el Secretario de Defensa, Donald Rumsfeld, la consejera de Seguridad Nacional, Condoleezza Rice, y el secretario de Estado, Colin Powell, quienes por sus vínculos con el capital transnacional energético y sus intereses financieros en la industria militar[52] constituyeron un equipo altamente influyente en la determinación del rumbo militarista y en la formulación de la estrategia de "seguridad nacional" del establishment imperial. Con todos ellos, George W. Bush militarizó, como nunca antes, el pensamiento político y la acción internacional de los Estados Unidos. Los temas militares dominaron los políticos y la práctica diplomática estadounidense. El Pentágono se convirtió en un activo propulsor del uso de la fuerza en la política internacional, lo que de igual forma produjo un polarizado debate en la comunidad académica sobre los objetivos de la militarización y el rearme espacial de los Estados Unidos.

Sin embargo, en esta administración, el principal promotor de las armas espaciales fue Donald Rumsfeld, quien por su participación en anteriores intentos de despliegue de sistemas antimisiles y su activo desempeño en la comisión de expertos designada para la Evaluación, el Control y la Organización de la Seguridad Espacial de los Estados Unidos, emitió, en el mes de enero del 2001, un informe sobre la probabilidad de que los estadounidenses atravesaran un "Pearl Harbor" espacial, como consecuencia de un devastador ataque contra sus satélites ubicados en la órbita terrestre. [53]

Los resultados de la comisión de expertos conducida por Rumsfeld, pretendió abrumar a los estrategas y académicos norteamericanos con las "nuevas" amenazas de la posguerra fría. El documento concluyó que los Estados Unidos tenían una elevada dependencia de sus satélites y que los medios para destruir sus sistemas espaciales ya podían ser "conseguidos" con facilidad por países o grupos hostiles a la superpotencia. Si en la época de la administración Reagan el espacio fue definido un campo de batalla, para Rumsfeld constituía "una certeza virtual" o "un terreno de conflicto", al igual que otros medios físicos: aire, mar y tierra. Por consiguiente, las recomendaciones que Rumsfeld presentó al gobierno sugirieron que los Estados Unidos debían reducir la vulnerabilidad de su territorio con el desarrollo de "capacidades espaciales superiores" y la consecución de un poderío espacial que incluyera el despliegue de armas anti satélites (ASAT, siglas en inglés) con bases en el espacio cósmico y en la Tierra.

Aunque las propuestas contenidas en el estudio de Rumsfeld recibieron poca atención por sus conclusiones apocalípticas, y la ausencia de un programa concreto de cómo los Estados Unidos tendrían que conseguir ventajas estratégicas en el espacio, el presidente George W. Bush utilizó argumentos de carácter "defensivos" en la decisión de desplegar un SNDA, que constituyó el aspecto central de un amplio programa militarista para incrementar el poderío ofensivo integral de las fuerzas armadas norteamericanas.

El sistema de "defensa" antimisil fue la pieza fundamental del plan de las instituciones militares estadounidenses para alcanzar incuestionables ventajas estratégicas frente a las principales potencias del escenario internacional de la postguerra fría. El sistema antimisil constaría de una red de bases coheteriles situadas en el espacio, en plataformas terrestres y marítimas diseñadas para interceptar misiles balísticos que supuestamente serían lanzados contra los Estados Unidos.[54]

Pero la concepción de esa estrategia escondió sus verdaderos propósitos, porque las "defensivas" armas dislocadas en sus bases terrestres o espaciales podrían revertirse contra cualquier estado. Por esa elemental razón, y el desmantelamiento de la vieja arquitectura de seguridad mundial tras la ruptura del Tratado ABM de 1972, que prohibía el despliegue y desarrollo de esos sistemas entre las superpotencias, el programa antimisil avivó el continuado desarrollo de la carrera armamentista y mantuvo un carácter desestabilizador en el orden político y militar, porque promovió que otros actores de significación estratégica internacional persistieran en sus propios proyectos de "defensas" antimisiles.

Los planes militares de George W. Bush también implicaron el aumento desproporcionado del presupuesto militar para los componentes de esos sistemas y la renovación tecnológica de los arsenales nucleares y coheteriles. El poder ejecutivo priorizó en el presupuesto federal las partidas financieras necesarias para el despliegue del SNDA, en detrimento de otros sistemas de armas convencionales que, en apariencia, quedaron relegados en el momento del desarrollo de una estrategia militarista con fines más ambiciosos.

En ese sentido, la presentación del primer presupuesto de la administración de George W. Bush, ocurrió, el 9 de abril del 2001, en un momento de contradicciones entre el gobierno y el Congreso sobre la reactivación del gasto militar, los proyectos sanitarios y para el medio ambiente heredados del gobierno de Clinton. Al mismo tiempo, W. Bush insistía en su proyecto de reducir los impuestos en 1,6 billones de dólares, a pesar de que el Senado había votado moderar esa cifra hasta 1,2 billones para beneficiar básicamente al Pentágono, cuyo presupuesto total ascendió hasta los 310 500 millones de dólares destinados a la modernización armamentista. [55]

El elevado presupuesto benefició a las empresas del Complejo Militar-Industrial comprometidas con el desarrollo de nuevos tipos de armas espaciales y representó un monto seis y siete veces mayor que los gastos de Rusia y China, que habían sido considerados como los dos principales "rivales" estratégicos de la superpotencia en el siglo XXI. A la política militarista de la administración de George W. Bush, se unieron las presiones y reclamos de algunos senadores interesados en un presupuesto superior para "salvar" la capacidad "defensiva" ante el peligro objetivo e inminente de la obsolescencia de los equipos bélicos.

Pero, en realidad, el incremento de los gastos militares estuvo directamente relacionado con los altos costos de su estrategia militar, las operaciones de la "Guerra del Golfo", Somalia, Kosovo, la militarización del espacio y el desarrollo de nuevas armas que requirieron costosos ensayos en la tierra, el espacio y en computadoras, para prevenir un hipotético enfrentamiento misilístico de los Estados Unidos con otras potencias nucleares.

Con la determinación de desplegar el SNDA, George W. Bush ordenó al Pentágono la ejecución de un ensayo con dos cohetes Minuteman-III, que no tenían la misión de hacer blanco en un objetivo concreto, sino comprobar con su vuelo un componente esencial del sistema: la capacidad de detección de los radares. Los Minuteman-III, lanzados desde la base de la fuerza aérea en Vandemberg, estado de California, liberaron un total de 20 objetos de diferente naturaleza para comprobar la eficacia de los radares en la diferenciación de un cohete con una cabeza nuclear o un señuelo.

Sin otro precedente en la historia, la fuerza aérea ensayó una guerra global en el espacio. Este ejercicio militar verificó la exactitud con que los Estados Unidos enfrentarían una guerra en ese medio. La maniobra simulada por computadora estudió, durante cinco días, la creciente importancia de los satélites para la economía, las fuerzas armadas y los cambios estratégicos. El escenario utilizado fue un conflicto imaginario en el que se enfrentaban los Estados Unidos y China, en el año 2017, porque la nación asiática había amenazado a un aliado estadounidense en la región Asia-Pacífico. En la simulación, los ejércitos implicados combatieron con microsatélites armados, misiles cruceros y cañones láser. En la búsqueda de un "enemigo", para justificar sus acciones, los informes del Pentágono explicaron que la potencia asiática contaba con armas láser para una guerra espacial contra los satélites estadounidenses.[56]

Por su parte, las poderosas fuerzas norteamericanas utilizaron, en la virtual confrontación militar contra China, un moderno sistema de "defensa" antimisil de teatro y vehículos espaciales que colocan rápidamente en órbita los satélites. Asimismo, unos 15 000 efectivos de las fuerzas armadas de los Estados Unidos, Alemania, Canadá, Holanda y el Reino Unido realizaron, en el desierto entre Nuevo México y Texas, las mayores maniobras militares del año 2001, que incluyeron simulaciones con sistemas de "defensas" antimisiles de teatro y la ficticia invasión del país "Sabira" por las fuerzas de la enemiga "Dahib"; y, como principal resultado del simulacro, se recomendó la creación de un Comando Espacial Militar.[57]

El Pentágono también desarrolló nuevas armas nucleares que penetran bajo tierra y explotan al golpear los objetivos. Un informe elaborado en uno de los laboratorios nucleares de los Estados Unidos, sugirió la construcción de este tipo de misiles nucleares para la destrucción de bunkers o de instalaciones de misiles protegidas por un recubrimiento de varias capas de cemento. Además, si estos nuevos misiles llevaran una cabeza nuclear de cinco kilotones - menos de la mitad de la potencia de la bomba lanzada sobre Hiroshima – destruirían un búnker, aunque sus paredes contaran con muros de cemento de 10 metros de grosor. La explosión de esa bomba solo sería posible a más de 200 metros bajo tierra, porque, de lo contrario, causaría una contaminación radiactiva masiva e incalculables daños "colaterales".[58]

Este misil balístico, aseguraron los científicos norteamericanos, podría destruir un centro de control nuclear protegido y aislado por completo del exterior, como los que Rusia tiene construido en diferentes regiones de su vasto territorio nacional. Este programa militar es uno de los ejemplos de cómo George W. Bush favoreció, en sus dos periodos gubernamentales, la aplicación de una política exterior apoyada en la fuerza militar, que privilegió el desarrollo de nuevos tipos de armas muy peligrosas para el mantenimiento de la paz y la seguridad internacional.

Coincidiendo con los preparativos económicos, militares y tecnológicos para el despliegue del SNDA, George W. Bush pronunció, el 1 de mayo del 2001, un discurso programático sobre la estrategia político-militar de su gobierno, el fin de los tratados internacionales adoptados durante la "guerra fría" y la construcción del sistema de "defensa" antimisil.

Esta última decisión se caracterizó por su unilateralismo hegemónico, pues solo informó – a posteriori – a algunos de los principales actores internacionales: Unión Europea, Canadá y Rusia. Por su repercusión interna e internacional, el anuncio de George W. Bush alcanzó un simbólico paralelismo histórico con el trascendente discurso sobre la Iniciativa Defensa Estratégica (IDE) o "Guerra de las Galaxias", pronunciado por Ronald Reagan, el 23 de marzo de 1983.

En la concepción de unilateralismo rampante de George W. Bush, el desarrollo de un SNDA fortalecía la seguridad internacional. Para W. Bush, la "guerra fría" había terminado y las limitaciones del Tratado ABM ya no reflejaba ni el presente ni "las futuras condiciones internacionales (…) Las armas nucleares todavía tienen un importante lugar que ocupar en la seguridad de los Estados Unidos y en la de sus aliados (…) los Estados Unidos pueden cambiar la composición y el carácter de sus fuerzas nucleares con el fin de que reflejen las realidades de un mundo sin "guerra fría" (...) El Tratado ABM ignora los fundamentales progresos tecnológicos de los últimos 30 años, y prohíbe explorar todas las opciones para defender a los Estados Unidos y a sus aliados de las nuevas amenazas (…). La nueva época requiere otra visión, una nueva mentalidad, un vigoroso liderazgo estadounidense."[59]

En efecto, George W. Bush describió su visión estratégica sobre un "nuevo" período en las relaciones internacionales en el que, mientras el territorio norteamericano y los arsenales nucleares estarían protegidos por una "defensa" antimisil, China, Rusia, y otras potencias nucleares, aceptarían la dirección absoluta de los Estados Unidos. Pero el presidente de los Estados Unidos no presentó en su discurso los detalles técnicos de cómo sería construido el SNDA, solamente prometió la realización de un proceso de consultas con sus aliados europeos y otros estados considerados rivales estratégicos. Para los estrategas estadounidenses, el proyecto antimisil consistió en unas avanzadas "defensas" espaciales con bases aéreas, marítimas y terrestres que dejarían, **Ipso facto,** superadas la letra y el contenido del Tratado ABM.

La postura unilateralista de la administración de George W. Bush, además de violar diferentes tratados internacionales, evidenció que los objetivos estratégicos del SNDA estaban dirigidos contra China y Rusia, dos potencias nucleares opuestas a la estrategia antimisil estadounidense, y debilitó la repetida argumentación sobre el latente peligro de un ataque misilistico contra los Estados Unidos, por parte de los llamados "estados villanos".[60] En esa circunstancia, la reacción a la estrategia militar estadounidense, por parte de diversos sectores de la opinión pública internacional, giró en torno a la preocupación de que cuando un gobernante declara la consecución de un unilateralismo estratégico-militar, apartándose de importantes tratados reconocidos por todos los estados, sus acciones finalizan aisladas o exigiendo que el sistema internacional funcione de acuerdo a las condiciones dictadas desde Washington.

La ruptura del principio de **Pacta sund servanda**[61] estableció una suerte de imperio unilateral estadounidense sobre las naciones soberanas, creándose, por cierto, un precedente negativo que disminuyó, aún más, el Derecho Internacional Público y el sistema de organizaciones interestatales. La decisión unilateral de romper acuerdos que fueron vitales para la sociedad internacional, con el anuncio de la determinación de construir un sistema antimisil, inevitablemente conducirá a una nueva carrera armamentista en el momento más inoportuno que podía concebirse, cuando el planeta habitado por más de 6 100 millones de habitantes, de los cuales las tres cuartas partes son pobres, inició un siglo que será sin duda el más difícil y crucial de la historia milenaria del hombre.[62]

No obstante, los asesores de la administración de George W. Bush negaron que el mandatario fuera unilateralista o aislacionista, y que su gobierno hubiese mostrado un abierto desdén por la acción de los organismos internacionales, porque para los "neoconservadores" el abandono de los tratados en la época del desarrollo misilistico y nuclear no fue más que un "multilateralismo restringido", cuyo método radicó en analizar cada acuerdo o tratado internacional caso por caso, para tomar una decisión que no implicara la presentación de un enfoque de amplia base diplomática y política.[63]

En general, el gobierno de George W. Bush aplicó lo que consideró una evaluación práctica de los tratados sobre la base de los llamados intereses de "seguridad nacional" de los Estados Unidos. La destrucción de la arquitectura de seguridad global que representaba el Tratado ABM, estuvo en el vórtice de esa percepción sobre los compromisos internacionales en la posguerra fría. Por ello, la administración estadounidense presentó un ultimátum a Rusia, para el abandono sin condiciones del histórico acuerdo que representaba el único obstáculo legal que impedía la intensificación de las obras constructivas del sistema antimisil en el estado norteamericano de Alaska.

El unilateralismo resultó evidente en el plano estratégico-militar, la clasificación de unilateral o aislacionista de la política exterior de George W. Bush, provocó un intenso debate académico, atendiendo a que su rasgo distintivo osciló entre posiciones unilaterales y multilaterales, según la actuación frente a situaciones críticas generadas por el sobredimensionamiento militarista.

Sin embargo, no debe perderse de vista la vigencia, en determinados sectores estadounidenses, de la antigua corriente aislacionista que choca con el expansionismo dominante y hegemónico, el proceso de la globalización e interdependencia económica entre los principales centros de poder mundial, y el hecho de la expansión de la OTAN en el continente europeo, que impide el predominio de un unilateralismo absoluto en la política exterior norteamericana, tendiendo a reafirmar la percepción de que ningún Imperio se retirará hacia dentro de sus fronteras, al menos que reconozca sus fracasos o sea definitivamente derrotado. [64]

El 11 de septiembre y el despliegue del sistema antimisil.

Ante el terrible desplome de las simbólicas Torres Gemelas, la sociedad estadounidense observó, por primera vez en la historia, las consecuencias de una agresión contra su territorio nacional. Fue testigo de la abrupta caída del mito basado en la fortaleza y superioridad de la "nación americana", tantas veces repetido por las sucesivas administraciones que propugnaron el desarrollo de la estrategia nuclear después de la Segunda Guerra Mundial. No hay dudas de la repercusión de estos hechos en la reformulación de la estrategia de "seguridad nacional" y en la decisión de desplegar el SNDA. Aunque los estrategas estadounidenses construyeron el mito del terrorismo que amenaza la "seguridad nacional", también manejaron la opción de un posible ataque simétrico a las "defensas" ya desplegadas o que tendrían en fase de despliegue. De ahí la idea de la amenaza de los llamados "estados villanos", de la existencia de un "eje del mal" y sus supuestos planes para lanzar un ataque misilistico nuclear con medios químicos o biológicos contra la población y el territorio estadounidense.

El 11 de septiembre del 2001 confirmó que fueron subvalorados los estudios e informes que unos meses antes habían advertido sobre las "nuevas" amenazas a la "seguridad nacional" de los Estados Unidos. Ya en la última década del siglo XX, algunos académicos estadounidenses avizoraron que el concepto de "seguridad nacional" sufriría transformaciones respecto a cómo fue concebido en la "guerra fría", porque el período de absoluta superioridad, comprendido entre los año 1945 y 1955, no se volvería a repetir con exactitud en la historia y las respuestas a los problemas de seguridad no podrían encontrarse en las concepciones estratégicas del tiempo pasado, ni como pretendió George W. Bush, con el anuncio del despliegue unilateral de una poderosa "defensa" antimisil.[65]

Si bien la situación del 11 de septiembre del 2001 desacreditó la capacidad de respuesta de los mecanismos de seguridad frente a un ataque asimétrico, la estrategia estadounidense acompañada por el montaje de una amplia y moderna "defensa" antimisil, con bases en tierra, mar y el espacio, siguió siendo un componente importante de la estrategia nuclear y de "seguridad nacional" de los Estados Unidos en el siglo XXI. Después de los ataques terroristas, el gobierno estadounidense desencadenó las guerras contra Afganistán e Iraq, para reafirmar el poderío militar y diplomático de la única superpotencia en el escenario internacional. Una compleja maniobra de desplazamiento de tropas, armamentos y bombardeos indiscriminados contra civiles inocentes, facilitó la ocupación y conquista militar de los países agredidos, pero, al prolongarse durante mucho tiempo, generó altos costos humanos, económicos y de prestigio para la trascendencia de un Imperio que insistió en maximizar sus beneficios de dominación política y militar mundial.

En el paisaje geopolítico de la postguerra fría resultó difícil para la estrategia militarista de los Estados Unidos definir, clasificar y detectar sus "nuevos" enemigos. Por eso, los planificadores de la política exterior rediseñaron la estrategia de "seguridad nacional" con una política de "guerra permanente" basada en la supuesta amenaza terrorista y en la experiencia de los sucesos del 11 de septiembre del 2001, cuando sus sistemas e instituciones fracasaron en tres niveles claves de la protección nacional: aeropuertos, contrainteligencia e inteligencia.

Para estos fines, el 19 de noviembre del 2002, el Senado aprobó el proyecto de creación del Departamento de Seguridad Interna. La aprobación de esa polémica estructura burocrática significó, para George W. Bush, un importante triunfo político en el Congreso, pues sus detractores habían avizorado un proceso largo y complejo para obtener la aceptación congresional. Con la promulgación de la Ley de Seguridad Interna (Homeland Security Act, nombre en inglés), fue creado el Departamento de Seguridad Interna, en respuesta a las necesidades del Ejecutivo de mejorar el deficiente sistema defensivo del territorio continental en materia de lucha contra el terrorismo, y dispersar las fuertes críticas de diversos sectores políticos y de la prensa, por la inacción de la administración en los meses que antecedieron a los ataques terroristas del 11 de septiembre.

Desde sus inicios, dicho Departamento se propuso incrementar la capacidad de enfrentamiento y ofensiva de los Estados Unidos en un momento de pleno desarrollo de una doctrina de política exterior más agresiva y militarista, conducida por el axioma "neoconservador" de "actuar contra el enemigo antes de que la amenaza se materialice", tal como prescribió la doctrina Bush sobre las "Guerras Preventivas". El Departamento fue responsabilizado con la coordinación de los esfuerzos de las oficinas regionales para proteger y prevenir a los Estados Unidos de posibles ataques terroristas. Dada la prioridad que revistió el "combate" al terrorismo en la agenda de política interna y externa estadounidense, el Departamento trabajó con las agencias de seguridad, los gobiernos estatales locales y las entidades privadas para asegurar el funcionamiento de una nueva estrategia de "seguridad nacional", que tuvo como eje la llamada lucha contra el terrorismo.

En este contexto de terror contra el "terrorismo", la debilidad con que George W. Bush llegó al poder pasó a un segundo plano. El impacto de los ataques terroristas a las Torres Gemelas y el Pentágono exacerbó las posiciones chovinistas del establishment y de vastos sectores en la sociedad estadounidense. La operación militar contra el gobierno Talibán afgano fortaleció el liderazgo nacional e internacional de los republicanos y creó favorables condiciones para una política militarista que les permitiera continuar silenciosamente los planes para la construcción de un sistema de "defensa" antimisil. En medio de la guerra contra Afganistán, el Senado accedió a colocar en el presupuesto militar unos 1 300 millones de dólares para la "defensa" antimisil" que, hasta el 11 de septiembre del 2001, habían estado bloqueados por esa instancia legislativa, permitiendo así completar los 8 300 millones que fueron solicitados originalmente por los republicanos para el despliegue del proyecto. [66]

Resultó un hecho evidente que la opinión pública estadounidense respaldó a George W. Bush de forma casi mayoritaria en el momento inmediato al 11 de septiembre del 2001. La tradición ha demostrado que, en general, los norteamericanos apoyan la acción internacional de su gobernante cuando se trata de guerras externas argumentadas o manipuladas según los intereses de "seguridad nacional" de los Estados Unidos; pero, en esa ocasión, el ataque se produjo en el propio territorio nacional, lo cual facilitó la tarea de "legitimar", con el respaldo popular, la postura militarista y el unilateralismo hegemónico de la administración. En términos específicos, George W. Bush llegó a ser, en los meses inmediatos al ataque terrorista del 11 de septiembre, un presidente bien posesionado del poder, fuerte, aun cuando su sistema de "seguridad nacional" testimonió vulnerabilidad y requirió de una reforma estructural y estratégica. En cambio, esa posición favorable fue un instante fugaz. Con el paso del tiempo predominó el extremo contrario al convertirse en el presidente más impopular de la historia imperialista de esa nación.

El debate sobre la revisión de la estrategia de "seguridad nacional" estuvo polarizado por quienes defendieron la importancia de la protección del territorio continental y los que cuestionaron la efectividad de un sistema de "defensa" antimisil. Los detractores del SNDA expusieron que la tragedia evidenció el daño que produciría, a la nación, una agresión terrorista asimétrica, aun contando con el funcionamiento de un sofisticado y costoso sistema de "defensa" antimisil. Algunos estrategas enfatizaron que los Estados Unidos estarían más amenazados por el lanzamiento de misiles cruceros que por los misiles balísticos de alcance intermedio o intercontinental disponibles en los arsenales de determinadas potencias medias y mundiales.[67] Para enfrentar esta "nueva" amenaza, propusieron la alternativa de construir una Defensa contra Misiles Cruceros que disminuyera los costos financieros del proyecto misilístico y facilitara su construcción mediante el uso de la infraestructura tecnológica de la guardia costera y de las fuerzas aéreas.

La denominada Defensa contra Misiles Cruceros tuvo como objetivo, en términos teóricos, la protección de las fronteras y ciudades

estadounidenses de posibles ataques terroristas con misiles lanzados desde un barco, una
plataforma instalada en el mar, un vehículo
móvil o un avión comercial en pleno vuelo sobre el espacio aéreo estadounidense. Sin embargo, la administración de George W. Bush
no reconoció la imposibilidad tecnológica inmediata de desplegar un amplio SNDA, y que
los recursos destinados para la "defensa" espacial eran limitados. En el debate sobre las
necesidades estratégicas de la superpotencia,
el despliegue de una Defensa contra Misiles
Cruceros pareció ser una propuesta mucho
más sensata y viable considerándose la supuesta necesidad de protección de los ciudadanos estadounidenses contra cualquier tipo
de terrorismo con armas de exterminio en
masas: nuclear, químicas o biológicas.

Más allá del debate técnico sobre el arquetipo
de sistema de "defensa" antimisil hasta aquí
presentado, los trágicos atentados terroristas
del 11 de septiembre del 2001, y la concepción
de guerra prolongada contra la "amenaza" del
terrorismo fundamentalista islámico, simbolizado en el "invisible" enemigo Osama Bin Laden, reavivaron la aparente necesidad militar
de desplegar una "defensa" antimisil. El despliegue de sistemas antimisiles estuvo unido
a su estrategia global de superioridad tecnológica y dominación militar. Solamente para
esa estrategia, el Pentágono estimó que el
presupuesto de 665 millones de dólares, destinado en el año 2004, debía incrementarse
en 1 070 millones para el año 2005. Si observamos el período que abarca los años 1984 y

2005, los Estados Unidos gastaron 124 800 millones de dólares en la "defensa" antimisil, siendo severamente criticado por la opinión pública en razón de las afectaciones que ese proyecto militarista implicó para otras áreas esenciales del presupuesto norteamericano: los programas sociales y humanitarios.[68]

El corolario del propósito hegemonista de la "defensa" antimisil quedó expuesto en la declaración del 12 de diciembre del 2001, por el presidente George W. Bush, cuando reafirmó el abandono unilateral del Tratado ABM. Esa pragmática decisión, si bien tuvo un impacto internacional por la connotación de la medida, no tomó por sorpresa a los principales actores internacionales: Unión Europea, Japón, China y Rusia. El gobierno de los Estados Unidos solo dio un impulso final a un proyecto generado durante el período de la administración Reagan, que también fue continuado por las administraciones de Bush (padre), Clinton y Obama. Siguiendo la letra del Tratado ABM, seis meses después, en el mes de junio del 2002, el Pentágono procedió con total libertad a la realización de su cronograma de ensayos para el desarrollo de cualquier tipo de arma antimisil que, hasta esa fecha, significaba la violación de lo estipulado en el Tratado ABM.

Por otra parte, el unilateralismo hegemónico de los Estados Unidos generó una diversidad de reacciones internacionales entre las que se destacaron las posiciones de Rusia y China. Estas potencias consideraron el abandono del Tratado ABM, como un paso irreversible hacia la alteración del equilibrio estratégico y el desencadenamiento de una nueva carrera armamentista a escala mundial.

En reiteradas declaraciones Corea del Norte –acusada por Estados Unidos de pertenecer a un inexistente "eje del mal"- desmintió las justificaciones y los falsos pretextos estadounidenses sobre la presunta amenaza de los misiles de Pyongyang, mientras Canadá, aliado político que comparte una extensa frontera con la superpotencia, mantuvo su oposición a participar en el proyecto por su esencia desestabilizadora para la seguridad regional y mundial.[69] El rechazo canadiense constituyó un revés político para Washington, porque de su posición se entendió que la creación de un amplio sistema de "defensa" contra misiles balísticos no estaba enfilada a la protección del territorio estadounidense de supuestos ataques terroristas con armas de destrucción masivas, sino para enfrentar el creciente poderío estratégico-militar de otras influyentes potencias en el escenario internacional.

Con la presentación, en septiembre del 2002, de una nueva estrategia de "seguridad nacional" se abolieron las antiguas concepciones en materia de seguridad y defensa para dar forma a dos "nuevas" ideas rectoras: la "guerra preventiva" y el "cambio de régimen", las cuales infirió afianzar la noción de que los estadounidenses jamás podrán dejar que un país o grupo de países lleguen a igualar la capacidad militar de los Estados Unidos. Para aplicar esas prescripciones doctrinarias, Iraq se transformó en un punto de referencia obligado que demostró la peligrosidad del nuevo pensamiento estratégico y, por ende, del impulso unilateralista de George W. Bush, que también coincidió con el inicio de la campaña electoral para las elecciones legislativas norteamericanas.

En esa coyuntura política, el discurso guerrerista y el temor a un ataque terrorista desde el exterior, fue exagerado por los republicanos con la finalidad de que los temas económicos y sociales no dominaran la elección. La población estadounidense quedó saturada de noticias sobre la "amenaza" inminente que representaba Iraq para la "seguridad nacional" de los Estados Unidos. Bajo la falacia de la amenaza terrorista, el pueblo estadounidense fue mayoritariamente engañado en función del apoyo a la guerra imperialista contra Iraq.

Conquistado así el frente interno, el gobierno estadounidense fortaleció su campaña ideológica y política sobre la existencia de una amenaza externa, contribuyendo, de esa manera, a la lógica de la industria armamentista de incrementar el gasto militar para los proyectos relacionados con la militarización del espacio cósmico, que diferentes actores internacionales, estatales y no estatales, trataron de impedir, pero sin muchos resultados. Esos planes se mantuvieron intencionalmente en secreto y fuera de la atención de la sociedad norteamericana, que tiene, obviamente, la responsabilidad histórica y futura de detenerlos si supiera toda la verdad sobre los peligros y la verdadera amenaza que ellos entrañan para el futuro de la humanidad.

Tal vez esa sea la razón por la cual algunos hechos internacionales importantes ocurridos en octubre del 2002 no fueron siquiera dados a conocer a la opinión pública estadounidense, entre ellos: la negativa de los Estados Unidos, secundada únicamente por Israel, de apoyar las resoluciones de la ONU sobre el Protocolo de Ginebra del año 1925, que prohíbe el uso de las armas biológicas, y a fortalecer el Tratado del Espacio Exterior del año 1967, que proscribe el uso del espacio cósmico con fines militares.

La campaña electoral para la elección presidencial, en el año 2004, también ratificó el rumbo militarista de los republicanos en un segundo período gubernamental. El discurso de George W. Bush, en la inauguración de su segundo mandato, y las presentaciones de los informes sobre el estado de la Unión de los años 2005 y 2006, trataron de marcar un punto de inflexión en la evolución de las concepciones doctrinarias de la administración en materia de política exterior, pero solo en una dirección de mayor ímpetu guerrerista y militarismo en su política interna y externa, lo cual resultó, a todas luces, muy conveniente para los círculos militares propulsores de la estrategia antimisil y la dominación del espacio ultraterrestre, por la única superpotencia en el escenario internacional.

Una vez que el fracaso de esa orientación general despuntó, se exacerbaron las divisiones en el seno de la élite estadounidense, e incluso de la administración. A partir del año 2006, los neoconservadores tuvieron que ceder terreno con la aceptación de la sustitución del Secretario de Defensa, Donald Rumsfeld por Robert Gates, conocido por su participación en la Trilateral y en el grupo de la denominada tendencia Brzezinski. En un discurso pronunciado ante los alumnos de la Academia militar de West Point, Robert Gates, en cierto modo admitió la debilidad del militarismo estadounidense: "no combatan a menos que se vean obligados a ello. Nunca combatan solos. Y nunca combatan durante mucho tiempo." Poco tiempo después la comisión bipartita Baker-Hamilton condenó el intento de Bush de remodelar el "Gran Oriente Próximo" por no ser realista y recomendó, por el contrario, un enfoque más táctico respecto a Siria e Irán.

Hasta en el seno de los servicios secretos y del ejército, se desencadenaron varias revueltas. En diciembre del 2007, cuando George W. Bush quiso preparar un ataque contra Irán, con el pretexto clásico de las armas de destrucción masiva, dieciséis servicios de inteligencia estadounidenses sorprendieron con la publicación de un informe donde constataron que, al menos desde el año 2003, Irán había suspendido su programa nuclear, lo cual derrumbó los argumentos sobre la necesidad de más sanciones diplomáticas y militares contra el país persa, y de los que defendieron con ardor el despliegue de una "defensa" antimisil ante la "inminente amenaza nuclear y misilistica de Irán".

2.10. RUSIA Y EUROPA FRENTE A LA "DEFENSA" ANTIMISIL DE LOS ESTADOS UNIDOS.

El sistema de "defensa" antimisil, que el presidente William Clinton pretendió desarrollar durante su última etapa en la Casa Blanca, y el republicano George W. Bush decidió desplegar, contribuyó a reactivar las contradicciones existentes entre los principales centros de poder internacional. Las relaciones de la superpotencia con Rusia se enrarecieron, rememorando el período de la confrontación Este-Oeste, y algunos países de su aliada Unión Europea manifestaron sus discrepancias respecto a la política de seguridad promovida desde la capital del Imperio. Seguidamente observaremos las posiciones asumidas por Rusia y Europa.[70]

Rusia:

Tras la desintegración de la URSS,[71] el gobierno norteamericano se expandió en el carril del hegemonismo mundial. Sin su tradicional rival en el sistema internacional, y después de resultar la única superpotencia mundial, los Estados Unidos optaron por lograr una incondicional supremacía estratégica-militar a través del despliegue de un Sistema Nacional de Defensa Antimisil (SNDA).

Entre los años 1999 y 2001, los dirigentes rusos extendieron una campaña diplomática internacional contra la "defensa" antimisil estadounidense y defendieron la tesis de que la consecuencia inmediata del despliegue de ese proyecto sería una nueva carrera armamentista a escala global, por el simple hecho de que traería aparejado la violación y renuncia al Tratado ABM de 1972.

Para los políticos y militares rusos, el Tratado ABM representaba la piedra angular del sistema de seguridad y estabilidad internacional, aunque se refiriera solamente a los Estados Unidos y a la desaparecida URSS (Rusia). Además, las partes habían aceptado que por muy eficaz que fuese el "primer golpe" nuclear siempre el país atacado tendría capacidad suficiente para destruir al agresor. En síntesis, el Tratado ABM refrendó el "equilibrio del terror" expresado en la doctrina de la "Destrucción Mutua Asegurada" (DMA).

El proyecto del presidente Clinton, para dotar a su país de un sistema antimisil, enfrentó las posiciones contrarias de Rusia y, al inicio, abrió fuertes contradicciones entre Moscú y Washington. Para los estrategas rusos, el SNDA está en contra de la concepción de "Vulnerabilidad Positiva": un principio que durante treinta años constituyó la regla de oro de sus relaciones estratégicas con los Estados Unidos, refrendada en el Tratado ABM. Este principio basado en el fundamento de que para frenar la carrera de armas estratégicas debía limitarse primeramente las armas defensivas destinadas a interceptarlas, sirvió de lógica, a pesar de su carácter contradictorio, a la doctrina de la "disuasión nuclear".

La iniciativa de Clinton trató de ser una excepción de esta regla y supuso, por consiguiente, una revisión del Tratado ABM. Pero, por más que los norteamericanos validaron que el SNDA era un proyecto limitado, que no se trataba de ir en contra de los armamentos estratégicos rusos, sino solamente de los limitados misiles coreanos, iraquíes o iraníes, Rusia refutó en reiteradas ocasiones esos argumentos porque consideró que el despliegue del sistema antimisil, perjudica significativamente la seguridad internacional y modificaría el equilibrio de poder en el escenario internacional. Es en sí mismo una gran amenaza para la paz mundial".[72]

Como parte de una dinámica actividad de política exterior dirigida a proteger los intereses nacionales del país eurasiático y reconstruir los antiguos aliados de Moscú en Asia, el presidente ruso Vladimir Putin inició, en el mes de julio del 2000, un acercamiento a Corea del Norte, que deterioró la consistencia de la tesis estadounidense sobre la amenaza norcoreana con la disposición del país asiático de congelar el programa misilístico nuclear. En consecuencia, el presidente Clinton, quien pretendió anunciar en Okinawa durante la cumbre del Grupo de los países más industrializados del mundo (G-8), la puesta en práctica del programa del SNDA, estuvo obligado a abandonar su intención y silenciar el tema en la reunión de las naciones más poderosas del sistema internacional.

Un año después, en agosto del 2001, Rusia y Corea del Norte, en ocasión de la visita del presidente Kim Jong-Il a la Federación de Rusia, acordaron promover y alentar las relaciones de amistad y colaboración. El desarrollo de las relaciones ruso-norcoreanas representó, en ese instante, un golpe a la política justificativa norteamericana para desplegar el SNDA. Por segunda ocasión, Corea del Norte declaró que su programa misilístico tenía un carácter pacífico y no constituía amenaza alguna para cualquier país. Y confirmó la moratoria en los ensayos de misiles hasta el año 2003, además de ratificar en el Tratado ABM: el núcleo de la estabilidad mundial y de la reducción de las armas estratégicas ofensivas.

Posteriormente, las estancias de Vladimir Putin, en China y la India, contribuyeron no solo a reactivar la cooperación económica de Rusia con estos países, sino también confirmaron la identidad de sus posturas internacionales hacia la creación de un sistema internacional multipolar, la seguridad global y el no empleo de la fuerza en la solución de los conflictos regionales. Las giras asiáticas de Putin develaron el interés común de Rusia, China e India de buscar nuevas formas de colaboración frente al hegemonismo unipolar de los Estados Unidos.

En julio del 2000, Rusia y China anunciaron el establecimiento de una asociación estratégica hacia el siglo XXI. Esta idea, que había sido una iniciativa del presidente ruso, Boris Yeltsin, desde 1996, había estado estancada

a causa de las diferencias ideológicas y geoes-
tratégicas entre ambas potencias. Las cuestiones de mayor peso en el mejoramiento de
las posiciones hacia el logro de una asociación
estratégica, se hallaron en los pasos estadounidenses para desplegar el SNDA y la extensión de un tipo de sistema similar a la región
asiática, denominado Sistema de Defensa
Antimisil de Teatro (SDAT).

Sobre esos sistemas antimisiles, Rusia y
China coincidieron en su peligrosidad para la
estabilidad y la paz en el mundo, en que la
implantación de esas "defensas" constituye
una violación de importantes acuerdos internacionales reconocidos por todos los estados;
que sus efectos más inmediatos e imprevisibles causarían la alteración del equilibrio de
fuerzas internacionales, así como la destrucción de los esfuerzos de diversos estados contra la no-proliferación nuclear. Para estos actores internacionales con la desaparición de
las limitaciones que establece el Tratado
ABM, los planes estadounidenses estimula-
rían una apresurada carrera armamentista
en el espacio cósmico.

Esta convergencia de criterios, entre el país
más extenso y el más poblado del planeta, estuvo unida por el rechazo frontal a la hegemonía estadounidense y la defensa de un sistema internacional multipolar. El Tratado de
Buena Vecindad, Amistad y Cooperación suscrito, el 16 de julio del 2001, en el contexto de
la visita oficial a la Federación de Rusia del
presidente de China, Jiang Zemin, refrendó,
para un período de veinte años, la asociación

estratégica esbozada un año antes, resumió las guías y principios más importantes para el desarrollo de las relaciones ruso-chinas en el siglo XXI, y estrechó el proceso de acercamiento bilateral impulsado desde los años 90´ del siglo XX.

Los cinco aspectos esenciales del acuerdo recogieron las garantías recíprocas para no utilizar la fuerza y resolver sus diferendos exclusivamente a través de medios pacíficos; apoyo mutuo en el interés recíproco de proteger la integridad territorial; respeto al status quo de las fronteras comunes y el compromiso de avanzar en las negociaciones para desmilitarizarlas; apoyo al equilibrio estratégico mundial, el compromiso a favorecer el desarme y desarrollar la cooperación en el campo económico-comercial. Otros aspectos contenidos en el Tratado mencionan el fortalecimiento de la coordinación entre la ONU, el Consejo de Seguridad y sus agencias especializadas, con el fin de alentar las funciones fundamentales de las Naciones Unidas en la solución de los problemas internacionales, particularmente, los referidos a la paz y el desarrollo.[73]

En el encuentro, los líderes de Rusia y China mostraron preocupación por los designios estadounidenses de desplegar unilateralmente el SNDA, pero la aproximación de las dos potencias en modo alguno representó una alianza para enfrentar al bloque occidental al estilo de la época de la "guerra fría", a pesar del establecimiento del inicio de la cooperación técnica y militar entre las dos naciones.[74]

Las posturas de Rusia y China también tomaron causa común en el tratamiento de los problemas de carácter regional. Ambas potencias se propusieron trabajar en el desarrollo de la cooperación bilateral en el marco del Foro de Shanghai, integrado además por cuatro estados de Asia Central, antiguas repúblicas federadas soviéticas. Estos países habían estado interesados en fortalecer su seguridad y la estabilidad internacional por medio de la conservación del Tratado ABM, la oposición a la estrategia estadounidense de crear una "defensa" antimisil y la instauración de un régimen de no-proliferación nuclear para todos los países.[75]

La política exterior rusa, en su enfrentamiento al despliegue del SNDA, pretendió dar una dimensión internacional al tema de la violación del Tratado ABM. A excepción de los Estados Unidos, las posiciones de Moscú fueron valoradas por las principales potencias. Los aliados europeos comprendieron la peligrosidad de los planes misilisticos y expresaron su repulsa al unilateralismo estadounidense.

El presidente ruso utilizó con habilidad el tema del sistema antimisil norteamericano en su diálogo con los líderes de Alemania y Francia, y estableció una tendencia positiva en el desarrollo de las relaciones de estas potencias europeas con Rusia. Como resultado, la dirigencia de la Unión Europea reconoció la imposibilidad de resolver los graves problemas del continente y de la humanidad, si occidente ignoraba la existencia de Rusia.

Las relaciones ruso-norteamericanas, en el área estratégica y de la seguridad internacional, se sometieron a prueba en el bienio 2000-2001. Después de las contradicciones prevaleció el sentido común: el presidente William Clinton pospuso la decisión de desplegar el SNDA y preservó el respeto por lo estipulado en el Tratado ABM. Y, aunque Moscú "coincidió" con el punto de vista de los Estados Unidos, sobre la existencia de "nuevas" amenazas a la seguridad internacional, también enfatizó su voluntad de dialogar con los norteamericanos a fin de observar otras alternativas al proyecto antimisil.

La dirigencia rusa mostró posiciones más definidas y consecuentes hacia las relaciones ruso-norteamericanas, pues Rusia defendió la necesidad de establecer un diálogo constructivo y relaciones normales con los Estados Unidos, que favorecieran la estabilidad global, pero sin el ofrecimiento de concesiones de principio en cuestiones concernientes a sus intereses de seguridad nacional. Sin embargo, las relaciones bilaterales dependieron más de los Estados Unidos que de Rusia, porque la política exterior de esta última reaccionó con lentitud a las iniciativas militaristas generadas por la administración norteamericana.

En términos prácticos, Rusia no se encontraba en posibilidades militares ni en condiciones económicas para una respuesta similar a los Estados Unidos mediante la construcción de un sistema antimisil, tampoco podía involucrarse en una carrera armamentista espacial, aunque ese fuese el propósito de los estrategas estadounidenses, para evitar una recuperación económica de la otrora superpotencia eurasiática. Para ilustrarlo, es importante considerar algunos datos: el Producto Interno Bruto (PIB) ruso era solo comparable, en el año 2000, con el de Portugal, el presupuesto de 39 000 millones de dólares planificado, para el año 2001, fue inferior al del estado norteamericano de Texas, y el gasto militar previsto para ese año fue de 7 000 millones de dólares frente a los 312 000 millones de los Estados Unidos. [76]

Por su débil situación interna, se pensó que Rusia podría tardar unos 15 años en alcanzar el estándar económico de países europeos menos adelantados, como Portugal y España. La dirigencia rusa, encabezada por Vladimir Putin, heredó un país desorganizado: con un 40 por ciento de su población en los límites de la pobreza, una industria desarticulada, salvo algunos sectores que son responsables del 70 por ciento de las exportaciones, una disminución general del consumo y un nivel de salarios reales inferior, en un 30 por ciento, a los existentes en años anteriores. Por otra parte, las fugas de capital extenuaron a la economía. Entre los años 1998 y 1999 salieron de Rusia unos 40 mil millones de dólares. [77]

Los datos explican que con el abandono del Tratado ABM y el despliegue del SNDA, por los Estados Unidos, el gobierno ruso no pudo responder al mantenimiento de un equilibrio estratégico mundial, porque careció de una economía que respaldara una activa proyección de medidas militares y en materia de política exterior. Con la posición unilateral norteamericana en el plano estratégico-militar y el paso de Rusia a una potencia de segundo orden, se profundizó la ausencia de un balance de poder en el sistema internacional de la pos bipolaridad.

La percepción de potencia vencedora en la confrontación bipolar, determinó el rechazo de los Estados Unidos a la propuesta rusa de crear un sistema antimisil conjunto, de carácter no ofensivo, que incluyera a los miembros de la OTAN. Además, tuvo un peso significativo, la explicación del gobierno norteamericano sobre la falta de tiempo suficiente para las coordinaciones técnicas necesarias ante la inminencia de la "amenaza" de los misiles coreanos, y que resultaba extremadamente absurdo compartir defensas con un país que transfería tecnologías y armamentos a los llamados "estados villanos"[78] Sencillamente, los Estados Unidos sostuvo el interés estratégico de mantener a Rusia relegada y subordinada a sus iniciativas diplomáticas y militares, tendientes a configurar un "Nuevo Orden Mundial" bajo su dirección.

Por otra parte, una de las opciones que Europa poseyó para su seguridad y defensa habría sido la aceptación de la propuesta rusa, pero el precio político de unir fuerzas con Rusia, aunque fuese de esa manera, representó demasiado para los tímidos líderes europeos frente a unos Estados Unidos inconmovibles y dispuestos a cobrar el costo político resultante. La dirigencia rusa comprendió la debilidad europea y reconoció la aspiración de los Estados Unidos de erigir unilateralmente el SNDA, para consolidar su hegemonía estratégica-militar en el siglo XXI.

La evolución de la política exterior estadounidense, hasta la actualidad, consolidó la tendencia de soslayar la existencia de Rusia en el escenario internacional. La actuación de Rusia, frente a la anulación estadounidense del Tratado ABM, solo se limitó a evitar una nueva confrontación con los Estados Unidos o una situación bilateral de "guerra fría". En esas condiciones, Rusia apostó por el diálogo con los líderes de los Estados Unidos y la Unión Europea, a fin de evitar quedar aislada de los procesos de recomposición de las relaciones políticas y económicas internacionales en la posguerra fría.

Rusia, en la encrucijada de la decisión estadounidense de derogar el Tratado ABM y romper el balance estratégico mundial, debió trazarse una estrategia sobre cómo responder, cómo reaccionar y recuperar ese balance. Ante este vía crucis, el rechazo de la otrora superpotencia al SNDA constituyó, en términos políticos y de seguridad, una respuesta basada en un principio elemental: una defensa eficaz y de costos mínimos. Para disuadir el poderío nuclear estadounidense, Rusia desarrolló los misiles balísticos intercontinentales Topol-M,[79] casi imposibles de detectar y de derribar por una "defensa" antimisil, dotados de varias cabezas nucleares, los cuales fueron probados con éxito y transformarían los principios de utilización y dislocación de las armas tácticas nucleares.

En la búsqueda de posibles respuestas a la ruptura del Tratado ABM, Moscú ostentó la libertad de retomar el programa de antiguos misiles balísticos de alcance medio, que habían sido prohibidos por un acuerdo bilateral de desarme en la década de los años 80´ del siglo XX, e incrementó en sus arsenales los misiles aerotransportados. Una señal de esas medidas militares la emitió en el contexto de la guerra contra Afganistán, cuando lanzó con éxito un misil balístico intercontinental Topol (RS-12M) desde el cosmódromo de pruebas Plitsesk. En esa maniobra, el misil destruyó una maqueta en el polígono de Kira, en la región oriental de Kamchatka. También, como parte del proceso de reorganización militar, para elevar en un 25-30 por ciento las capacidades combativas de sus fuerzas armadas, entró en servicio operacional el submarino nuclear tipo "Guepardo".[80]

Todas esas acciones demostraron que si, en la coyuntura internacional actual, los estrategas militares rusos optan por mantener una estabilidad estratégica "mínima", lanzarían a Rusia hacia nuevos costos en la carrera armamentista y en la confrontación con los Estados Unidos. Este fue, en el ámbito académico, uno de los temores reflejados en el debate sobre las consecuencias del despliegue de la "defensa" antimisil por la administración de George W. Bush.

Sin embargo, la situación económica de Rusia después de la caída del socialismo, afectó intensamente a sus estructuras defensivas, incluidas las fuerzas estratégicas. La falta de recursos económicos deterioró los niveles de disposición combativa de los sistemas de cohetes balísticos intercontinentales y disgregó el potencial científico en esta esfera, lo que continuó el proceso de declinación de Rusia hacia una potencia de segunda clase. Por lo antes expuesto, la depresión en los sistemas estratégicos defensivos y ofensivos rusos acercó, desde el punto de vista militar ruso, la posibilidad de ventajas estadounidenses en un enfrentamiento nuclear.

En la debilidad interna de Rusia radicó la causa del abandono de la proyección externa ejercida entre los años 1998 y 2001, con horizontes nacionalistas y en la búsqueda de un balance de poder multipolar. Con sentido pragmático, la dirigencia rusa priorizó en una relación costo/beneficio la atención de los problemas domésticos de la Federación, al precio de quedarse sin capacidad para rescatar el activismo internacional de la antigua URSS, y de tener un bajo perfil en el reordenamiento del sistema internacional de la postguerra fría.

Desde la perspectiva norteamericana, los rusos observaron con resignación cómo sus fuerzas ofensivas, cada vez más deterioradas, cayeron a niveles muy inferiores y no les interesó enrolarse en una carrera armamentista, porque no contaron con los recursos económicos para hacerlo. A los rusos les inquietó la posibilidad de que los Estados Unidos desarrollaran un sistema de "defensa" antimisil dotado de láseres o interceptores, porque era conocido que los estadounidenses examinaban la obtención de ventajas unilaterales que propinara una derrota estratégica a Rusia, a través de la militarización del espacio.

Después del 11 de septiembre del 2001, Rusia aprobó y tomó suya la idea estadounidense de unir esfuerzos en una "coalición" mundial antiterrorista inspirada en la amenaza que representó, para sus intereses de seguridad nacional, el conflicto de Chechenia, las acciones terroristas contra su territorio y el apoyo que recibieron los grupos separatistas rusos de las fuerzas islámicas asentadas en Afganistán, que tuvieron en el movimiento Talibán su principal baluarte.

En ese momento disminuyeron las divergencias ruso-norteamericanas sobre la estabilidad estratégica. El tema del sistema antimisil pareció pasar a un "segundo plano" dado el alineamiento de Rusia con los Estados Unidos. La declaración de Vladimir Putin, en relación con la decisión de la administración de George W. Bush de abandonar el Tratado ABM, reflejó el camino de sus posiciones concesionarias en este asunto: "Puedo declarar, dijo Putin, con plena convicción, que la decisión tomada por el presidente de los Estados Unidos no creó una amenaza para la seguridad nacional de la Federación de Rusia",[81] lo cual entró directamente en contraposición con las declaraciones y posturas sostenidas hasta ese momento por las entidades oficiales de ese país.

Con esa determinación, Putin desmontó las visiones y diferencias que habían estado en el centro de las rivalidades estratégicas ruso-norteamericanas sobre el despliegue de la "defensa" antimisil y abrió una nueva era de "entendimiento" estratégico de Rusia con los Estados Unidos, lo cual fue muy favorable para la aspiración rusa de insertarse en los procesos económicos y políticos liderados por el directorio de las grandes potencias occidentales, con la mira puesta en la forja de la arquitectura institucional de la política internacional del siglo XXI.

A mediados del año 2007, ocurrieron algunos movimientos que parecieron anunciar un final negociado del conflicto en torno a la "defensa" antimisil: los estadounidenses dieron a entender que estarían dispuestos a aceptar las demandas rusas de tener acceso al radar cerca de Praga, para comprobar que este no escudriñaría su territorio y que sería activado solo en caso de amenaza real, y que los misiles interceptores en Polonia no serían colocados en los silos, sino en caso de amenaza inminente en Azerbaiyán, por lo cual Rusia se abstendría de adoptar otras medidas de respuesta militar al sistema antimisil.

Sin embargo, esas perspectivas no prosperaron, a pesar de la visita a Moscú del Secretario de Defensa, Robert Gates, y de la Secretaria de Estado, Condoleezza Rice, el 17 de marzo del 2008, porque las diferencias de criterios sobre el sistema antimisil no pudieron solucionarse. Los Estados Unidos intentaron asociar a Rusia al proyecto, pero la dirigencia rusa insistió en las profundas divergencias sobre el tema. La extensión a Europa del sistema antimisil jugó un rol esencial en la agravación continua de la tensión entre Rusia y los países occidentales, lo que originó que, a finales del año 2008, el presidente ruso, Dimitri Medvedev, anunciara la posibilidad de instalar misiles de corto alcance denominados Iskander, en el enclave ruso de Kaliningrado, colindante con Polonia.

Más allá del despliegue del sistema antimisil en Europa, dos elementos deben ser tenidos en cuenta para descifrar la posición rusa. La primera concierne al futuro de la paridad estratégica-militar entre Rusia y los Estados Unidos, la cual era cuestionada por el establecimiento acelerado de una "defensa" antimisil. Esta decisión fue la continuidad lógica de la denuncia unilateral del Tratado ABM, por los Estados Unidos, en el año 2002.

Sin embargo, Rusia basó su defensa y seguridad en un arsenal no convencional, aunque reducido desde la época de la "guerra fría", pero cualitativamente mejorado con misiles balísticos tácticos, misiles cruceros y el sistema antimisil. El misil tierra-tierra Topol-M simbolizó la renovación de este arsenal con su alcance de 10 mil kilómetros y la posibilidad de portar múltiples cabezas nucleares del tipo MIRV. Para el año 2020, Rusia deberá disponer de una decena de submarinos lanzadores de misiles y de un centenar de misiles balísticos de largo alcance.

Todo eso constituirá un conjunto de 500 a 600 cabezas nucleares. Se agrega el componente aéreo de la fuerza estratégica, lo que hará un aproximado de 2 000 cabezas nucleares. Ese poderío modernizado por el mejoramiento y la diversificación de los medios convencionales, como los misiles KH-555 de 5 mil kilómetros de alcance, no podrá en ningún caso, para el año 2020, ser neutralizado por la "defensa" antimisil estadounidense.

Se añade que Rusia es el único país que disponía de un sistema antimisil más o menos operacional y capaz de defender una parte de su territorio, lo cual fue mejorado con el programa S-400 Triumph y el perfeccionamiento de los radares de Moscú. Toda la panoplia de medios ofensivos y defensivos pone a Rusia en clara protección, pero, aun así, no deja de preocuparle los intentos desequilibradores de los Estados Unidos en Europa del Este, e incluso la expansión de la infraestructura militar de la OTAN hasta Ucrania y Georgia, un posicionamiento muy cercano a sus fronteras.

El segundo elemento que explicó la posición de Rusia, fue su percepción sobre la amenaza. Comprometida en la promoción de un multilateralismo fundado en el equilibrio entre las potencias y las civilizaciones, Rusia no compartió el mismo análisis que los países occidentales sobre Irán y los integrantes de un supuesto "eje del mal", pues ninguno de los países señalados poseen misiles que tengan un alcance de 5 mil a 8 mil kilómetros susceptibles de amenazar a Europa, y en el futuro previsible no contarían con capacidades para dotarse de esos armamentos. La tentativa de lanzar un misil norcoreano, por ejemplo, hacia los Estados Unidos, a través de Europa, sería contraria a las leyes de la balística. Este razonamiento del presidente ruso, Vladimir Putin, en la 43 conferencia de Múnich sobre la seguridad, el 10 de febrero del 2007, dejó sin fundamentos la instalación del sistema antimisil estadounidense y la supuesta amenaza de los "estados irresponsables", dotados de armas de destrucción masiva, y capaces de golpear a Europa con misiles balísticos.

Al asumir la presidencia de los Estados Unidos, Barack Obama anunció la intención de mejorar las relaciones con Rusia, lo cual fue bien acogido por la dirigencia de ese país. Aunque en un encuentro celebrado en Londres, también habló de congelar el despliegue del sistema antimisil en Europa, luego reiteró, en Praga, la decisión irrevocable de llevarlo adelante, y de suspenderlo solamente si se lograra, bajo presiones de todo tipo, que Irán abandone su programa de desarrollo nuclear. En este objetivo, los Estados Unidos pretendió involucrar a Rusia, hasta ahora sin éxito, pues hasta el año 2011, Moscú rechazó la instalación del sistema de "defensa" antimisil en Europa, al considerar una falsedad el argumento de que la "defensa" antimisil está dirigida a enfrentar una supuesta amenaza iraní.

La administración Obama rechazó de plano la propuesta ruso-china de negociar en la ONU un tratado que prohíba la proliferación de armas nucleares en el Cosmos. Opuesto tajantemente a esta idea, los Estados Unidos realizó el ensayo de un cohete SM-30 impulsado por un misil de crucero, que impactó un satélite espía ya inservible a 274 km de altura sobre Hawái.

Aunque Rusia reiteró su voluntad de cooperar con la OTAN sobre la "defensa" antimisil europea y de compartir evaluaciones conjuntas sobre las potenciales amenazas en el espacio común europeo, la lógica de confrontación continuó con el gobierno de Obama, estableciéndose una práctica de hechos consumados en este tema, sin que se tuvieran en cuenta las opiniones de todos los países afectados. La insistencia estadounidense en el despliegue del sistema antimisil europeo alejó las posibilidades de pasar del terreno de la confrontación al de la cooperación, lo que hubiera evitado una nueva fase de la carrera armamentista, lo cual es contrario a los acuerdos sobre la reducción de las armas nucleares.

Al mismo tiempo, para Rusia, la limitación de las armas nucleares ofensivas ha resultado desfavorable en la etapa actual, habida cuenta del estado en que se encuentra su potencial defensivo, que lo hace depender casi exclusivamente de este tipo de armas, mientras que los Estados Unidos tiene a su favor otras clases de armas de alta precisión, tecnología defensiva y ofensiva espacial y, además, los sistemas de "defensa" antimisiles en su territorio, que pretende extender hacia Europa del Este.

Lo que sí pareció ser una importante concesión rusa, en la búsqueda de una supuesta mejoría de la agenda bilateral con los Estados Unidos, fue la condena del lanzamiento por Corea del Norte de un misil de largo alcance, para la instalación en el espacio de un satélite de comunicaciones. Visto con realismo el asunto, si se tratara del desarrollo de misiles de posible uso militar, no habría razones para culpar a un país de buscarse medios de defensa, cuando su territorio está rodeado de todo tipo de armamentos sofisticados emplazados en bases estadounidenses en Corea del Sur y Japón, así como los que poseen China y la propia Rusia, pero ni Washington ni Moscú estuvieron en disposición de ceder en cuestiones que consideran básicas para sus respectivos intereses geoestratégicos.

Por lo que Rusia, en este contexto de amenaza a su seguridad nacional, intensificó los vuelos de la aviación estratégica de largo alcance restablecidos en el año 2007, tras 15 años de suspensión, para salvaguardar sus intereses geopolíticos en el Ártico, y la seguridad en el vasto territorio hasta el Lejano Oriente. Los bombarderos superaron una distancia de unos 30 mil kilómetros, sin dejar de ser observados por aviones caza de la OTAN. La dotación de la fuerza aérea de largo alcance (aviación de acción lejana) se compuso principalmente de aviones supersónicos estratégicos Túpolev-160 y los Túpolev-95-MS, artillados con misiles cruceros supersónicos (X-55) de largo alcance

Asimismo, desarrolló el misil estratégico naval Bulavá-30, para submarinos nucleares de nueva generación, como el multipropósito Yasen, cuyo armamento incluye 24 misiles del tipo crucero de largo alcance que pueden portar ojivas nucleares. Según los expertos, este submarino nuclear ruso de ataque, de cuarta generación, está dotado de una tecnología más avanzada que los Seawolfs estadounidenses. Rusia renovará al menos el 30 por ciento del armamento militar del país en los próximos años. Se cambiará la técnica militar en las unidades de nuevo tipo, mientras que, para el año 2012, deberá concluir el paso de las comunicaciones militares del sistema analógico al digital.

Algo que no puede soslayarse es que Rusia tiene potencial suficiente para borrar de la faz de la Tierra a los Estados Unidos. En sus arsenales aparece un arma de gran capacidad de destrucción denominada P-700 Granito, un misil balístico intercontinental, con una cabeza nuclear de 500 kilotones, que es lanzado desde un submarino y vuela a la velocidad de 2983 km/h.

Con la empresa de sostener, en el plano defensivo, un poderío incuestionable, Rusia destinará 880 000 millones de rublos (unos 29 000 millones de dólares) en el año 2012, mientras que, en el año 2011, se consignaron, para la compra de armamentos, la modernización de las fuerzas armadas y las investigaciones de la defensa, unos 750 000 millones de rublos (alrededor de 24 793 millones de dólares). Tal cifra representó un aumento de 1,5 veces respecto al año 2010, mientras el monto programado para el año 2012, se concibió por primera vez en más de dos décadas. Con el desarrollo de nuevos tipos de armas y un aumento del presupuesto militar, Rusia abrió un nuevo período de recuperación en su rango de potencia mundial y retomó el orgullo de influyente actor en las relaciones internacionales.

Un ejemplo de lo dicho anteriormente fue el despliegue de buques de guerra, misiles y un sistema de radar en instalaciones militares e industriales sirias, para prevenir cualquier ataque por parte de la OTAN y de los Estados Unidos, en su accionar de desestabilización de ese país. El sistema de radar también cubrió áreas del norte y sur de Siria, donde podría detectar movimientos de tropas o aviones hacia la frontera. Para Rusia, una agresión de los Estados Unidos y sus aliados contra Siria, es una "línea roja" inadmisible que tendría un impacto negativo sobre las relaciones entre las dos principales potencias nucleares del mundo.

Ante la intransigencia de los Estados Unidos y la OTAN sobre el despliegue del sistema antimisil europeo, y en respuesta a la salida estadounidense del Acuerdo de Armas convencionales en Europa, el presidente ruso, Dimitri Medvedev, ordenó la expansión de nuevos sistemas de armamentos, advirtiendo la posibilidad de abandonar el Tratado START-III. Rusia incluyó en el programa de combate una estación de radiolocalización ubicada en el enclave báltico de Kaliningrado, donde desplegó un radar de alerta temprana contra misiles. Y fueron tomadas medidas para el fortalecimiento de la seguridad en instalaciones de las fuerzas estratégicas del Kremlin, que pudieran ser amenazadas desde el exterior. Incluso, Rusia estimó que, si este conjunto de medidas fueran insuficientes, se reserva el derecho de desplegar en su porción europea nuevos armamentos para destruir instalaciones del propio sistema antimisiles de la OTAN. De hecho, ya las fuerzas militares rusas probaron exitosamente un misil antibalístico de corto alcance integrado en el sistema de defensa, con lo cual Moscú lanzó un claro aviso a los Estados Unidos de que la finalidad de la misma fue confirmar las características táctico-técnicas de las armas que forman parte del Sistema Nacional de Defensa Antimisil.

En el campo político-diplomático, las medidas adoptadas por Moscú en los últimos años incluyeron:

a) El uso o la amenaza de recurrir al derecho de veto en el Consejo de Seguridad de la ONU frente a los intentos, por ejemplo, de ejercer excesivas presiones y sanciones contra Siria o Irán, en relación con su programa nuclear, o de imponer el reconocimiento de la independencia de Kósovo.

b) La revisión de los términos de la cooperación en el marco del Consejo Rusia-OTAN, como respuesta a la expansión de la alianza hacia el Este, y al incremento de bases y fuerzas militares en sus nuevos miembros de Europa Oriental, tales como Bulgaria, Rumania y las repúblicas bálticas. Moscú canceló su participación en algunos de los ejercicios conjuntos planificados con la OTAN.

c)   La propuesta de crear con Europa, sin excluir la participación de los Estados Unidos, un sistema colectivo de "defensa" antimisil en el continente. Esta iniciativa, si bien fue acogida con cierta atención en algunas capitales europeas, no encontró suficiente respuesta para entablar negociaciones, debido a que existen suspicacias acerca de lo que se considera que pudieran ser las "verdaderas intenciones ocultas" del país euroasiático.

Refiriéndose al punto c, Rusia lanzó, el 24 de noviembre del 2011, un ultimátum a los Estados Unidos y exigió llegar a un acuerdo sobre el sistema antimisil en Europa, antes de la cumbre de la OTAN, a celebrarse en el 2012 en Chicago. El gobierno ruso alertó nuevamente que manifestaba su interés de continuar las negociaciones, con el fin de crear una defensa conjunta europea, pero estimó que los planes unilaterales de los Estados Unidos contemplan estacionar armas de ataque muy cerca de la frontera rusa con el territorio de la OTAN, lo cual pone en duda las bases que permitieron la firma, en abril del 2010, del Tratado START-III. Ante este escenario, Rusia anunció que invertirá en el trienio 2012-2014 unos 95 200 millones de euros en armas modernas.

Si el peligro no es inmediato ni creíble, entonces la ofensiva antimisil estadounidense en Europa está reducida a una voluntad de contención y cerco de una Rusia en ascenso, que ha recuperado espacios y protagonismos en sus relaciones con potencias emergentes a nivel internacional y regional, como son los casos de China, India, Brasil, Irán y Venezuela. La cuestión del despliegue de la "defensa" antimisil en Europa demostró que Rusia es y seguirá siendo, en el plano geoestratégico, el rival número uno de los Estados Unidos. El conflicto sobre el despliegue del sistema antimisil en Europa, abrió una nueva etapa con características de "guerra fría", con imprevisibles consecuencias para la paz y la seguridad internacionales.

Europa:

Con la misma preocupación, reticencia y oposición que suscitó la Iniciativa de Defensa Estratégica (IDE) o "Guerra de las Galaxias", en los tiempos de la segunda "guerra fría" iniciada por el presidente de los Estados Unidos, Ronald Reagan, se recibió en Europa el plan estadounidense de desplegar un SNDA.

Desavenencias produjo, sobre todo, en los gobiernos de Francia, Alemania y Gran Bretaña. El fin de la "guerra fría" y la entrada de la humanidad en el siglo XXI, suponía un período de distensión y un mejoramiento de las relaciones Este-Oeste, pero los Estados Unidos relanzaron un proyecto que perturbaría sus prioridades internas: el fortalecimiento económico de la Unión a través de la circulación del Euro, como moneda única, y la construcción de una política exterior y de defensa común.

Francia fue uno de los países europeos con tradición de oposición a los planes estadounidenses de militarizar el espacio cósmico. Para Francia el despliegue de un sistema antimisil era inoportuno y representaba una perspectiva de "desacople" de los mecanismos de seguridad internacional que habían estado vigentes, puesto que constituyó una impugnación de todo el sistema de disuasión sobre el cual fundó su doctrina militar y la política exterior de postguerra.

En ese sentido, los líderes franceses compartieron los criterios de Rusia sobre las consecuencias negativas que traería la violación del Tratado ABM para la estabilidad, el equilibrio estratégico mundial y los procesos de limitación y reducción de los armamentos; al tiempo que estimulaba el inicio de una carrera armamentista en la Tierra y el espacio ultraterrestre, con el objetivo de enfrentar las posibilidades de anulación de su cohetería por la iniciativa estadounidense.

La declaración conjunta sobre la estabilidad estratégica aprobada por Rusia y Francia, el 2 de julio del 2001[82], adhirió a los dos países al Tratado ABM, los tratados sobre la no-proliferación de las armas nucleares y a los regímenes multilaterales de desarme. Se pronunciaron por agilizar el proceso de entrada en vigor del Tratado de Prohibición Total de las

Pruebas Nucleares (CTBT, por sus siglas en inglés) y expresaron la necesidad de comenzar, en el marco de la Conferencia para el Desarme de la ONU, las conversaciones sobre la convención que prohíbe la producción de los materiales fisibles para fines militares.

El interés del gobierno francés de prevenir la carrera armamentista en el espacio cósmico y el hecho de que haya sido en tres ocasiones el único país miembro de la OTAN que junto a Rusia copatrocinó la resolución sobre la necesidad de observar el Tratado ABM, votando a favor de este documento en la sesión de la Asamblea General de la ONU, demostró la afinidad de enfoques franco-rusos sobre el concepto de un sistema internacional multipolar y sus responsabilidades para el mantenimiento de la paz mundial.

La oposición francesa también se manifestó cuando el presidente Jacques Chirac defendió una iniciativa europea contra la proliferación de misiles balísticos y sugirió a la Unión Europea la convocatoria de una conferencia internacional para presentar, en el ámbito político, los esfuerzos de la no-proliferación nuclear. La postura francesa y europea, en general, giró en torno a la negociación diplomática frente al despliegue de una política de fuerza por los estadounidenses. Europa, en su conjunto, reconoció que el presidente, William Clinton, prestó mucha atención a los reclamos de sus aliados y otros actores internacionales que se pronunciaron contra el desarrollo del sistema antimisil.

Fue una realidad que la oposición activa de

las potencias europeas al plan del Pentágono influyó, junto a otros factores de carácter técnico, en la decisión de William Clinton de posponer su despliegue. El aplazamiento de la puesta en práctica del sistema se interpretó en Europa como una brecha para retomar el diálogo sobre el tema del arma antimisil entre la OTAN, la administración demócrata y el gobierno "neoconservador" de George W. Bush.

En el Reino Unido, aliado tradicional de los Estados Unidos, el SNDA contó con la oposición del Comité de Relaciones Exteriores de la Cámara de los Comunes, el cual instó al gobierno británico a convencer a los norteamericanos para que buscaran otra solución de protección a la alegada amenaza terrorista de los "estados villanos". Sin embargo, no todos los partidos políticos ni las instituciones del poder británico asumieron la misma posición. El Partido Conservador respaldó el programa antimisil y solicitó al gobierno del laborista Anthony Blair, el apoyo incondicional a la idea de los Estados Unidos, puesto que el funcionamiento del sistema requería de la utilización de la base de Fylingdales, en Inglaterra, que fue concedida por este aliado ilimitado de la superpotencia.

Por otra parte, Alemania asumió inicialmente una actitud gubernamental de repulsa al sistema antimisil, cuando apoyó, de cierta manera, la condena rusa contra la intención de crear el SNDA en abierto menosprecio por el Tratado ABM, pues Rusia y Alemania habían coincidido siempre sobre los artículos del acuerdo que prohibía el despliegue de una "defensa" antimisil.[83] Al referirse a la estrategia de desplegar el SNDA, los líderes políticos y militares alemanes recomendaron al gobierno de los Estados Unidos la suspensión de sus amenazas a la arquitectura de seguridad internacional construida con el consentimiento de las principales potencias del sistema internacional del siglo XX.

Las autoridades rusas, mientras advertían sobre el peligro de una futura expansión de la OTAN, hasta muy cerca de sus fronteras nacionales, también buscaron consolidar el respaldo de Alemania para liderar la oposición al despliegue del sistema antimisil por los Estados Unidos. Los dirigentes rusos firmaron, el 30 de enero del 2001, un plan de contactos militares con Berlín que facilitó a ambos países el intercambio de información en materia espacial, la realización de maniobras conjuntas y el desarrollo de tecnologías militares. Este acuerdo posibilitó el remozamiento de los aviones de combate Mig-29, que quedaron en Europa tras la desaparición de la Organización del Tratado de Varsovia (OTV) y la modernización de los helicópteros Mig-26, según los parámetros aeronáuticos europeos.

Sobre la propuesta de participación en el desarrollo del sistema antimisil estadounidense, Alemania conservó las reservas de la mayor parte de los miembros europeos de la OTAN y, en cuanto a la cooperación con Rusia, abogó por un mayor desarrollo de sus relaciones con la Unión Europea y la OTAN.

Aunque el diferendo sobre el sistema antimisil tuvo un carácter bilateral entre Rusia y los Estados Unidos, los alemanes defendieron la búsqueda de una solución sin perjudicar los acuerdos vigentes sobre el control de los armamentos, ya que también correspondía a los intereses de Europa que la arquitectura internacional del control de los armamentos siguiera intacta.

Para garantizar ese propósito, Alemania propuso la creación de una fuerza conjunta que integrada por los Estados Unidos, la Unión Europea y Rusia pudiera mantener el control de los armamentos y enfrentar los retos de seguridad impuestos por la proliferación de armas y la falta de especialistas nucleares en los países menos desarrollados. Para contrarrestar esos desafíos y los desajustes estratégicos que introdujo el despliegue del SNDA, se consideró necesario la preservación del Tratado ABM, única garantía contra una carrera armamentista basada en la tecnología de misiles.

El acercamiento de posiciones entre las principales potencias europeas aquí mencionadas, en especial entre Francia y Alemania con Rusia, en el tema del sistema antimisil, puso de manifiesto los puntos de convergencia en el diálogo Rusia-Europa sobre los asuntos relacionados con el fortalecimiento de la estabilidad mundial y regional. Así quedó evidenciado que las relaciones de Rusia con Europa, y de esta con Moscú, constituyen una importante premisa para la conservación de la arquitectura de seguridad y la paz en ese continente.

La repulsa de Europa, a pesar de la ausencia de una posición común en la Unión Europea, al sistema antimisil norteamericano hizo conciencia entre los estados y la opinión pública del viejo continente sobre la necesidad de prestar atención a las cuestiones relacionadas con la creación de un sistema fiable de seguridad y defensa, que podría estar acoplado a la realización de los proyectos económicos en marcha y la colaboración en la política exterior y cultural común.

Desde el ángulo estricto de la OTAN, la iniciativa antimisil generó desconfianza en los estados europeos, porque una "defensa" antimisil que los dejaba sin protección debilitaría los vínculos transatlánticos. Esa preocupación continuó vigente mientras los estrategas estadounidenses mantuvieron su indecisión de cubrir con la "defensa" antimisil a sus fuerzas militares en el exterior y a los aliados estratégicos agrupados en la OTAN.

Sin embargo, una de las substanciales diferencias euro-norteamericanas sobre los argumentos para el despliegue del SNDA estuvo en que Europa no percibía amenazas convincentes. Ante la posición de los Estados Unidos de abandonar el Tratado ABM, tanto Francia como Alemania insistieron en que el acuerdo era un elemento central en la estabilidad estratégica global y que el sistema antimisil no debió ser la única estrategia en el enfrentamiento a los peligros de la "proliferación incontrolada" de armas de destrucción masiva, pues debían explorarse otras vías diplomáticas que fortalecieran los tratados sobre el control de los armamentos nucleares.

Con la argumentación de los aliados, la política exterior de los Estados Unidos sufrió una derrota momentánea en sus previsiones de plegar a los países europeos a su estrategia militarista. A la política exterior de los Estados Unidos le resultó imposible lograr el establecimiento de un documento europeo, con la aprobación de una declaración conjunta, que manifestara a los países de la Unión Europea preocupados por la "amenaza común" de un ataque con misiles nucleares. Empero, algunos estados europeos y la OTAN continuaron el desarrollo de la colaboración con los Estados Unidos sobre el despliegue del sistema antimisil. En particular sobre la evolución de la "amenaza" que representaron los misiles balísticos en poder de los denominados "estados villanos", y las implicaciones del despliegue del SNDA para el control de los armamentos nucleares y la doctrina de la "disuasión nuclear".

No por casualidad los países miembros de la OTAN coincidieron con la determinación estadounidense de mantener abierto el diálogo con sus aliados trasatlánticos, aunque las relaciones entre los Estados Unidos y la Unión Europea estuvieran signadas por un mayor grado de desacuerdo en temas relacionados con la seguridad y la defensa común. Por un lado, existió una Europa poderosa en el sistema internacional debido a su funcionamiento como un ente único en importantes aspectos de su política económica externa, en particular, en el terreno comercial, pero, por otro, hay una Europa en la que las cuestiones de política exterior y de seguridad alcanzaron un desarrollo menor y sus decisiones se centralizaron en los puestos claves intergubernamentales de la Unión.[84]

Las dificultades en la conciliación de posiciones entre sus estados miembros mostraron el problema de que cuando la Unión Europea debió actuar en el plano internacional, a causa de una cuestión relativamente sensible para su seguridad o defensa común, lo hizo con un bajo perfil y una escasa eficacia, ofreciendo una imagen de debilidad e impotencia que contrasta con su poder en el plano económico y comercial. En las condiciones de cuestionamiento al despliegue del SNDA, la fragilidad europea en materia de una política de defensa, seguridad y exterior única, limitó su capacidad de maniobra y negociación con los Estados Unidos.

Aún con el rechazo a los planes de desplegar el sistema antimisil, porque no se correspondía exactamente con sus intereses inmediatos, Europa atravesó el riesgo, una vez más, de quedar subordinada a la estrategia estadounidense. Sobre todo si observamos que los Estados Unidos persistieron en la consolidación de su liderazgo mundial y en la puesta en práctica de una política de seguridad en la que aceptaron la necesidad de adecuar los viejos mecanismos atlantistas y apoyar la idea de una defensa europea[85] con el desarrollo de una Fuerza de Reacción Rápida, pero sin alterar de modo efectivo sus principios esenciales y teniendo en cuenta sus propios intereses estratégicos.

En consecuencia, la Unión Europea, que surgió de la experiencia destructiva de las dos guerras mundiales, debió convertirse en una gran potencia para la paz. La Unión Europea ha sido un actor económico activo en la distribución de poder internacional,[86] pero no sería realista concebir en ella un actor político y económico mundial sin poner en consonancia sus medios militares con una verdadera defensa común que la libere de dependencias y le permita proyectar una función de equilibrio en el sistema internacional, incluso en la perspectiva de un paulatino desarme y no en el rearme practicado por la administración militarista de George W. Bush.

Por este entendido, el gobierno de George W. Bush fracasó en su estrategia de comprometer a los gobiernos europeos en una colaboración incondicional con el despliegue del SNDA. Solo España puso a la disposición del plan su territorio, pues José María Aznar, con su entreguismo a las iniciativas estadounidenses, se interesó en la participación de sus fragatas equipadas de un sistema de detección moderno a lo largo de las costas de Libia, [87] uno de los países del Tercer Mundo, hasta ese momento, incluido por Washington en la lista negra de los estados terroristas.

A finales del año 2002, los Estados Unidos comenzaron negociaciones secretas con el gobierno polaco, con miras a la instalación de elementos del sistema antimisil en el territorio de ese país europeo. En el año 2006, el presupuesto bélico estadounidense dedicó 7,8 mil millones de dólares al desarrollo del sistema antimisil, cuya proyectada instalación en Polonia y República Checa ya había dejado de ser un secreto. La prioridad de esta estrategia quedó revelada ese mismo año con el aumento en 200 millones de dólares del financiamiento de las pruebas de misiles interceptores con base en tierra, destinados a destruir misiles a la mitad de su trayectoria de vuelo. Asimismo, aumentó en 55 millones de dólares el financiamiento para otro programa que estipula la creación del sistema antimisil norteamericano-israelí "Arrow".[88]

El 21 de mayo del 2008, el gobierno checo confirmó el tratado que autorizó a los Estados Unidos la instalación del sistema de radar previsto en el marco del despliegue del sistema antimisil. En ese mes, una comisión del Congreso estadounidense se pronunció por el aumento de los fondos destinados a financiar el dispositivo antes de su puesta en práctica en Europa del Este. En el año 2009, hubo consenso en el Senado entre republicanos y demócratas, para apoyar el proyecto de despliegue del sistema antimisil en Europa.

A Morag, localidad situada en el norte de Polonia, el 23 de mayo del 2010, llegó la primera batería de misiles Patriot para la defensa antiaérea, como parte de un acuerdo, en febrero de ese año, que ratificó el futuro estatuto de la estancia de las tropas estadounidenses en suelo polaco, el despliegue de misiles Patriot y la formación de ejercicios militares comunes con la participación de militares de los Estados Unidos del quinto batallón ubicado en Kaiserslautern, Alemania.

El despliegue de silos de misiles interceptores en Polonia (10) y de una estación fija de radar en la República Checa, se insertó en el proceso de ampliación del SNDA de los Estados Unidos. El diseño del sistema antimisil incluyó sensores, para detectar posibles lanzamientos de misiles, centros de mando y control, para evaluar la trayectoria y misiles para interceptarlos. El sistema antimisil consta de varios procedimientos que supuestamente actuarían sobre las tres fases de las trayectorias balísticas: lanzamiento, intermedia y terminal, con la finalidad de lograr un mayor rango de posibilidades en la intercepción.

El hecho de que este proyecto antimisil esté en desarrollo, a mediano plazo, hizo que su arquitectura, despliegue y eficacia actuales no hayan sido tan importantes, como su evolución futura. En este sentido, su orientación a la investigación, innovación y desarrollo de capacidades de respuestas futuras ante riesgos potenciales, constituyó uno de los mayores peligros. La finalidad declarada del programa fue la creación de condiciones óptimas para hacer frente al lanzamiento de misiles, cuando estos dejen de ser un riesgo y se conviertan en una amenaza.

Con la administración de Barack Obama,

esta estrategia cobró aún más fuerza. Los Estados Unidos intensificaron todos sus esfuerzos diplomáticos y militares para la instalación del sistema antimisil en Europa del Este, lo que le permitiría continuar el cerco a Rusia, provocando un distanciamiento con sus países vecinos.

En esta espiral de confrontación, los Estados Unidos estableció acuerdos puntuales con terceros países, para ampliar su zona de cobertura o integrar capacidades complementarias bajo el mando y control estadounidense. En este sentido, Polonia y República Checa pasaron a formar parte de un grupo de países: Reino Unido, Noruega, Dinamarca, Japón, Australia, Israel, España y Rumania, con los cuales Washington llegó a algún tipo de acuerdo en dicha esfera. Los estrategas estadounidenses pretendieron que todos los elementos del programa estuvieran plenamente operativos para el año 2013.

Por ejemplo, el gobierno de la República Checa negoció con los Estados Unidos un plan para construir un centro de vigilancia del sistema antimisil. Este centro de pequeñas dimensiones albergaría una representación de los Estados Unidos, la OTAN y la República Checa. El emplazamiento constaría de una estación de radar de longitud de onda corta (banda X) de alta resolución con la función de identificar y discriminar el blanco durante la fase intermedia (que se podría combinar con otro móvil de detección avanzada en la zona del Cáucaso) y con alcance sobre gran parte del territorio ruso.

En el caso de Polonia, se trató de 10 silos de misiles para interceptar los misiles intercontinentales en vuelo hacia los Estados Unidos, supuestamente provenientes de Oriente Medio. Los misiles serían en esencia similares a los emplazados en las bases de Greely, Alaska, y de Vandenberg, California, con una modificación en su diseño que supuestamente les permitirá interceptar misiles de menor alcance dirigidos a Europa. Un comunicado, difundido por el Departamento de Estado, publicó el acuerdo entre Washington y Varsovia, referido al emplazamiento de componentes del sistema antimisil que formará parte del sistema europeo de defensa a instalarse cerca de Gdansk, antes del año 2018.

A pesar del discurso político que acompañó todo el proceso de negociaciones con la República Checa y Polonia, y los primeros pasos en la instalación del sistema, la opinión pública de estos países se mostró contraria al proyecto, alegando inconformidad en lo relativo al incremento de los niveles de inseguridad que aportará el emplazamiento del sistema antimisil en el continente. Asimismo, varios líderes políticos europeos estuvieron cautos respecto a la concreción definitiva del sistema antimisil en su vertiente europea, aunque no hay definida una posición común, ni a favor ni en contra, en los marcos de la Unión Europea.

Además de la modalidad e innovación del sistema antimisil emplazado en el continente europeo, y de los debates que suscitó en función de la alternativa más viable, en cuanto al armamento que debió emplearse,[89] el tema de los costos constituyó otra preocupación para los ciudadanos, pues estos últimos expresaron sus inquietudes por las implicaciones negativas que supondría el aumento de la inversión en temas de innovación y tecnología aplicada a la defensa, en un contexto económico de deterioro del nivel de gastos de la política social europea.

También existieron diferencias de percepción entre los gobiernos europeos sobre el proyecto antimisil. Lo que para algunos representó una inversión cuantiosa de eficacia cuestionable, para otros significó una fuente de contrapartidas económicas y militares, en el entendido de colaborar en la redistribución de los gastos durante el proceso de despliegue del sistema antimisil, y un momento oportuno para estrechar los vínculos bilaterales con la administración de Barack Obama.

El 13 de septiembre del 2011, los Estados Unidos y Rumania firmaron un acuerdo para el despliegue de un sistema de defensa anti-aéreo en ese país. El documento permitió a los Estados Unidos estacionar, a partir del año 2015, hasta 200 soldados e instalar 24 interceptores de misiles modelo SM-3 en la localidad de Deveselu. En Turquía, el enlace estratégico norteamericano encontró aceptación mediante la firma de un memorándum sobre el despliegue de un radar estadounidense diseñado para interceptar proyectiles de rango medio a grandes alturas.

La elección de esas naciones por parte de la Casa Blanca no fue fortuita. Los tres países son miembros de la OTAN, por lo cual otorgan gran prioridad a sus relaciones con los Estados Unidos. Además, cada uno de ellos posee razones históricas que los alejan políticamente de Moscú, por lo que Washington aprovechó este elemento, que los divide, a favor de su estrategia militarista.

Holanda también aprobó un programa de 250 millones de euros para modernizar el sistema defensivo de radares y el sistema marítimo de fragatas, contribuyendo así al sistema antimisil de la OTAN. El acuerdo con los Estados Unidos constituyó una ampliación del programa de Defensa Activa Multinivel contra misiles balísticos, destinado a abatir supuestos cohetes enemigos orientados al espacio europeo.

Por su parte, España concedió a los Estados Unidos el despliegue, a partir del año 2013, de cuatro buques y 1100 militares en Rota (Cádiz), lo que convirtió a la base en el gran eje naval para el sistema de "defensa" antimisil auspiciado por la OTAN. La base militar de Rota fue un punto de apoyo a la Sexta Flota estadounidense en tareas de abastecimiento de combustible y armamento. Por eso, España autorizó su uso en la agresión de la OTAN contra Libia.

Con su reintegración completa a la OTAN, Francia perdió la posibilidad de tener un desempeño original en las relaciones internacionales. El bloque euro-atlántico quedó fortalecido por esta reintegración y por una Europa de la defensa que los Tratados de Maastricht y de Lisboa subordinan claramente a la

OTAN. Así Francia asumió el acuerdo de la OTAN de dotar a la alianza de una "defensa" antimisil de territorio y población. Para el presidente francés Nicolás Sarkozy, "la administración Obama propuso un acercamiento novedoso al tema del sistema antimisil que no es unilateral y se basa en la evolución de las nuevas amenazas". Según Sarkozy, "Francia hubiera rechazado un proyecto unilateral, desconectado de la realidad, costoso y hostil a Rusia, y si hubiera sido un sustituto de la doctrina de la disuasión nuclear; pero, a su entender, este no es el caso". [90]

Francia apoyó la argumentación sobre la existencia de una amenaza creciente de los misiles de Irán en Europa, y reconoció la inversión en decenas de millones de dólares en la tecnología antimisil, para dotar a Europa de sistemas de satélites, radares, interceptores y colocar el sistema bajo la dirección de la OTAN.

La Francia dirigida por Sarkozy estuvo de acuerdo en financiar el sistema antimisil europeo en los marcos de la OTAN, estimado en un costo de entre 80 y 150 millones de euros. Al mismo tiempo, Francia es de los países europeos que tiene un proyecto nacional para una amplia "defensa" antimisil.

En el año 2020 poseerá un satélite avanzado de alerta nacional que estará articulado con el sistema antimisil de la OTAN, manteniendo su "defensa" antimisil bajo control soberano. De la misma manera, Francia tendió un puente a Rusia, para su colaboración o participación en el proyecto de un sistema antimisil europeo de la OTAN.

Es importante enfatizar que la decisión de desplegar un sistema antimisil en Europa podría ser una motivación política que poco o nada tiene que ver con una necesidad militar real de los Estados Unidos y la OTAN.

El despliegue de sistemas antimisiles llevará a una carrera armamentista desenfrenada al estilo de la "guerra fría", lo cual, a su vez, podría buscar el freno del crecimiento económico de Rusia y exacerbar mucho más las divisiones entre los estados europeos de conjunto.

Aunque las relaciones entre los Estados Unidos y Europa mejoraron durante el gobierno de Barack Obama, las discrepancias euro-norteamericanas sobre el despliegue del sistema antimisil repercutieron en el clima de sus relaciones políticas y de seguridad.

En un escenario internacional de globalización económica, en el que desapareció la clásica confrontación bipolar, la obligación estadounidense de desplegar un sistema de "defensa" antimisil amenazó las esenciales metas de integración económica y política de la Unión Europea, incentivándola hacia su participación en una nueva y muy costosa carrera armamentista en el espacio cósmico.

Atisbando las relaciones de fuerzas entre las potencias mundiales, el futuro de la "defensa" antimisil en Europa reposa en tres hipótesis verosímiles:

Primero, la fuerte voluntad de los EEUU de

ver instalado el dispositivo antimisil en Europa, que no desaparecería ni en el caso de una alternancia de política en Washington.

Segundo, por razones de proximidad geográfica y de aprovisionamiento energético, se tomarían en cuenta los argumentos rusos, pues los europeos son extremadamente sensibles a las declaraciones de Moscú, sin intentar contrariar la política estadounidense.

Tercero, un esclarecimiento de las garantías referido al proceso de decisión sobre el sistema antimisil: ¿quién tendrá el poder de accionar los misiles, cómo y bajo cuáles criterios los interceptores serán programados?

Como en los tiempos de la IDE o "Guerra de las Galaxias", Europa estuvo en la disyuntiva de restar importancia a la "defensa" antimisil o ser copartícipe en una iniciativa liderada por los Estados Unidos, la cual generó consecuencias económicas, políticas, militares y de seguridad para un conjunto de estados europeos con alcance y potencialidades globales.

2.11. El espejismo Barack Obama: ¿Una nueva política exterior?

Barack Obama realizó una campaña electoral victoriosa en el año 2008, sobre la base del cambio de política en muchos temas, e intentó operar una transformación de la política exterior estadounidense, al menos en términos retóricos.

Obama llegó al poder con la idea de restaurar la legitimidad, la credibilidad y la autoridad de los Estados Unidos, muy desacreditada por la acción internacional irresponsable de George W. Bush. Obama heredó de su predecesor una política exterior completamente en ruinas. Su propósito inicial fue tratar de reparar los daños inmensos provocados por la guerra en Iraq y disminuir la intensidad de los conflictos que pusieron en tensión a los Estados Unidos con el mundo arabo-musulmán.

En este sentido pronunció un discurso en el Cairo, que se ofreció como una nueva política o mirada a los conflictos del mundo arabomusulmán. Muy poco después de su toma de posesión, antes de las elecciones iraníes del año 2009, intentó reducir la escalada del conflicto con Irán y hacer avanzar las negociaciones israelo-palestinas. Sobre otros temas estratégicos, antes y después de la campaña electoral, existieron una gran gama de consensos tácitos en la política exterior, como por ejemplo: "luchar contra el terrorismo", contener a Rusia, frenar el avance de China, defender a Israel y a Arabia Saudita, poner "en cuarentena" a Paquistán, limitar la expansión de los talibanes en Afganistán y la influencia de la República Bolivariana de Venezuela, en América Latina.

Quedó en evidencia que, en los Estados Unidos, el desempeño de las personas en la política exterior es relativo y limitado: los líderes no pueden cambiar de manera sistemática y drástica una proyección internacional que tiene una tradición política y una línea de continuidad. La aparición de Obama, en la alta política estadounidense, abrió una interrogante respecto a si podría, efectivamente, darle una nueva impronta a la política exterior de su país, atendiendo a que llegó a la Casa Blanca en la peor crisis global de los últimos setenta años, lo que hizo que la agenda de política externa estuviera irremediablemente sujeta a los dilemas de orden interno e internacional dictados por la situación económica.

Antes de Obama, ya existía un fuerte desbalance en la relación que coexiste entre "defensa" y diplomacia en la política exterior de los Estados Unidos, y ese desbalance resultó ser decisivo para condicionar las posibilidades de cambio. Algunos pensaron que la administración Obama tendría una política exterior que, en sus grandes líneas, se inspiraría en Woodrow Wilson,[91] con un retorno de los Estados Unidos al ámbito multilateral, a las coincidencias y al consenso con otras naciones.

Sin embargo, la línea a seguir por esta tradición, que intenta recrear el multilateralismo, se sustenta en la admisión del turbio concepto de la "responsabilidad de proteger" a las poblaciones víctimas de violaciones de los derechos humanos. Los puntos de contactos con la escuela de pensamiento de Wilson, pudiera ubicarse en la existencia de una clara desconfianza en la ONU y en los organismos internacionales, pero haciendo uso de ellos para alcanzar los propósitos de Washington en la arena internacional.

Sobre la base de esa hipótesis dos interpretaciones prevalecieron sobre lo que sería la política exterior. La primera, que Obama pasaría a una estrategia multilateral impuesta por el fracaso de la gestión gubernamental de George W. Bush y el debilitamiento relativo de los Estados Unidos, después de la crisis financiera del año 2008. Y la segunda, que pondría en práctica una política de "buenas intenciones", pero con resultados limitados o modestos.

No pocos coincidieron en que Obama intentaría darle al liderazgo de los Estados Unidos más atractivo, pero sin que los Estados Unidos estuvieran dispuestos a compartir el poder con otros estados o aceptar sin condiciones las reglas del multilateralismo. Y que por tanto, a lo largo de su mandato, Obama enfrentaría el juego de la política internacional con posturas diversas:

a) El unilateralismo en las situaciones de interés geopolítico para los Estados Unidos. Entendido como el poder de decidir quién, en cada momento, es el enemigo, pues el unilateralismo es igualmente el poder de actuar en soledad en el orden político y militar.

b) El bilateralismo selectivo, con las principales potencias en el sistema internacional.

c) Un multilateralismo residual, cuando las dos primeras opciones se revelan insuficientes o inadaptadas en determinadas situaciones.

Independientemente del debate académico,[92] el resultado práctico fue que Obama también identificó cuáles serían las nuevas fuentes de poder y de seguridad que propiciarían el fortalecimiento de la alianza y la cooperación con los países europeos. De ninguna manera pretendió asumir el unilateralismo militarista de George W. Bush. Sin embargo, los trazados estratégicos mostraron un revisionismo geopolítico todavía más ambicioso que el de su predecesor republicano: frenar la expansión de Rusia y China y, a la vez, asegurar el control de los hidrocarburos de Asia. Con Obama se diseñó una renovada agenda de política exterior en la que el continente asiático figuró como una prioridad impostergable.

Asia, y no otra región, porque se trató de una planificación estratégica que partió de un diagnóstico fáctico y cualitativo respecto a la situación y estado de la hegemonía de los Estados Unidos en el sistema internacional. El enfoque inicial de Obama rechazó la continuidad del enclave militar en Medio Oriente, que tanto obsesionó a George W. Bush, y centró sus perspectivas estratégicas en las principales potencias mundiales y regionales que van conformando la multipolaridad global, en especial Rusia y China, para propiciar el comercio y control de los hidrocarburos asiáticos a las compañías energéticas del Atlántico Norte.

En los próximos años, todo el continente asiático podría quedar envuelto en el gran juego de poder, entre las más grandes potencias con capacidad nuclear para provocar desastres humanos a escala planetaria: Estados Unidos, Rusia, China y, eventualmente, la India y Paquistán. Sin embargo, las ideas basadas en la confrontación directa continuaron apuntando contra Moscú y Beijing, los únicos actores con posibilidades económicas, financieras y militares para disputar, a los Estados Unidos, el dominio de la política internacional en el siglo XXI.

Resultó difícil confiar en la promesa de Obama, acerca de la aspiración estadounidense a un "Nuevo Orden Multipolar". La verdad histórica es que Obama tuvo un comportamiento tan peligroso como su antecesor George W. Bush, porque, además del mimetismo ideológico, demostró atemorizantes habilidades para hablar de un modo y actuar de otro. En los discursos de campaña electoral, colmados de promesas, dejó plasmado el abismo entre lo que dijo que haría y lo que realmente hizo.

Las principales promesas de Obama al acceder a la presidencia consistieron en no menos de veinte medidas económicas, que beneficiarían a la llamada clase media estadounidense, todas dirigidas a mejorar los impuestos, otorgar estímulos al empleo, modificar los términos de las hipotecas, mejorar la salud y la educación, entre otros sectores de carácter social.

Prácticamente al inicio de su mandato se

distanciaría de la época de George W. Bush, porque retiraría las tropas de Iraq; eliminaría la prisión en la Base Naval de Guantánamo; conversaría con amigos y enemigos; cambiaría la política hacia América Latina; mejoraría las relaciones con Rusia; solucionaría el conflicto israelo-palestino; modificaría la política ambiental; negociaría la eliminación de las armas de exterminio masivo; hablaría con Irán y anularía el despliegue del sistema antimisil en Europa.

Empero, Obama se vio muy limitado en su capacidad para hacer cumplir sus promesas. Nunca antes un presidente debió enfrentar tantos obstáculos en su ejecutoria provenientes de las estructuras permanentes del Imperio: un Complejo Militar-Industrial cada vez más interesado en el crecimiento de los gastos militares y las altas ganancias de sus empresas, y de los influyentes grupos de presión política que, como el Judío y el anticubano, paralizan toda posibilidad de un proceso de paz entre Israel y Palestina, y la normalización de las relaciones con Cuba.

Obama, desde que tomó posesión de la presidencia, aplazó la promesa de la salida de las tropas de Iraq. Hizo suya la guerra en Afganistán, al retomar los argumentos de la administración anterior de que allí se encontraba el verdadero peligro para la "seguridad nacional" de los Estados Unidos, e incluyó a Paquistán en el escenario de conflicto. Solo la derrota de la aventura en Afganistán obligó a Obama a anunciar que, al cierre del año 2011, retiraría 10 000 soldados estadounidenses y que en septiembre del 2012 habrán salido de ese país 33 000 militares. El resto de las fuerzas norteamericanas regresarán paulatinamente para completar la retirada en el año 2014, una fecha acordada con la OTAN.

Existió una inmensa distancia entre la retórica y la realidad en torno a la retirada estadounidense de Iraq. En profundidad, el anunció de Obama de que terminaría con la ocupación de Iraq, en diciembre del 2011, resultó ser un engaño, porque pronto trascendió que la apresurada decisión obedeció a una especie de represalia hacia el gobierno iraquí, que no aceptó someterse a las órdenes de Washington sobre la necesidad de inmunidad legal para los soldados ocupantes.

El gobierno iraquí exigió la condición de que los soldados estarían sujetos a la ley nacional de Iraq. Es conocido que la Casa Blanca siempre pretendió dejar en Iraq una amplia división de choque operacional con el objetivo de monitorear bien de cerca los movimientos de Irán a lo largo del año 2012, y en adelante. Esa empresa de los Estados Unidos no se pudo concretar, por lo que detrás del llamado "éxito en política exterior" de Obama, se escondió otra fracasada misión estratégica del Imperio.

En la memoria colectiva perduró la imagen de un Iraq demolido por la metralla de los soldados ocupantes durante nueve años de guerra, y los más de 4 400 soldados de los Estados Unidos muertos en la intervención. Igualmente, anclados a la conciencia de los agresores, están los casi medio millón de iraquíes víctimas fatales de la contienda. La injerencia armada pasó a los anales de la historia como la más costosa: unos 712 000 millones de dólares, por lo que para muchos estadounidenses no valió la pena participar en una guerra que produjo un altísimo costo en vidas humanas y recursos financieros.

Sin embargo, la dominación militar en Iraq continuó de forma distinta y por vías diferentes, las cuales podrían dividirse en cuatro categorías principales: el uso de la Embajada, los consulados y de contratistas de seguridad privados; de instructores militares; la permanencia de la OTAN hasta el año 2013; el control del espacio aéreo mediante la utilización de aviones no tripulados "drones" y de asesinatos selectivos. Pero con independencia de la forma que adopten las relaciones entre los Estados Unidos e Iraq, en el corto, mediano y largo plazo, no cabe la menor duda de que los Estados Unidos permanecerán en Iraq.[93]

En el plano externo, las dificultades y los desafíos se intensificaron para Obama, sobre la cuestión israelo-palestina, pues estuvo obligado a confrontar la victoria de Netanyahu en las elecciones Israelíes del año 2009, mientras que esperaba el triunfo de Tzipi Livni; así como la reelección de Ahmadinejad en Irán. Estas dos contrariedades probablemente jugaron de conjunto un factor inhibidor de las transformaciones deseadas por Obama.

La Casa Blanca asumió una posición contradictoria ante la ola de mutaciones en el mundo árabe. Por un lado, apoyó el proceso de democratización en Túnez y, con menor claridad, en Egipto. Del otro, los intereses estratégicos en el Golfo Pérsico impidieron el cuestionamiento de las petromonarquías sunitas autoritarias. Además del apoyo incondicional a la política de Israel, otros desafíos fueron las negociaciones secretas, en medio de la guerra en Afganistán, con los talibanes, las relaciones con la India y Paquistán, ambos estados poseedores de armas nucleares. En el caso de la India, se trata de una potencia en ascenso, sobre la cual Washington vio reducidas sus esperanzas de imponer posiciones hegemónicas, siendo este caso otro ejemplo de la relativa capacidad del unipolarismo estadounidense.

Respecto a Rusia, Obama desarrolló contactos con Medvedev y Putin, pero de esas reuniones no salió un resultado que pudiera resolver las contradicciones en las relaciones bilaterales. Ambos países firmaron un pacto de cooperación que permitió a los Estados Unidos el uso del territorio ruso para la distribución de equipamiento militar para combatir al Talibán en Afganistán. Al mismo tiempo firmaron, el 8 de abril del 2010, un nuevo tratado de seguimiento del acuerdo START. El acuerdo START-II, que había expirado en diciembre del 2009, tuvo como sustituto un documento que garantizó la intención de reducir el arsenal nuclear de ambos países, lo que le valió para obtener el inmerecido Premio Nobel de la Paz.

El START-III permitió, a cada una de las

partes, conservar 1 550 ojivas nucleares desplegadas, o sea una cantidad apenas inferior (en alrededor de un 10 por ciento) a las que están desplegadas actualmente, mientras que la cantidad de vectores se mantuvo prácticamente intacta: 800 para cada uno, con 700 de ellos listos para su uso en cualquier momento. El acuerdo no limitó la cantidad de ojivas nucleares operacionales en los arsenales. El límite que estableció solamente afectó la cantidad de "ojivas nucleares desplegadas", o sea, las que están listas para su lanzamiento, instaladas en vectores estratégicos de un alcance superior a los 5 500 kilómetros, como misiles balísticos intercontinentales desplegados en tierra, misiles balísticos instalados en submarinos o a bordo de grandes bombarderos, lo que representa un potencial destructivo capaz de barrer de la faz de la Tierra la vida humana y prácticamente toda otra forma de existencia.[94]

El nuevo tratado tampoco estableció límite efectivo para el aumento cualitativo de las fuerzas nucleares. En los Estados Unidos, los responsables de los laboratorios nucleares hicieron saber al Congreso que el programa federal destinado a "la extensión de la vida del arsenal nuclear" no era suficiente para garantizar la fiabilidad en los próximos años. Por esa vía ejercieron presión a favor de la creación de una "costosa nueva generación de ojivas nucleares".

Al mismo tiempo, se puso en marcha el desarrollo de nuevos vectores, como el "misil global hipersónico" de la empresa Boeing, que podría alcanzar su estado operacional en menos de tres años, y representaría, para el Pentágono, la posibilidad de golpear, en una hora, un objetivo en cualquier lugar del mundo. También quedó fuera del START-III la cuestión de las armas nucleares "tácticas", que los Estados Unidos mantienen en cinco países "no nucleares" miembros de la OTAN (Bélgica, Alemania, Italia, Holanda y Turquía), lo cual constituye una violación del Tratado de No Proliferación Nuclear.

El nuevo START tampoco estableció límites para la instalación del sistema de "defensa" antimisiles de los Estados Unidos a las puertas mismas del territorio ruso. Este es un sistema que no es en realidad de carácter defensivo, sino de ataque, ya que su instalación pondría a los Estados Unidos en condiciones de poder ordenar un primer golpe al contar con la supuesta capacidad del "escudo" para neutralizar la posterior represalia. De hecho, el START reconoció la existencia de un vínculo entre los llamados armamentos defensivos y los ofensivos.

El despliegue de la "defensa" antimisil de los Estados Unidos en Europa del Este, afectó los intereses de seguridad de Rusia, y las relaciones entre ésta y Europa. Obama, como las administraciones anteriores, justificó el despliegue de la "defensa" antimisil con los cohetes que podrían ser lanzados por Irán, que no posee armas nucleares, además de mantener el criterio de que una "defensa" antimisil contra Irán y Corea del Norte, situada en Polonia y la República Checa, no estaría enfilada contra Rusia, y no afectaría el poderío nuclear ruso.

El más claro testimonio de las profundas discrepancias entre Moscú y Washington, en relación con la "defensa" antimisil, lo constituyó la Declaración de la Federación de Rusia, publicada el 8 de abril del 2010, en ocasión del ceremonial de firma del nuevo Tratado START, y que dijo textualmente:

"El Tratado entre la Federación de Rusia y los Estados Unidos (…) podrá regir y ser válido solamente en condiciones en que no exista un incremento cualitativo y cuantitativo de las posibilidades de los sistemas de defensa antimisil de los Estados Unidos. Por consiguiente, las circunstancias extraordinarias mencionadas en el artículo XIV del Tratado incluyen también tal incremento de las posibilidades de los sistemas de defensa antimisil de los Estados Unidos, con el cual surja una amenaza al potencial de las fuerzas estratégicas nucleares de la Federación de Rusia".[95]

De lo anterior, se dedujo que ni el Kremlin logró disuadir a la Casa Blanca de sus planes de "defensa" antimisil, ni ésta logró convencer a aquél de que dichos planes no representan amenaza alguna para la seguridad del país euroasiático.

En el anuncio que hiciera Obama, el 17 de septiembre del 2009, referido a la eliminación de los componentes del sistema antimisil estacionado cerca de la frontera rusa en la República Checa y en Polonia, quedó demostrado su carácter engañoso. Poco después de la proclama de Obama, el Pentágono lanzó dos satélites experimentales relacionados con la "defensa" antimisil al espacio, desde Cape Canaveral, en la Florida. Pero lo que realmente anunció Obama no fue la eliminación del sistema antimisil, sino de una "defensa" más amplia y efectiva que, según los nuevos planes, incluirían despliegues navales a bordo de barcos equipados con el sistema Aegis. En realidad, el despliegue del sistema antimisil se expandió por Europa y más allá: desde Turquía y el Mediterráneo al Mar Báltico.

La respuesta de un funcionario polaco a la revisión de planes de Obama solo dio cuerpo a los temores de Rusia. "Nunca estuvimos realmente amenazados por un ataque de misiles de largo alcance desde Irán.[96] ¿Era, por tanto, la seguridad de Polonia, entre otros, contra la amenaza de un misil iraní el verdadero motivo para el sistema antimisil? Rusia dijo que no. Para Moscú estuvo claro que las motivaciones de la política de despliegue de "defensas" globales de misiles no radicaron en la supuesta amenaza iraní o norcoreana, sino en el programa de los "neoconservadores" de la administración de George W. Bush, quienes desearon crear una base segura para predominio del poder de los Estados Unidos en el sistema internacional.

El problema del escaso margen de maniobra de Obama también pudo encontrarse en que los sectores favorables a sus propuestas iníciales constituyeron una mezcla de masas apolitizadas, de liberales y centroconservadores desarticulados, guiadas solo por la simpatía y las expectativas que despertó el presidente, quienes no pudieron constituirse en una fuerza capaz de apoyar su programa de campaña. Este aspecto se observó en la política interna y tuvo su expresión más evidente en la ausencia de control de Obama sobre la política exterior del país. Situación, esta última, determinada por el accionar de un grupo de funcionarios de la propia administración, liderados por la Secretaria de Estado, Hillary Clinton.[97]

Fue la derecha aliada a los Clinton la que dirigió la política exterior de los Estados Unidos y no Obama. Es una derecha que, insertada en la propia administración, se interrelacionó con los sectores "neoconservadores" ligados al gobierno de George W. Bush, sobre todo del Congreso. A eso se debió que la política exterior ejecutada por Obama estuviera desconectada de las proyecciones definidas por él, en sus primeros discursos oficiales, como el "cambio".

Obama gobernó desde el "centro", con la aplicación de acciones típicas de los "neoconservadores", y en no pocas ocasiones se observó a la defensiva frente a los sectores más retrógrados del poder estadounidense. Obama fue el resultado de la situación política al interior del establishment norteamericano, de la correlación de fuerzas en el Partido Demócrata y de la evolución general del paisaje socio-económico de su país.

El presidente Obama creó un espejismo alrededor de su figura carismática, su oratoria inteligente y sus supuestas buenas intenciones, pero quedó agarrado en la maquinaria imperial y sin capacidad real para contrarrestarla o colocar mesura en las acciones de los Estados Unidos en el escenario internacional. El llamado Club Bilderberg,[98] integrado por multimillonarios e influyentes políticos que se reúnen anualmente en secreto para decidir los destinos del mundo, ejercieron una notable influencia sobre la administración, con el fin de fragmentar a Rusia, como potencia militar, y el liderazgo de China, como potencia económica mundial.

La agresividad de los suprapoderes incluyeron todas las opciones al peor estilo de la época de la confrontación político-militar de la "guerra fría", pues también se pensó en la guerra nuclear para asegurar exclusivamente la supervivencia de su especie, una auténtica minoría representada en el Club Bilderberg, al riesgo de conducir a la humanidad al invierno nuclear.

Por otra parte, Obama, no solamente fue un presidente canijo en encontrar soluciones a la crisis nacional, sino que, además, perdió credibilidad ante la opinión pública y, en particular, la tradicional clase media con respecto a sus iniciativas. La inestabilidad política, producto de la descomposición económica, se agravó con las promesas fallidas de Obama y su Partido, que fueron incapaces de cumplir con la propuesta de plataforma política de renovación y reforma, lo cual desilusionó a los amplios sectores del pueblo norteamericano. Las tradicionales lealtades políticas no funcionaron cuando la recesión afectó las condiciones de vida de la clase media, y el equilibrio se hizo más inestable entre los grupos de poder, demostrando la falta de liderazgo real del presidente Obama, para generar un cambio en las políticas de los Estados Unidos.

Al cierre del año 2011, lo fundamental para Obama se halló en poder constituir una efectiva y comprometida coalición de todas las tendencias del establishment demócrata, lo cual no dejó de ser un reto por el descontento en las filas demócratas, entre conservadores, liberales, latinos, afroamericanos y judíos. En general, los estadounidenses sintieron temor ante la paulatina declinación de su país, por los efectos de la pérdida relativa de poderío en el plano económico, financiero, moral y social.

La política exterior, como en otras etapas históricas, no fue la prioridad del electorado. Obama estuvo obligado a implicarse en una compleja batalla política sobre las medidas para reducir el déficit fiscal y la deuda pública de los Estados Unidos. Este fue un tema de suma importancia en las maniobras políticas, porque la dirigencia republicana lo escogió para desarticular la gestión presidencial de Obama, y constituyó la principal arma de la oposición para derrotarlo en sus aspiraciones a la reelección. Si las elecciones en el año 2008 estuvieron marcadas por la burbuja financiera y sus efectos en la sociedad norteamericana, las elecciones de noviembre del

2012 tuvieron lugar en un momento histórico, en el que los Estados Unidos mostró síntomas inequívocos de una enfermedad terminal, pero sin abandonar el militarismo y la conquista del espacio por la vía de unas armas supuestamente defensivas.

En resumen, Obama llegó a la Casa Blanca con la idea de reconfigurar de forma sustancial la política exterior, sin embargo, el balance de sus proyecciones indicaron que, efectivamente, cambió de tono en el discurso imperial, pero en la práctica no pudo ni supo transformar la esencia de las concepciones de la política exterior estadounidense, en la que el despliegue de la "defensa" antimisil jugó un papel central en la interacción con los aliados europeos, en el Medio Oriente y Asia.

Los estrategas siguieron analizando durante un largo período de tiempo la viabilidad y efectividad del plan de "defensa" antimisil, en consultas con sus aliados de la Unión Europea y Rusia; pero lo último resultó ser que el poder norteamericano insistió en el despliegue de su iniciativa global y la instalación de un sistema antimisil en Europa.

2.12. EL VOTO HISPANO EN LOS ESTADOS UNIDOS Y EL BLOQUEO CONTRA CUBA.

En ningún otro momento de la historia de la nación estadounidense el denominado voto hispano influyó tanto en la reelección de un presidente, beneficiando, en la ya histórica jornada electoral del 6 de noviembre de 2012, y por cuatro años en adelante, al presidente de los Estados Unidos, Barack Obama.

El hecho de que el voto hispano haya sido uno de los factores principales para garantizar el segundo mandato de Obama, por el amplio resultado de un 75 %, que optó por la reelección del presidente, frente al 23 % que respaldó al candidato republicano Mitt Romney, evidenció un contundente llamado de atención de la población latina hacia la dirigencia demócrata alojada en la Casa Blanca, pues al menos 12 millones de latinos ejercieron el voto, lo que significa un acontecimiento sin precedentes en los registros históricos de una elección presidencial estadounidense. [99]

La trascendencia del voto latino en esta elección pudiera constituir un nuevo compromiso moral y un sólido incentivo político para que, en su último periodo en la Oficina Oval, Obama despliegue una reforma migratoria que mejore la situación de los hispanos residentes en los Estados Unidos. Esta ilusión permanece en las mentes de millones de personas, como una de las promesas incumplidas durante el primer mandato de Obama. A partir de ahora, sobre este espinoso tema, para la clase política estadounidense, Obama volverá a tener una segunda oportunidad.

Por otra parte, entre la amplia gama de intereses de los latinos, no podría subestimarse el bloqueo económico, comercial y financiero impuesto por los Estados Unidos contra Cuba, hace ya más de 53 años, el cual puede ser considerado un verdadero rezago de la "guerra fría" y paraliza a la política exterior estadounidense en el peor espíritu de la confrontación política, ideológica y diplomática de aquel periodo de máxima tensión en la política internacional.

Por eso, algunos plantean que, como reconocimiento al apoyo recibido de los latinos emigrados a los Estados Unidos, Obama debiera examinar la posibilidad de suspender – más temprano que tarde - el vetusto bloqueo contra Cuba.

Al sur del continente, una de las más preclaras voces ha sido la del presidente boliviano, Evo Morales, quien, refiriéndose a Obama, expresó: "Gracias a los latinos es presidente reelecto. Por lo menos yo diría (Evo) que levante o acabe con el bloqueo a Cuba. Es lo mejor que puede hacer si reconoce al voto de los latinoamericanos en Estados Unidos". Por lo que aquí radica uno de los desafíos morales de Obama ante su electorado latino, incluyendo, además, al vasto segmento que le dio un decisivo espaldarazo en el disputado estado de la Florida, donde radica la más amplia y diversa comunidad de origen cubano en esa nación, cuya mayoría se opone a las injustas sanciones económicas contra la Isla, porque perjudican, en primer lugar, a sus familiares del otro lado del estrecho.

El líder boliviano no ha hecho más que recordar el reclamo de la gran mayoría de las naciones reunidas en la Asamblea General de la ONU, y en varios escenarios multilaterales, sobre la necesidad de poner fin a la guerra económica, financiera y comercial contra Cuba.

Las señales que Obama debiera visualizar

Al interior de los Estados Unidos también existen reconocidas instituciones académicas, científicas y personalidades políticas que se oponen franca y abiertamente a la política de bloqueo contra Cuba.

Mencionaré en estas notas algunos ejemplos sobresalientes: el Consejo para Asuntos Hemisféricos (COHA, por sus siglas en inglés), una organización no gubernamental fundada en 1975, para "alentar la formulación de políticas racionales y constructivas de los Estados Unidos hacia América Latina", situada no muy lejos de la Casa Blanca, por encontrarse su sede en Washington, ha reiterado en múltiples ocasiones que el bloqueo contra Cuba es uno de los errores más graves de los sucesivos gobiernos estadounidenses en cuanto a política exterior.

El COHA ha criticado con no menos intensidad la subordinación de la política externa de los Estados Unidos a sectores minoritarios caracterizados por una conducta de extrema derecha y una postura anticubana que no representa a los intereses reales de las mayorías sociales de la Florida. Asimismo, ha valorado de positivas las propuestas del presidente Raúl Castro para entablar un diálogo respetuoso con los Estados Unidos, en condiciones de igualdad mutua.

Para Alexander Frye, investigador asociado del COHA, Washington continua con su apoyo irracional e imprudente a una política que ha demostrado ser un fracaso inequívoco.

Está claro que los Estados Unidos, en términos de prestigio internacional y en oportunidades comerciales, están notoriamente perdiendo posicionamiento ante el irreversible proceso de transformaciones y apertura económica en marcha en la Isla. En este sentido, ¿Cabría esperar un giro hacia una política más novedosa, emprendedora y racional hacia Cuba en el transcurso del segundo mandato de Obama?

Para algunos, eso sería mucho pedir para un establishment bien imbuido en las arcaicas mentalidades de la "guerra fría" y en la concepción del enemigo a destruir. Y situado en el más intacto maniqueísmo de la confrontación ideológica, que no deja el más mínimo resquicio a la cooperación entre los pueblos y los estados.

Pero, sigamos. Otra voz no menos influyente en el partido demócrata llegó todavía más lejos en sus pronunciamientos. Se trata del político Jeff Bingaman, presidente del Comité de Energía y Recursos Naturales del Senado, quien ha afirmado que "es Estados Unidos el que está desfasado en su política exterior hacia Cuba, y que, a su juicio, es hora de restablecer las relaciones diplomáticas con la Isla".

Para Bingaman, "ya es hora de que establezcamos (los estadounidenses) relaciones diplomáticas con Cuba y de poner fin a nuestro embargo (bloqueo), a la venta de bienes y servicios a Cuba, y a comprar productos de Cuba". En su opinión, los líderes norteamericanos "han permitido que la política hacia

Cuba sea dictada por la comunidad cubanoa-
mericana, en vez de que la dicten los intereses nacionales de los Estados Unidos". [100]

Bingaman, que también preside un subco-
mité sobre comercio internacional, al igual
que muchos otros partidarios del levanta-
miento del bloqueo contra Cuba, incluyendo
el expresidente demócrata James Carter, ha
insistido que, en aras del interés nacional, el
gobierno de Washington debe cambiar su política hacia la mayor de las Antillas, reca-
yendo así esta retadora responsabilidad histórica en el recién reelecto a la Casa Blanca,
Barack Obama, su líder y correligionario partidista.

Al margen de las relaciones de poder que
ejerce una superpotencia en el escenario internacional y de sus apetencias geopolíticas
de dominación y control de sus llamadas zonas de influencias periféricas, los Estados
Unidos y Cuba, por su vecindad, problemas
similares y la existencia de familias en ambos
lados, deben cooperar, sabiendo Obama, y el
liderazgo en Washington, que ha sido el pueblo cubano el más perjudicado por las sanciones económicas, comerciales y financieras,
cuyos daños, solo durante el año 2011, ascen-
dieron a más de 3 553 millones de dólares, lo
que representa un incremento del 15 % respecto a los registrados en el 2010.

En el mismo periodo, el monto de las afectaciones por la imposibilidad de utilizar el dólar
estadounidense en las transacciones externas
de Cuba aumentó en más del 57 %, así como
crecieron los perjuicios resultantes de fondos

retenidos, ruptura de contratos y litigios.[101]

Estas son algunas de las señales que Obama debiera visualizar en esta hora crucial para dos naciones colindantes, pero con sus relaciones paralizadas en el tiempo histórico del siglo XX. Un tiempo cuyas características, para ambas partes, sigue presente en el siglo XXI, y que se me antoja conjugar - ¿por qué no?- con el llamado voto hispano o latino y esa arcaica política de bloqueo contra Cuba, que paradójicamente existe en un sistema-mundo que no cesa de transformarse.

Capítulo 3
Otras visiones
de la Política Internacional

3.1. La Revolución en el sistema-mundo del siglo XXI.

En una interesante reflexión titulada "La suerte de Mubarak está echada", Fidel Castro Ruz, el líder de la Revolución cubana, analizó que el mundo se enfrenta simultáneamente, y por primera vez, a tres problemas: crisis climáticas, crisis alimenticias y crisis políticas; pero en otro de sus textos, sobre "La grave crisis alimentaria", se preguntó: ¿Podrá Estados Unidos detener la ola revolucionaria que sacude al Tercer Mundo?

La racionalidad indica que en esas condiciones globales de crisis climáticas, crisis alimenticias y crisis políticas, los Estados Unidos no tendrían muchas posibilidades ni capacidad para resistir o detener una permanente ola revolucionaria que sacuda al Tercer Mundo. Sus poderosas armas nucleares, sus satélites y su poder mediático resultarían impotentes e inservibles frente al fervor revolucionario de los pueblos, independientemente de los colores de sus revoluciones y el contenido de sus reivindicaciones.

En el siglo XXI, a los Estados Unidos le costará trabajo contener el derrumbe de su imperio, causante, en su condición de primera potencia imperialista, de guerras catastróficas para la humanidad y, por supuesto, de las tres problemáticas esenciales enunciadas por Fidel en su reflexión.

Ante el empuje de una situación revolucionaria mundial por la crisis global del capitalismo, la Revolución, y su impacto en la transformación de las relaciones internacionales, cobra vital importancia para los pueblos. Se espera que los nuevos procesos revolucionarios, en el siglo XXI, contribuyan al cambio radical de las relaciones internacionales actuales, todavía bajo el control de un puñado de potencias autoproclamadas la "Comunidad Internacional", para mantener en jaque a los países del Sur, sea mediante el control del capital, del Consejo de Seguridad de la ONU, el poder mediático o militar.

De ahí la importancia de estudiar la Revolución, desde su aspecto teórico- conceptual y su significación para transformar -ahora más que nunca- las relaciones internacionales. El concepto de Revolución ha sido abordado con relativa sistematización por la teoría social y existen diferentes visiones del término, según las diversas interpretaciones ideológicas, clasistas e históricas.

Desde la antigüedad los teóricos de la política estuvieron interesados en los problemas asociados al cambio cíclico de poder, los esfuerzos individuales y colectivos por derrocar un gobierno por medio de la violencia, así como en la comprensión de las justificaciones morales y económicas de la Revolución. Por lo general, le atribuían los sentimientos revolucionarios que aparecían dentro de un estado a una discrepancia entre los deseos del pueblo y su situación perceptible, divergencia ésta que da lugar a un determinado desacuerdo político acerca de las bases sobre las cuales la sociedad debería organizarse y funcionar.

La teoría política contemporánea ha distinguido entre las revoluciones genuinas y otros fenómenos que con frecuencia han sido llamados con el mismo nombre, por ejemplo: el golpe de Estado de carácter militar o apoyados por los militares, la prolongación ilegal del período de gobierno de un líder o mandatario y otros actos de toma del poder relativamente súbitos por pequeños grupos de individuos de alto nivel; diversas formas de revueltas o rebeliones populares, campesinas, urbanas, religiosas y hasta los procesos de desintegración o ruptura política conocidos en sus diversas formas: estatal, regional, colonial, étnica o religiosa. Sin embargo, ninguno de estos fenómenos tiene una necesaria u obligada relación directa con el cambio revolucionario verdadero de la sociedad.

Los enfoques teóricos burgueses de la política internacional analizaron la Revolución, en el siglo XX, como una forma de conflicto violento en las relaciones internacionales. La escuela del Realismo político ha enfatizado que las revoluciones forman parte de la dinámica conflictiva de los estados y de la inevitable lucha por el poder entre los principales protagonistas del escenario internacional.

En la visión evidentemente realista de Mark N. Hagopian, la Revolución es una prolongada crisis en uno o más de los sistemas tradicionales de estratificación (clase, condición social, poder) de una comunidad política, que implica una acción deliberada y dirigida por una elite, para abolir o reconstruir uno o más de dichos sistemas, por medio de una intensificación del poder político y el recurso a la violencia. [102]

En esa misma línea de pensamiento, para Crane Brinton y otros teóricos anteriores a la Segunda Guerra Mundial, las revoluciones tienen lugar cuando la brecha entre el poder político distribuido y el poder social distribuido, dentro de una sociedad, se vuelve intolerable.

En circunstancias de ese tipo, las clases sociales, que están experimentando algunos de los beneficios del progreso, desean desarrollarse de forma más rápida que mediante las posibilidades concedidas por el sistema, sintiéndose, por ello, frustradas, paralizadas. El descontento por el reparto de los resultados económicos, el prestigio social y el poder político se extienden. Los valores tradicionales son abiertamente cuestionados y un nuevo mito social desafía el viejo. Los intelectuales se alienan de la vida política y gradualmente pasan de nuevas críticas a retirar la lealtad al sistema político. Las elites gobernantes empiezan a perder confianza en sí mismas, en sus creencias y en su capacidad para dirigir y resolver los problemas sociales. Las viejas elites devienen demasiado rígidas, para atraer a las elites emergentes en sus filas, y aceleran la polarización.

La Revolución también se produce cuando hay una profunda contradicción entre quienes quieren lograr un cambio rápido y aquellos opuestos al cambio. Según Crane Brinton, el punto de ruptura es alcanzado cuando los instrumentos de control social caen, especialmente el ejército, la policía, estableciendo alianzas con los elementos descontentos o el gobierno en ejercicio demuestra ser inepto para usar esos instrumentos de control social. [103]

Por su parte, los enfoques liberales o institucionalistas de igual forma perciben en las revoluciones hechos de naturaleza violenta que perturban la evolución gradual, ordenada de la sociedad. Estas nociones orientadas por las teorías del funcionalismo tuvieron preeminencia en la obra del sociólogo norteamericano Talcott Parsons, quien enfatizaba en la necesidad del consenso y el equilibrio en la sociedad, observando en el conflicto algo más bien anormal que rompe precisamente con el ordenamiento social. Parsons estaba más interesado en el orden social que en el cambio social, en la estática social que en la dinámica de los procesos, porque, para su escuela, el conflicto genera consecuencias perturbadoras y disfuncionales para la sociedad.

En Europa otra vertiente de esta corriente, que intenta conciliar el estudio del equilibrio y el consenso social con el conflicto, ha tenido marcada influencia a través de la obra de los sociólogos Max Weber, Ralf Dahrendorf y Emile Durkheim. Incluso, con sus reconocidas contribuciones teóricas sobre el comportamiento colectivo, las creencias sociales, el liderazgo político y los procesos de integración, el pensamiento funcionalista no se caracteriza por su carácter revolucionario, sino por sus finalidades pragmáticas en la solución de los problemas inmediatos de la sociedad y en la búsqueda de la preservación del orden social capitalista.

De una forma u otra, la mayoría de los sociólogos influidos por las ideas de Carlos Marx, han considerado que el conflicto puede servir para fines sociales positivos o progresistas. El conflicto violento (revolucionario) ha sido catalogado un medio útil para la resolución de disputas al interior de una sociedad y entre los estados-naciones en el escenario internacional. Así, muchos politólogos de nuestro tiempo aceptan el conflicto en calidad de una categoría explicativa central para el análisis del cambio social, a partir de una teorización completa de la sociedad en sus aspectos de continuidad y cambio, pero reconociendo en los condicionamientos clasistas y económicos la base de toda contradicción social y del conflicto revolucionario mundial.

Esa concepción científica sobre la Revolución social está expuesta en la obra de Marx, Engels y Lenin. Una premisa fundamental del marxismo ha sido que la agudización de las contradicciones del capitalismo crea las condiciones para la Revolución que habrá de derrotarlo y abrir cause a una sociedad más justa y solidaria, atendiendo a la propuesta contenida en "El Manifiesto del Partido Comunista de Marx y Engels".[104]

Mediante el análisis de la situación de las relaciones internacionales de mediados del siglo XIX, Marx y Engels diagnosticaron que la Revolución sería protagonizada por el proletariado de los países industrializados de Europa y, años más tarde, Engels previó cómo la evolución económica y política de Europa Occidental operaba contra la lucha violenta y a favor de la acción parlamentaria de la clase obrera. Posteriormente, Lenin condujo al Partido Bolchevique a romper "el eslabón más débil de la cadena imperialista" con la idea de que sería una contribución a la Revolución mundial que tendría su centro en Alemania, según la lógica del pensamiento de Marx. [105]

Las revoluciones sociales están determinadas por las leyes objetivas del desarrollo social. Ellas tienen su origen en las contradicciones económicas, sociales y políticas internas del sistema capitalista. Lenin estaba convencido de que "las revoluciones no se hacen por encargo, no se pueden hacer coincidir con tal o cual momento, sino que van madurando en el proceso del desarrollo histórico y estallan en un momento condicionado por causas internas y externas". [106]

De esta manera, la interpretación leninista sobre las revoluciones nos indica que, desde el siglo XIX y hasta la actualidad, la filosofía de Marx constituye una teoría general válida para estudiar el movimiento revolucionario de las sociedades mediante el empleo de cierto número de instrumentos específicos, categorías o variables básicas, entre los cuales resulta fundamental el concepto de Modo de Producción y de lucha de clases entre explotados y explotadores. La influencia de Marx trascenderá mucho más allá de los teóricos o historiadores que, hasta el presente, han interpretado el ámbito nacional e internacional inspirados en sus ideas, ya que su obra ofrece una visión metodológica integral y coherente para el análisis de la dinámica de los procesos sociales en la época del modo de producción capitalista.

Curiosamente, el historiador marxista británico Eric Hobsbawm señaló que el mundo capitalista globalizado, que emergió en la década de los noventa del siglo XX, ha resultado en muchas cosas enigmáticamente parecido al que había pronosticado Marx, en 1848, en El Manifiesto Comunista,[107] pero ahora, sin duda, con más complejidad por los conflictos y problemas globales derivados de la interacción de múltiples fenómenos de carácter económico, financiero, militar, tecnológico y transnacional acumulados por el propio sistema capitalista que los engendra sin una perspectiva o posibilidad real de solución.

Por eso, la importancia de acudir a Marx y el justo elogio a su inevitable regreso en la coyuntura internacional actual.[108]

Las condiciones que son fuente del potencial

conflicto humano, es decir los problemas socioeconómicos, los impulsos violentos y agresivos originados de la frustración al medir lo concreto frente al ideal, la retirada y la alienación de las estructuras sociales existentes, más otros factores similares en la época de Marx, están volviéndose más comunes a escala planetaria.

En casi todas las latitudes del sistema mundial, por el influjo expansivo de las tecnologías de la información y las comunicaciones, la brecha entre el cumplimiento esperado de las necesidades y la consumación concreta de las necesidades (aspiraciones o deseos) están ensanchándose entre muchas naciones, pueblos e individuos. Especialmente en el Tercer Mundo: Medio Oriente, Asia, África y América Latina, escenarios regionales en los que el proceso de desarrollo social, económico y político pocas veces es capaz de suministrar satisfacciones al ritmo creciente de las aspiraciones de los pueblos. En su conjunto, en esas regiones geográficas, con dos terceras partes de la población en el subdesarrollo, la pobreza y la marginación, aumenta la desigualdad respecto al Norte desarrollado, así como la posibilidad real de una ola revolucionaria.

En la era de un sistema capitalista globalizado y de avances impresionantes de la revolución científico-tecnológica, los problemas clasistas y económicos sintetizados en el conflicto o contradicción Norte-Sur ocupan un plano sobresaliente en la dinámica de las relaciones internacionales.

El conflicto Norte-Sur es una tendencia que se acentuó después de la desaparición de la confrontación Este-Oeste, que dominó el contexto internacional durante la prolongada "guerra fría". La brecha entre ricos y pobres, o entre el Norte y el Sur, tiende a incrementarse a una velocidad sin precedentes, porque los países capitalistas desarrollados, donde reside poco más del 20 por ciento de la población mundial, se apropian o benefician del 80 por ciento de las riquezas productivas o naturales del planeta. En las últimas décadas del siglo XX, y en la primera del XXI, las políticas económicas neoliberales ahondaron el abismo y el saqueo que aleja a los países subdesarrollados de las potencias centrales del capitalismo mundial.

Conexo con el conflicto Norte-Sur, aparecen graves problemáticas globales: el crecimiento demográfico exponencial, en las regiones tercermundistas, la escases de alimentos, precisamente cuando el planeta entra en una fase crítica por el agotamiento de los recursos naturales no renovables, la crisis ecológica, por el deterioro del medio ambiente, la contaminación de los mares, ríos, la reducción de los bosques, la afectación de la capa de ozono de la atmósfera superior y las evidencias del cambio climático, con el paulatino derretimiento de las grandes masas de hielo concentradas en los casquetes polares de la Tierra, y el consecuente calentamiento global, que amenaza con una terrible catástrofe de imprevisibles consecuencias para la supervivencia de la especie humana.

Esos problemas que aquejan a la humanidad son consecuencia directa de la desenfrenada explotación y barbarie capitalista. La máxima responsabilidad, por ese estado de cosas, recae en los países más desarrollados del sistema capitalista que alcanzaron altos niveles de expansión económica sobre la base de un modelo de vida y una economía altamente consumista y derrochadora.

Ante el panorama desolador del sistema capitalista, en particular de su periferia pobre y subdesarrollada, los científicos sociales vuelven al pensamiento de Marx para adoptar nuevos modelos socioeconómicos que aprovechen más eficientemente los recursos humanos y naturales, contribuyan a conservarlos y renovarlos con políticas sustentables en beneficio del desarrollo económico de toda la humanidad.

En el Norte, bajo la llamada fase tecnotrónica o postindustrial, igualmente amplios sectores populares de los Estados Unidos y la Unión Europea sufren las desigualdades económicas y las injusticias de las sociedades capitalistas divididas en clases sociales antagónicas. En los tiempos de la globalización económica, el proceso de desarrollo capitalista produce efectos perversos y asimétricos en relación con los beneficios que obtienen los pueblos. En los países del Norte y en los del Sur, la ruptura o desconexión con los mecanismos tradicionales de dominación capitalista juega un papel crucial en el crecimiento del potencial de conflicto revolucionario engendrado por las contradicciones entre ricos y pobres o entre una privilegiada minoría y las mayorías sometidas a la dictadura del capital.

La Revolución será inevitable en el sistema-mundo del siglo XXI, pues a través de la historia el conflicto de clase ha sido el motor del cambio social. Las revoluciones constituyen la única vía posible para resolver la contradicción antagónica entre los ricos y pobres al interior de las sociedades, y hacia la transformación verdaderamente democrática, justa y humana de las relaciones internacionales.

Para la búsqueda de ese objetivo, en el marxismo, y las ideas de Lenin, reposa la teoría y estrategia de la Revolución, porque como señalara el Che "en definitiva, hay que tener en cuenta que el imperialismo es un sistema mundial, última etapa del capitalismo, y que hay que batirlo en una gran confrontación mundial. La finalidad estratégica de esta lucha debe ser la destrucción del imperialismo (....) El elemento fundamental de esa finalidad estratégica será, entonces, la liberación real de los pueblos (...)" [109] En el pensamiento de Che sólo mediante la Revolución se puede llegar a un orden social más solidario, a la abolición del capitalismo y a la formación de un "hombre nuevo". [110]

A la luz de los acontecimientos actuales en Venezuela, Bolivia, Ecuador, y otros países de América Latina, e incluso de las revoluciones pacíficas latinoamericanas del siglo XX, podríamos decir que la Revolución, o la toma del poder político por los explotados, no necesariamente entrañan violencia o la guerra revolucionaria. Marx era consciente del papel de la violencia en la historia, pero la estimaba menos importante que las contradicciones inherentes a la vieja sociedad para el logro del último fin de los proletarios y explotados: la derrota del capitalismo.

Marx previó una serie de choques de creciente intensidad entre el proletariado y la burguesía (explotados y explotadores) hasta la erupción de una Revolución que finalmente desembocaría en el derrocamiento de la burguesía y la edificación de una sociedad socialista. Con su propia dinámica y especificidad, en distintas regiones y países del sistema internacional, la colisión inevitable entre clases sociales antagónicas será una variable del cambio y de la emancipación humana en el siglo XXI.

Las Revoluciones y el Sistema de Relaciones Internacionales

Los teóricos marxistas no han ofrecido un estudio amplio y sistemático sobre la repercusión de las revoluciones en el sistema de relaciones internacionales de nuestra época. Algunos politólogos coinciden en que el sistema-mundo moderno ha sido conformado en gran medida por las revoluciones, los conflictos y las guerras.[111]

Los últimos cuatro siglos transcurridos estuvieron marcados por grandes e históricas revoluciones de carácter burgués, socialistas y/o de liberación nacional. Para los teóricos marxistas las revoluciones son las locomotoras de la historia porque aceleran los procesos de desarrollo y progreso humano. Desde el siglo XVII las revoluciones hicieron importantes aportes al desarrollo de la modernidad. Las revoluciones no solo han impulsado las transformaciones políticas y sociales al interior de las naciones, sino también la dinámica misma de las relaciones internacionales.

El sistema internacional de escala planetaria de nuestros días es el resultado de la expansión geográfica y la complejización del sistema de estados que emergió en Europa en el siglo XVII, después de un largo proceso histórico que, iniciado aproximadamente en los siglos XIV y XV, abarcaría varias centurias y convulsionarían ese continente.

En suma, el sistema internacional actual es consecuencia del surgimiento del capitalismo que estableció nuevas estructuras políticas y de la creación de los modernos estados-nacional-territoriales, que concretaron en la práctica las aspiraciones políticas de los intelectuales del Renacimiento y de la burguesía ascendente como clase dominante. Los siglos XVII, XVIII y XIX fueron el escenario de la expansión de este sistema hasta abarcar los cinco continentes.

El triunfante capitalismo europeo, con una tecnología, una ciencia e instituciones políticas más consolidadas, sometieron a su dominación colonial a los territorios "descubiertos" y conquistados por la fuerza de las armas en América, Asia y África.

Las históricas revoluciones que impactaron esos siglos e influyeron en la evolución y conformación de un sistema de relaciones internacionales fueron las siguientes:

En el Siglo XVII: Las Revoluciones holandesa o inglesa.

En el Siglo XVIII: Las Revoluciones norteamericana, francesa, haitiana y su secuela en las revoluciones de Independencia en Latinoamericana, a inicios del siglo XIX.

En el Siglo XIX: Las Revoluciones europeas de 1848[112] y la Comuna de París en 1871.[113]

La expansión del capitalismo creó el mercado mundial y puso en contacto a las regiones más lejanas del planeta sobre la base de la más brutal explotación, saqueo, el genocidio de las poblaciones autóctonas y la imposición de la cultura europea. En este período histórico nuevos estados surgirían en los continentes sometidos con el consentimiento de Europa o por la lucha de los pueblos por su independencia. La inclusión de las repúblicas americanas al sistema internacional europeo, que les extendió su reconocimiento de derecho, constituyó la primera gran expansión del sistema, que hasta entrado el siglo XX mantendría su centro hegemónico en la Europa burguesa dominadora.

A fines del siglo XIX, en pleno desarrollo del capitalismo monopolista en su fase imperialista, dos nuevas potencias, una en América: Estados Unidos, y otra en Asia: Japón, desafiaron a Europa su supremacía internacional.

El sistema internacional a las puertas del siglo XX comienza a devenir global y el centro hegemónico inicia un desplazamiento hacia otros continentes.

Por la trascendencia de las revoluciones que estremecieron al mundo: la de octubre o soviética en 1917, la china en 1949 y la cubana en 1959, entre otras de liberación nacional en el Tercer Mundo, el siglo XX inauguró una nueva era en las relaciones internacionales. El poderoso movimiento anticolonialista y antiimperialista, que se desarrolló particularmente después del año 1945, dio el golpe definitivo al viejo sistema colonial de las metrópolis capitalistas. Ese proceso histórico condujo a la formación de nuevos estados independientes en casi todos los continentes, principalmente en el Tercer Mundo.

Las revoluciones tienen una inmediata influencia más allá de las fronteras nacionales de los estados, introducen saltos históricos y conmociones sociales que determinan o condicionan la política exterior de las naciones, mediante una cinemática de continuidad y cambio que repercute en el ámbito global de las relaciones internacionales y contribuye a la formación del sistema internacional.

Por primera vez, en la historia de las relaciones internacionales, el sistema- mundo alcanzó una dimensión efectivamente global o planetaria. En la actualidad es un sistema integrado por más de 190 estados en interacción, a los que se añade una multiplicidad de entidades transnacionales, no directamente estatales, con una influencia política, en algunos casos, mayor que la política exterior individual de muchos estados.

El sistema internacional continuó básicamente heterogéneo pese al colapso o la renuncia estratégica de la Unión Soviética y el bloque socialista europeo, lo cual determinó el fin de la confrontación Este-Oeste y un cambio coyuntural en la correlación de fuerzas favorable al sistema capitalista, con los Estados Unidos ebrio en su liderazgo unipolar. Esas modificaciones abruptas del mapa geoestratégico mundial colocaron a la formación económico-social capitalista en una supremacía incuestionable durante un determinado período histórico del sistema mundial.

Sin embargo, desde la izquierda, pensamos que el sistema internacional prosigue en una época de tránsito del capitalismo al socialismo porque en él coexisten, en un dilema de cooperación y hostilidad, estados capitalistas, imperialistas, socialistas, desarrollados y subdesarrollados, con regímenes de diversos tipos: reaccionarios y revolucionarios. Debe tenerse en cuenta que la dinámica de la política internacional ya no solo se desarrolla entre los estados, pues la solidaridad internacionalista entre los pueblos, las sociedades y sectores sociales disímiles, que luchan por un mundo mejor y posible, ha comenzado a desbordar los marcos nacionales para convertirse en una fuerza esencial de la transformación revolucionaria de las relaciones internacionales.

Con las crisis múltiples que atraviesa la humanidad: crisis climáticas, crisis alimenticias y crisis políticas, el escenario de la política internacional vislumbra nuevos procesos revolucionarios en lo que Lenin llamó los "eslabones más débiles de la cadena imperialista". Las características singulares de los cambios aportarían elementos cualitativamente nuevos para la construcción de un sistema internacional pluripolar en alternativa a la recomposición multipolar de las relaciones internacionales por iniciativa de los Estados Unidos y la Unión Europea. Estas potencias están interesadas en la consecución de un equilibrio de poder mundial que sirva para perpetuar la dominación de los estados más débiles del sistema y la práctica de una política coordinada hacia la contención o el retroceso del fenómeno revolucionario global.

En ese escenario, las revoluciones en Cuba, Venezuela, Bolivia y Ecuador, representan la concertación de una avanzada del polo de América Latina y el Caribe hacia la construcción de cinco polos de poder plural e ideales que favorezcan un genuino proceso revolucionario y la construcción, por diversos estados, del Socialismo en el siglo XXI, cuando todavía el imperialismo sigue siendo la antesala de la Revolución social, como lo advirtió Lenin en el año 1917; pero ahora en una proporción más globalizada del conflicto Norte-Sur en las relaciones internacionales.

Los más recientes ejemplos de insurrecciones populares, en Túnez y Egipto, lo atestiguan. Y es solamente una avanzada.

3.2 EL LEGADO DE VIETNAM EN POLÍTICA INTERNACIONAL.

La victoria de las fuerzas de liberación en Saigón, el 30 de abril de 1975, se produjo en un momento histórico caracterizado por la incapacidad de los Estados Unidos de mantener su política agresiva de "guerra fría", y para imponer un sistema internacional controlado por la supremacía estratégica-militar norteamericana.

Con la derrota de los Estados Unidos en Vietnam, el nuevo giro de la situación política internacional significó un duro revés para la política exterior de "vietnamización", genocidio y terrorismo de Estado de la administración Nixon, como parte de la estrategia global norteamericana de la "Contención del Comunismo" dirigida a obtener el retroceso del proceso revolucionario mundial, que tomó auge después de 1945 con la expansión del socialismo en Europa, Asia y América Latina, con la Revolución cubana y la prolongación del movimiento de liberación en las áreas coloniales del Tercer Mundo.

Sin duda, la batalla de Saigón se libró en una época revolucionaria en las relaciones internacionales. Su trascendencia militar y política puso en crisis el gran diseño estratégico y hegemónico norteamericano en el marco de la confrontación Este-Oeste, pues ya el escenario político mundial estaba influido por la culminación del proceso de descolonización en la década de los años sesenta, la entrada del Movimiento de Liberación Nacional en una nueva fase de consolidación de la independencia de los estados y la reestructuración de las relaciones internacionales sobre bases más justas, por la acción solidaria e internacionalista de la URSS y el sistema socialista europeo.

El imperialismo retrocedió en los años posteriores, mientras el movimiento de las masas revolucionarias avanzaba en todos los continentes del planeta. Los Estados Unidos culminó su guerra de agresión contra Vietnam en una posición de derrota. El poder político norteamericano estaba sumergido en una honda crisis moral, económica y militar que lo condujo a aceptar el proceso de distensión internacional resultante de los triunfos de las fuerzas progresistas y revolucionarias profundamente estimulados por la victoria vietnamita y el cambio indudable en la correlación internacional de fuerzas, que representó el logro por la URSS de la paridad estratégica-militar general con los Estados Unidos. Este proceso se materializó en la segunda mitad de la década de los años sesenta y principio de los setenta del siglo XX.

Desde ese momento, la URSS, en términos militares, equilibró el poderío norteamericano y devino una efectiva potencia militar global por el alcance de su fuerza naval y aérea. La paridad estratégica y militar de la URSS, anuló, en el terreno militar, la aspiración norteamericana a la supremacía absoluta en las relaciones internacionales de la época. En fin, la derrota norteamericana en

Saigón, fue el reflejo de la nueva correlación de fuerzas en el escenario internacional basada en la bipolaridad soviético-norteamericana. La presencia de otra potencia mundial, como un hecho objetivo y estructural del sistema internacional, impuso la necesidad del diálogo y la cooperación.

Como resultado, en 1975, se celebró en Helsinki, Finlandia, uno de los símbolos de la distensión: la Conferencia de Seguridad y Cooperación en Europa. El Acta de Helsinki constituyó el reconocimiento de las fronteras y el estrechamiento de la cooperación económica y política en el ámbito europeo. Las pretensiones norteamericanas de diseñar, sin obstáculos, un esquema de dominación global liderado por los Estados Unidos, recibieron un rotundo fracaso. Dada la capacidad de exterminio del moderno armamento estratégico nuclear, los Estados Unidos estuvieron obligados a reconocer el poderío soviético y negoció con la URSS un acuerdo para el control y la limitación de sus respectivas armas nucleares estratégicas (SALT, por sus siglas en inglés).

En el contexto de la victoria del pueblo vietnamita, se observó una tendencia hacia la globalización y la "multipolarización" de las relaciones económicas y políticas internacionales, con el fortalecimiento de otros actores internacionales: Comunidad Económica Europea, Japón y la influencia regional que adquiría China por su nuevo potencial atómico. Con una perspectiva conservadora, la diplomacia norteamericana percibió la emergente multipolaridad como un sistema de balance de poderes inspirado en la diplomacia clásica europea de los siglos XVIII y XIX, que permitiría disminuir la confrontación con la URSS, frenar la pujanza de las fuerzas progresistas y limitar la creciente rivalidad económica con sus aliados: Europa y Japón. Resultaba indiscutible que los Estados Unidos habían perdido capacidad para actuar en todas partes, globalmente, y buscaba repartir con otros polos de poder capitalista la carga de la lucha contra el avance de la revolución mundial.

Desde el ángulo económico, se acentuaba la crisis del sistema capitalista con la quiebra del Sistema Monetario Internacional basado en el dólar, el desempleo creciente en los países capitalistas industrializados, el alza de los precios del petróleo y sus consecuencias para el conjunto de las economías desarrolladas. Todos estos hechos fueron los síntomas de una profunda crisis estructural del sistema capitalista, la mayor desde la crisis de los años 1929 y 1933, que amenazó, en su conjunto, a la estabilidad interna del sistema capitalista. Relacionado con todo ese proceso de carácter socioeconómico, emergieron peligrosas amenazas globales: la pobreza, el hambre en vastas zonas del Tercer Mundo, el agotamiento de los recursos energéticos, el inicio de la proliferación nuclear y la posibilidad de una guerra con esas armas de exterminio en masas.

Las genocidas acciones y el descalabro militar, político y diplomático de los Estados Unidos, movilizaron a la opinión pública Internacional. Antes y después de 1975, los Estados Unidos recibió la repulsa universal por la agresión y ocupación de Vietnam del Sur. Al interior de los Estados Unidos, fue quebrado el consenso de la sociedad, y un amplio e influyente movimiento pacifista de signo progresista, integrado por políticos, científicos e intelectuales, protestaron enérgicamente contra la guerra tecnológica y las nefastas secuelas que dejó para el pueblo vietnamita. Era también la época de un amplio movimiento de solidaridad internacional con las causas justas, de la fortaleza del Movimiento de Países No Alineados, en defensa de los verdaderos intereses de los pueblos subdesarrollados y por la creación de un Nuevo Orden Económico Internacional (NOEI).

La derrota de los Estados Unidos en Vietnam, en 1975, creó una dinámica mundial favorable para la expansión del socialismo y de los Movimientos de Liberación Nacional en todos los continentes. El panorama global al finalizar la década de los años setenta del siglo XX devino difícil para los Estados Unidos bajo el permanente "síndrome" de Vietnam en su política exterior, en las estructuras gubernamentales y su sociedad. Pero, aun así, la elite del poder norteamericano nunca renunció a sus intereses hegemónicos e imperialistas, agudizando un nuevo período de tensiones internacionales conocido con el nombre de segunda "guerra fría", por el objetivo de frenar el avance del socialismo y de las fuerzas revolucionarias en todo el planeta.

Sin embargo, en todo el período histórico posterior, hasta la actualidad, los estrategas norteamericanos reconocieron que en Vietnam libraron una "guerra equivocada, en un lugar equivocado, en un momento equivocado y con un enemigo equivocado."[114] Decir que las administraciones norteamericanas pusieron el éxito de una guerra en un sitio equivocado, es decir poco: rara vez en la historia los logros de una potencia imperialista acabaron siendo diametralmente diferentes a los objetivos propuestos.

Cuando nos adentramos en la política internacional del siglo XXI, resulta inobjetable que la victoria vietnamita expandió, en el siglo XX, el ejemplo de sus raíces populares hacia todos los pueblos del mundo y abrió una coyuntura global favorable a la paz y la estabilidad internacional, frente a la frustración hegemónica y militarista de los círculos de poder norteamericanos.

3.3. EL IMPACTO GLOBAL DE LA DESTRUCCIÓN DEL MEDIO AMBIENTE

Las ideas contenidas en este artículo fueron expuestas en un importante encuentro internacional celebrado en La Habana del 13 al 15 de noviembre de 1995, titulado: "El crimen contra la humanidad y sus incidencias sobre la paz en el hemisferio occidental". Este evento internacional estuvo organizado por el Movimiento Cubano por la Paz y la Soberanía de los Pueblos y, desde entonces, conozco que esta temática ha mantenido la atención que merece entre los investigadores de las Ciencias Sociales en Cuba. [115]

La destrucción del Medio Ambiente, a pesar del desarrollo tecnológico y científico alcanzado por la humanidad durante los últimos cuatro siglos civilizatorios, es uno de los crímenes más graves contra la vida y la especie humana en su conjunto.

Es importante reflexionar sobre esta problemática porque de las experiencias adquiridas en el siglo XX, en la búsqueda del mayor desarrollo económico y social, dependerá la paz y la seguridad internacionales, en una época de intensa lucha política y militar entre las potencias por nuevas fuentes de energías, en un contexto de evidente degradación del medio natural, lo que está profundizado por la crisis económica capitalista global, advirtiendo la posibilidad de un fin de la historia humana, entendiendo, por ello, la paulatina extinción de la vida en la Tierra.

Debiéramos preocuparnos, a las puertas del siglo XXI, por el estado en que se encuentra el bello planeta azul donde habitamos. Veamos algunos ejemplos que podrían ilustrar un panorama muy poco optimista para la especie humana:

En el año 2050 habrá el doble de personas que habitaban el planeta en 1980 (4500 millones). Cada 45 años se habrán añadido 4 500 millones de personas a nuestro habitad, en razón de 1 000 por décadas a partir del año 2000. Hoy la humanidad cuenta con más de 7 000 millones de habitantes.

La actual polarización de las riquezas, que

es cada vez mayor, refleja que el 20 % de la población mundial consume el 82,7 % de los recursos globales, mientras que el 60 % solo recibe el 5 % de dichos recursos.

Las tasas de extinción de la biodiversidad son ya de 5 veces las del siglo XIX y XX.

Muchos países perderán la totalidad de sus bosques, la mayor parte de la capa superior de los suelos podría desaparecer totalmente en el transcurso de una generación, y el punto crítico de agotamiento de la capa de ozono se alcanzaría en igual período. Para el año 2000 (se estimó) que solo quedaría la mitad de la superficie actual de los bosques productivos no explotados, mientras que la población mundial habría aumentado en un 50 %.

El 20 % de la población mundial, que habita en los países industrializados considerados avanzados, consume el 80 % de los recursos mundiales. El ciudadano medio norteamericano consume 50 veces más acero, 56 veces más energía, 170 veces más papel periódico, 250 veces más combustible y 300 veces más plástico que el ciudadano medio de la India.

El abismo de desigualdad existente entre el 20 y el 80 % de la población mundial en la distribución de las riquezas y el consumo de recursos naturales, así como el impedimento de que los más pobres alcancen los niveles de consumo de los más ricos, como salida a esta situación.

A fines del siglo XX, un cuarto de millón de personas padecía de cáncer de piel, cataratas e inmunodeficiencias, debido al impacto de los rayos ultravioletas luego de la extensión a diez millones de kilómetros cuadrados del agujero de la capa de ozono en la Antártida.

Millones de ballenas y delfines podrían extinguirse, si continúa su caza indiscriminada y la instalación de industrias salineras en los mares. La población de lobos marinos disminuye de manera alarmante, mientras se degrada el 10 % de los arrecifes coralinos del planeta.

La salinización destruye las tierras fértiles de naciones eminentemente agrícolas y la tala forestal arruina las fuentes de agua potable y las especies animales. Las pequeñas islas del Caribe se enfrentan a la fuga de arena y alertan sobre las consecuencias que, para sus ecosistemas, tendría el crecimiento del nivel del mar.

En algunas megalópolis existen altos niveles de contaminación ambiental. Por ejemplo, en ciudad de México, con sus más de 20 millones de habitantes, las 31 000 industrias allí ubicadas generan 122 000 toneladas de residuos tóxicos diariamente.

Es en las grandes ciudades donde se presentan los más agudos problemas ambientales. El aumento de la población urbana se ha extendido por todo el Sur subdesarrollado, manifestándose unido a la crisis económica crónica que padece la mayor parte de estos países.

La explosión poblacional exponencial en las áreas urbanas provoca no solo complejos problemas ambientales, en el aspecto natural o ecológico, sino también en el plano social, pues crean condiciones apropiadas para el auge de la violencia, que constituye la principal preocupación de muchos ciudadanos en las grandes ciudades. En los próximos años, los efectos causados por la relación población-medio ambiente, tendrá una manifestación más aguda en las naciones del Sur.

El insuficiente abasto de agua es otro de los problemas globales sensibles para la humanidad. Junto a la falta de tierras cultivables, la escasez de agua ocasionará graves problemas económicos y sanitarios a la población mundial. Es conocido que sin una serie de acciones urgentes dirigidas al racionamiento del consumo hídrico, las guerras futuras se realizarán por el agua, además de las que se hacen hoy, y seguirán ocurriendo, por el petróleo y otros recursos naturales escasos.

No se trata de exageraciones fortuitas, pues al menos el 40 % de la población mundial vive sin los servicios de agua potable e higiénica, y más de 80 países tienen problemas de abastecimiento de este recurso vital. Las desigualdades en materia de consumo de agua son notables en nuestro planeta: mientras los ciudadanos de un país industrializado consumen 400 litros al día, para el uso personal, el habitante de un país pobre se debe conformar con 10 litros.

Estos hechos evidencian que el ecosistema que hizo posible el origen y desarrollo humano, en un largo proceso de millones de años de evolución, ha sido brutalmente explotado en un período corto de la historia de nuestra civilización. En los últimos cuatro siglos de industrialización capitalista y como resultado de su irracionalidad, ya hoy no es posible apostar al desarrollo socioeconómico sobre la base de los mismos patrones de conducta y consumo que culturalmente fueron identificados con el concepto de "desarrollo" del capitalismo industrial contemporáneo.

A fines del siglo XX la humanidad asistió al fracaso de los dos sistemas sociales que impulsaron el desarrollo tecnológico e industrial: el capitalismo y el denominado socialismo real. Los países desarrollados de economía de mercado son responsables directos de una parte importante de la degradación de la naturaleza. La contaminación de la atmósfera, las aguas terrestres y los océanos, las enormes cantidades de residuos químicos y nucleares que se incorporan a la atmósfera, van al suelo, al agua, al mar, son parte de la permanente agresión al Medio Ambiente. Las empresas transnacionales, responsables de la explotación y agotamiento de los recursos minerales, forestales y agrícolas, aplican, en numerosos países subdesarrollados, la práctica de trasladar plantas industriales de alto índice de contaminación ambiental, generalmente de tecnología atrasada y siempre sin inversiones complementarias que dispongan de sus residuos tóxicos.

Han sido estas experiencias políticas y económicas del capitalismo, enfiladas a la obtención de ganancias en detrimento del Medio Ambiente, la causa directa de los problemas globales que afectan a todos las naciones, ya sean ricas o pobres.

El "socialismo real" en la URSS y sus aliados de Europa del Este, como una alternativa posible a la sociedad industrial capitalista, dejó de existir, en el siglo XX, sin resolver los viejos problemas heredados del capitalismo. El "socialismo real" también fracasó en el intento de aportar una nueva cultura civilizatoria en la que el desarrollo económico y las tecnologías contribuyeran al mejoramiento industrial y a la preservación de su entorno natural. En buena medida, esta situación tiene sus explicaciones en los problemas de eficiencia del modelo económico de planificación estrictamente centralizado del "socialismo real" y en la negativa de los países capitalistas occidentales de compartir sus tecnologías con el adversario ideológico soviético y sus aliados de la Europa del Este.

Es exactamente la búsqueda creativa e inteligente de un nuevo modelo de desarrollo económico y social, alternativo al capitalismo y el "socialismo real", la tarea más imperiosa e importante que tiene la humanidad en esta etapa difícil de transición hacia otra época histórica empujada por la crisis sistémica y estructural del capitalismo neoliberal.

El agotamiento de los recursos naturales y energéticos, paralelamente al desarrollo tecnológico-industrial de las sociedades capitalistas occidentales, ha hecho cambiar las concepciones que fundamentan el sostenimiento de los modelos económicos del sistema capitalista. El ritmo de contaminación del ecosistema desmiente que la naturaleza tenga la capacidad de absorber y reciclar los desechos y la devastación de la sociedad humana.

Además, el adelanto tecnológico no ha sido utilizado en beneficio de todo el progreso social. Los avances tecnológicos militares fueron puestos al servicio de dos guerras mundiales, al desarrollo y uso de bombas atómicas contra las ciudades japonesas de Hiroshima y Nagasaki, las modernas tecnologías militares de carácter convencional siguen siendo utilizadas en los conflictos regionales desatados por las grandes potencias imperialistas, mientras el arma nuclear perfeccionada es, junto al deterioro del Medio Ambiente, una de las principales amenazas para la supervivencia de la vida en la Tierra.

Estos fenómenos irracionales del capitalismo solo podrían ser resueltos por una nueva y diferente formación económica-social que coloque al ser humano en el centro de la sociedad y del proceso de desarrollo económico, eliminando las causas estructurales de la pobreza, el desempleo y la desintegración social, que provocan la degradación medioambiental. El capitalismo al promover la exportación rápida de recursos naturales, desregular la economía y forzar el traslado de un número creciente de pobres a tierras marginales, con sus prácticas de ajuste económico neoliberal, ha contribuido al proceso acelerado de degradación medioambiental.

La situación actual de degradación medioambiental exige de los gobiernos, de la Sociedad Civil y del sistema de las Naciones Unidas, la concreción de posiciones comunes y la elaboración de proyectos conjuntos, para resolver los problemas ecológicos del planeta en aras de mejorar la vida humana.

A la altura del siglo XXI, podríamos concluir que el reconocimiento y la toma de conciencia tardía sobre estas problemáticas, solo acercaría a la humanidad, con mayor rapidez, hacia una inevitable catástrofe.

3.4. SOMALIA, UN VÉRTICE DEL TRIÁNGULO DE LA MUERTE.

Para un acercamiento al problema de Somalia, hay que estudiar la historia reciente de un país envuelto en un escenario de guerra entre los grupos que lucharon por controlar Mogadiscio, representados por la Unión de las Cortes (Tribunales) Islámicas, surgida en 1996, y la denominada Alianza para la Restauración de la Paz o "Señores de la Guerra". Estos últimos perdieron una contienda que tuvo sus antecedentes inmediatos en las luchas entre múltiples grupos y etnias que, con particular violencia, provocaron la caída del presidente Mohamed Siad Barre, en enero de 1991.

En aquel período lucharon con todas sus fuerzas y medios por el control del poder las facciones del Congreso Unificado de Somalia, dirigidas por el presidente, Alí Mehdi Mohamed, y las del general Mohamed Farah Aidid, quien también agrupó las estructuras tribales y algunas organizaciones somalíes identificadas con su liderazgo. Es necesario recordar que los Estados Unidos apoyaron a Alí Mehdi Mohamed, en detrimento del general

Mohamed Farah Aidid, porque éste último había logrado el dominio de la capital, al costo de su destrucción y la muerte de miles de personas.

Desde aquella época, la intromisión extranjera en el conflicto no ha cesado.

Con los cambios geopolíticos en las relaciones internacionales y la emergencia de la unipolaridad estratégica-militar de los Estados Unidos, inmediatamente después de la desaparición de la Unión Soviética, Somalia significó un punto estratégico en los objetivos globales estadounidenses, ya que con la operación "Tormenta del Desierto", en Iraq, habían obtenido ventajas estratégicas en la franja occidental del Golfo Pérsico y la Península Arábiga, las cuales deseaban consolidar en el contexto de la expansión del proclamado "nuevo orden mundial" de George Bush, una visión de las relaciones internacionales seguida por los presidentes William Clinton y George W. Bush, que terminó en el verdadero desorden mundial heredado por el vilipendiado premio Nobel de la Paz, Barack Obama.

Los estrategas estadounidenses consideran que el control y subordinación de Somalia, permitiría asegurar la salida del petróleo hacia el Océano Indico y, con una presencia militar estable en el país, podrían ejercer una mayor influencia política, diplomática y militar en una región que forma parte del explosivo "arco de crisis", pero donde yacen enormes reservas de petróleo, aún por explorar y explotar, en los desiertos del Ogaden.

Esas motivaciones llevaron a los Estados

Unidos, en 1992, al despliegue de una "intervención humanitaria", que George Bush inició y William Clinton continuó, con el nombre de "Restaurar la esperanza". Esta operación desembarcó los marines estadounidenses en el territorio somalí, recibiendo la rápida embestida de la población, por lo que no pudieron lograr el control total de la situación sobre el terreno. Sin embargo, el peso de los intereses geoeconómicos estimuló que los Estados Unidos manipulara el Consejo de Seguridad de la ONU con "argumentos humanitarios", abriendo paso, en 1995, a una "coalición" integrada por 25 000 soldados de 23 países, que ocuparon el territorio somalí. La presencia extranjera recibió nuevamente el rechazo de diversas organizaciones locales, contrarias a una injerencia militar en su país.

Las acciones contra las tropas de la ONU tuvieron su punto álgido en la emboscada que causó la muerte a 24 soldados paquistaníes. El gobierno de los Estados Unidos culpó al general Aidid con la responsabilidad de todos los ataques sufridos por los militares de la ONU. Para los combatientes somalíes, Aidid representó la lucha por la independencia y los valores nacionales mancillados por un agresor externo. Por esa razón, se entiende que obtuvo el apoyo de amplios sectores somalíes, cuando dirigió exitosas operaciones militares contra las fuerzas intervencionistas conducidas por los Estados Unidos.

La resistencia popular somalí aniquiló una compañía de tropas especiales de los Estados

Unidos, con el saldo de 75 heridos, 18 muertos y un número indeterminado de desaparecidos. Las imágenes de los marines muertos arrastrados por las calles de Mogadiscio recorrieron el mundo, pero las cadenas de televisión occidentales no quisieron mostrar los más de 10 000 somalíes que perecieron, en las mismas calles, por la metralla y la barbarie de los agresores. El gobierno de William Clinton cargó con la responsabilidad histórica del primer fiasco guerrerista, en suelo africano, del invocado "nuevo orden mundial". La administración estadounidense estuvo obligada a la retirada de sus soldados de la tierra invadida, sin que nunca pudieran aceptar aquella rotunda derrota convertida de por vida en el "síndrome somalí", todavía recordado por quienes en la sociedad norteamericana quedaron involucrados directamente en ese conflicto.

A pesar de aquel golpe en territorio somalí, los Estados Unidos persistieron en su interés de dominar a la irredenta Mogadiscio. Sí, a un país desangrado por la guerra, las enfermedades, la pobreza, sin hospitales y escuelas. A todo eso hay que añadir que Somalia es el único país que carece de una autoridad central. Las Cortes Islámicas mantienen el control de alrededor del 60 % del territorio, mientras el Gobierno Federal de Transición (GFT), vigilado por los Estados Unidos, controla solamente una mínima parte de la capital.

Somalia es considerada por las potencias occidentales como un "estado fallido". Esta expresión es utilizada para justificar las políticas económicas neoliberales, la violación de la soberanía de los países del Sur y la aplicación de acciones militares con supuestos fines humanitarios.

La Somalia del Cuerno Africano forma parte del denominado "Triángulo de la Muerte", que está integrado, además, por Etiopía y Kenya. Estos países sufren una severa escasez de alimentos y necesitan de una ayuda internacional urgente. La situación más grave está en Somalia, donde, según la ONU, más de 30 000 niños menores de cinco años murieron y 4 millones de personas necesitan asistencia humanitaria. Este terrorífico panorama es vergonzoso, para el sistema capitalista globalizado, precisamente en una época en que, por diferentes vías, se ven amenazados los derechos de la especie humana a su supervivencia.

Es evidente que de Somalia conocemos poco. En los últimos años solo se nos habla de un país de "piratas modernos" bien armados y con las indumentarias necesarias para apoderarse de embarcaciones y riquezas. Pero, para muchos somalíes, los guardacostas por cuenta propia simbolizan la defensa de las aguas territoriales frente a la pesca ilegal y el vertido de desechos tóxicos: nuclear, uranio, cadmio, plomo y mercurio, en sus aguas territoriales. Sobre los implicados en estos hechos, y el fenómeno de la "piratería", todavía queda mucho por dilucidar, porque, en aguas revueltas, las ganancias van casi siempre al bolsillo de los poderosos pescadores que monitorean al gobierno de transición: una facción favorable a los intereses estratégicos de los Estados Unidos en esa región. La realidad es que las sofisticadas fábricas flotantes de las potencias capitalistas se han apropiado de una de las más ricas zonas de pesca que quedan en el planeta. Los barcos occidentales son ilegales, furtivos, y violan las más elementales leyes internacionales, porque son parte de una creciente iniciativa internacional de pesca delictiva.

El desconocimiento de la situación somalí pudiera explicarse en que sus problemáticas internas quedaron diluidas entre una miríada de acontecimientos que acapararon la atención internacional: la ocupación estadounidense de Iraq y la guerra en Afganistán, que llegaron a convertirse en los principales conflictos de la política mundial, en franca competencia con la permanente agresión de Israel a los territorios palestinos ocupados. Esos sucesos mayores silenciaron las aterradoras circunstancias que atraviesa Somalia, un país en el que más de un millón de personas perdió la vida a causa del conflicto y más del 40 % de la población emigró hacia otros países.

Y si lo descrito fuera poco, en los tiempos de Barack Obama, amparado en pretextos de la lucha antiterrorista, continuó el bombardeo del territorio somalí con aviones -"drones"- no tripulados.

Claro, la indiferencia, ante tanto infortunio,

no es de extrañar por una llamada Comunidad Internacional en la que sus jugadores coinciden con el club selecto de las antiguas potencias coloniales. Tal es así que, en abril del 2012, después de que el denominado Foro de la Política Mundial (GPF, por sus siglas en inglés) presentara un informe sobre la situación somalí, para el primer Ministro británico, David Cameron, "Somalia es un país en caos, violento y sin esperanza, y amenaza los intereses del Reino Unido y de todos. No estamos para imponer soluciones a un país desde lejos".

Tanto Cameron, la Secretaria de Estado estadounidense, Hillary Clinton, y el Secretario General de la ONU, Ban Ki-moon, apoyaron a la nueva administración de Somalia, que entró en acción, en agosto del 2012, bajo la tutela de dichos actores internacionales. Sin embargo, el mencionado informe del GPF indicó que las verdaderas y únicas intenciones de las potencias, en Somalia, están centradas en las reservas que oscilan entre los 5 000 millones y 10 000 millones de barriles de petróleo crudo, representando un valor de 500 millones de dólares, según el precio actual. Además de las reservas de hierro, estaño, uranio, cobre y otros minerales, lo cual es una incitación "justificada" para que las potencias capitalistas aseguren una intendencia que les certifique sus intereses estratégicos de control de los recursos naturales en ese país.

Es indudable que Somalia es un país maniatado por la llamada Comunidad Internacional. Así lo confirman los insistentes ataques con aviones -"drones"- no tripulados; las operaciones militares secretas de los Estados Unidos, Gran Bretaña y Francia, con el completo apoyo del Consejo de Seguridad de la ONU; la misión Atalanta, los mercenarios de Etiopia, Kenia, Burundi y Uganda. Sin embargo, la rebeldía del pueblo somalí no ha podido ser apagada. El movimiento de Jóvenes muyahidines de la Unión de Cortes Islámicas y el grupo armado Al-Shabaab, continúan enfrentados a la intervención extranjera que subyuga al pueblo somalí.

Y lo leído hasta aquí es solo un breve recorrido por la convulsa historia de un vértice del referido "Triángulo de la Muerte": Somalia, un país sufrido, preterido y esquilmado por las potencias capitalistas occidentales.

3.5. LAS "GUERRAS CONTRA EL TERRORISMO" Y EL DEBATE ENTRE LIBERALES Y REALISTAS POLÍTICOS.

Los resultados prácticos de la pretendida lucha antiterrorista desencadenada por la administración de George W. Bush, y continuada por el gobierno de Barack Obama, fueron más que decepcionantes, y provocaron serias afectaciones para el Derecho Internacional Público, el funcionamiento de la ONU, e incluso para la dinámica del sistema de relaciones internacionales.

Este artículo histórico y politológico expone, desde el prisma de las relaciones internacionales, la compleja y polémica problemática del terrorismo, la situación actual de la ONU y la crisis del sistema internacional bajo los efectos del bumerán de la "guerra contra el terrorismo,"[116] desatada por los Estados Unidos al margen de los más elementales principios de la legalidad internacional recogidos en la Carta de las Naciones Unidas.

El antiterrorismo: "nuevo" intervencionismo de los Estados Unidos

Aunque no existe un concepto universalmente reconocido, en un sentido amplio, el terrorismo puede definirse como la táctica de utilizar un acto o una amenaza de violencia contra individuos o grupos determinados con el objetivo de modificar la evolución y los resultados de un proceso político. El terrorismo es cualquier sistema de coacción basado en el miedo, cuyo fin es la intimidación y la creación de un estado de temor que no se corresponde o adecua a las normas humanitarias internacionales.

El terrorismo tiene antecedentes en la historia antigua y moderna de la humanidad. La táctica criminal y el genocidio han sido practicados durante siglos. El terrorismo clásico colocaba su blanco en la eliminación de personalidades individuales, atendiendo a sus responsabilidades políticas y la influencia decisiva que ejercen en el desarrollo de ciertos procesos políticos o históricos. Por su celebridad, es importante citar solamente algunos ejemplos ilustrativos: el asesinato del Emperador romano Julio César, el ataque contra el Zar de Rusia, Alejandro II, en el año 1884. El atentado contra la vida del fundador del estado soviético, Vladimir Ilich Lenin, en el año 1920, y de Karld Liebknecht y Rosa Luxemburgo, líderes del movimiento comunista alemán e internacional, asesinados por soldados derechistas, después de la primera guerra mundial, en enero del año 1919. Igualmente, la primera Ministra de la India, Indira Gandhi, fue asesinada en el año 1984 y, unos años más tarde, su hijo Rajiv Gandhi, quien la sucedió en el cargo, murió víctima de una acción similar.

En la época actual sobresale el caso del líder histórico cubano, Fidel Castro Ruz, sobreviviente a más de 600 planes de asesinatos diseñados y ejecutados por la Agencia Central de Inteligencia (CIA) norteamericana, en connivencia con organizaciones terroristas radicadas en Miami, con el fracasado propósito de destruir a la Revolución y el Socialismo en Cuba.[117] Ese mismo proceder terrorista quedó evidenciado en el fallido intento de golpe de Estado, el 11 de abril del 2002, escenificado por representantes de la oligarquía y sectores militares de Venezuela, en complicidad con la CIA y otras instituciones de los Estados Unidos, contra el presidente Hugo Chávez Frías, quien, en reiteradas ocasiones, ha denunciado públicamente la persistencia de esos preparativos para eliminarlo físicamente.

Otra forma de terror es la que ejercen determinadas organizaciones y gobiernos que luchan contra un poder oficial, afectando a una parte de la población o a todo un pueblo. En la historia de los últimos siglos, se puede encontrar el fenómeno del terrorismo durante la etapa de gobierno jacobino de la Revolución francesa, entre los años 1792 y 1794, el primer ejemplo moderno de la aplicación estatal del terror y, en este caso, por un estado revolucionario.

A fines del siglo XIX, Europa occidental fue escenario de las acciones terroristas organizadas por grupos anarquistas y populistas. Sus líderes defendían la teoría de que las masas del pueblo ruso estaban identificadas con las ideas revolucionarias y un actor terrorista dramático contribuiría a acelerar la lucha contra el viejo régimen zarista. Esta teoría del terrorismo, concebida como una acción espectacular que atraería la atención de los medios de prensa, por la magnitud del hecho violento, también gozó de adeptos en otros países europeos, como España e Italia, y en América Latina. Los anarquistas terroristas tuvieron éxitos en la ejecución de varios asesinatos, pero nunca obtuvieron el poder en ningún país por el carácter repulsivo de sus actos en el ámbito social.

Un caso relevante de asesinato de una personalidad destacada, con apoyo del gobierno, sucedió en Sarajevo, el 28 de junio de 1914, contra el archiduque austríaco Francisco Fernando. El crimen fue ejecutado por un estudiante nacionalista, Gabriel Princip, pero toda la operación fue ordenada por la sección de inteligencia del Ministerio de Guerra de Serbia. Este hecho provocó el enfrentamiento entre el Imperio Austro-Húngaro y Serbia, y solo sirvió de pretexto para el comienzo inmediato de la entonces ya preparada y esperada Primera Guerra Mundial.

A lo largo del tiempo, el fenómeno del terrorismo de Estado[118] ha estado acompañado de la actividad de diversos grupos subestatales o no estatales que tienen incidencia real en la política interna de algunos países e incluso en la política internacional. Las operaciones de estos grupos alcanzaron niveles relevantes en las décadas de los 70´ y los 80´ del siglo XX, y hasta la actualidad, pero disminuyendo notablemente su accionar tras la caída de las dictaduras militares en América Latina. En este contexto, en el análisis de esta problemática, el caso de Cuba constituye una excepción, porque durante más de cuatro décadas tuvo que enfrentarse a todas las formas de agresión: económicas, armadas, psicológicas y biológicas, provenientes de los Estados Unidos. Las autoridades de los Estados Unidos se nieguen a reconocerlo, pero los más disímiles planes engendrados por las sucesivas administraciones de ese país, han sido desenmascarados y denunciados ante la opinión pública internacional por la política exterior cubana.

El terrorismo de Estado contra Cuba tiene sus orígenes o antecedentes con el triunfo de la Revolución cubana, el 1 de enero de 1959, cuando el dictador Fulgencio Batista, junto a sus esbirros y seguidores, encontró protección en la ciudad de Miami, en el estado de la Florida. Allí encontraron refugio terroristas como el policía batistiano Luis Posada Carriles, quien desde muy temprano inició sus actividades criminales al servicio de la contrarrevolución, la CIA y el gobierno estadounidense. Uno de los actos más monstruosos fue el sabotaje al avión de cubana de Aviación, el 6 de octubre de 1976, en Barbados, que causó la muerte de 73 personas, entre pasajeros y la tripulación.

Paradójicamente, aunque George W. Bush, el 26 de agosto del 2003, enfatizó que "cualquier persona, organización o gobierno que apoye, proteja o ampare a terroristas es cómplice en el asesinato de inocentes e igualmente culpable de delitos terroristas", la Casa Blanca no ha querido reconocer o certificar el extenso historial terrorista de Posada Carriles, quien ha sido considerado un "luchador por la libertad y la democracia", a la vieja usanza de la "guerra fría"[119], y no un consumado terrorista internacional.[120]

Por otro lado, en el año 1973, la toma del poder en Chile por el General Augusto Pinochet, mediante un cruento golpe de Estado contra el presidente constitucional Salvador Allende, inició una etapa de terror contra las fuerzas políticas revolucionarias y progresistas del continente. El golpe de Estado de Pinochet costó más de 20 000 vidas al pueblo chileno. Como parte de la política de terror implantada y con el apoyo de los servicios secretos de los Estados Unidos, el destacado canciller chileno Orlando Letelier, fue vilmente asesinado durante su exilio en Washington, D.C; con una bomba en su automóvil. A pesar de no ser una personalidad de la política, en la década de los 80´ del siglo XX, el Arzobispo salvadoreño Oscar Arnulfo Romero murió acribillado a balazos mientras ofrecía una misa en el altar de su iglesia por agentes paramilitares al servicio de la dictadura militar en ese país.[121]

En el transcurso de la segunda mitad del siglo XX, los estados imperialistas llevaron a cabo numerosas acciones terroristas con maquiavélicos fines de dominación y exterminio de pueblos enteros. Entre los más trascendentes, por su impacto mundial, se encuentran las masacres de grupos étnicos, desde los Balcanes hasta el Holocausto judío, los bombardeos contra ciudades durante la Segunda Guerra Mundial: Guernica, Coventry, Rotterdam, Dresden, que culminaron en el genocidio nuclear de Hiroshima y Nagasaki.

Desde entonces, la política de "chantaje nuclear" de los Estados Unidos, dio comienzo a una desmedida carrera con ese tipo de armamento entre las principales potencias del sistema internacional y a la proliferación nuclear en distintas regiones, amenazando con el desencadenamiento de una hecatombe nuclear por la naturaleza agresiva de la política exterior estadounidense, su marcado carácter intervencionista y aventurero, que no excluye el uso de armas nucleares en teatros de operaciones militares ubicados en el Tercer Mundo.

En este sentido, la guerra del Golfo Arábigo Pérsico (1991), la "intervención humanitaria" en Somalia (1992), los indiscriminados bombardeos contra Yugoslavia (1999) y las guerras injustas contra Iraq (2001), Afganistán (2003) y Libia (2011), constituyeron un claro ejemplo del "nuevo" intervencionismo imperialista y de la puesta en práctica de un sangriento terrorismo de Estado bajo la dirección del Complejo Militar-Industrial de los Estados Unidos, cuyo propósito ha sido el control geopolítico de vastos territorios en otros continentes y el apoderamiento de los principales recursos energéticos y minerales para el beneficio de sus transnacionales y de otras potencias capitalistas aliadas al proyecto de dominación global estadounidense.[122]

Las dos primeras guerras del siglo XXI

Las dos primeras guerras del siglo XXI, contra Afganistán[123] e Iraq[124], fueron el resultado de una desproporcionada reacción de la extrema derecha del Partido Republicano -con George W. Bush en la presidencia-, ante los acontecimientos del 11 de septiembre del 2001, y del consenso logrado en una opinión pública estadounidense traumatizada por la envergadura del ataque ejecutado por aviones de líneas comerciales estrellados contra dos rascacielos emblemáticos de Nueva York, provocando su derrumbe y el de otros siete edificios ubicados en sus alrededores. Con este atentado, todavía por esclarecer, se rompió, por primera vez en la historia de los Estados Unidos, el mito de la invulnerabilidad.

Ese efecto psicológico dejó una marca indeleble y aciaga en las percepciones de los estrategas político-militares del establishment estadounidense. De ahí la amenaza que todavía se cierne sobre Irán, Siria, República Democrática de Corea, y muchos otros países que, para George W. Bush y sus continuadores, solo representan "sesenta rincones oscuros del planeta".

Las invasiones contra Afganistán e Iraq constituyeron un fracaso político y un probado desastre de la estrategia militar expansionista norteamericana. Un fracaso político porque los "neoconservadores" creyeron que podían usar la guerra para consolidar un sistema internacional de dominación unipolar. O sea, un típico imperio o gobierno mundial que impediría el ascenso de cualquier potencia actual, en particular China y Rusia, al rango de superpotencia en las relaciones internacionales. El contenido geopolítico de dicha estrategia ha estado centrado en la conquista de las rutas del petróleo y el gas, en la penetración de Washington en Asia Central, para el establecimiento de bases militares en el espacio postsoviético, y cerca de las fronteras territoriales de China, en la región Asia-Pacífico.

Contrariamente a lo deseado, el actuar unilateral de la administración de George W. Bush, a través de ataques preventivos y otras acciones ilegales, se convirtió en la verdadera fuente de inseguridad e inestabilidad internacional después de la desaparición de la

Unión Soviética. En sus pretensiones de liderazgo mundial, el terrorismo fue el artilugio utilizado por la elite de poder norteamericana para justificar su política intervencionista en los países del Sur, aumentar los gastos militares y sostener un paranoico militarismo. Sin embargo, ante la opinión pública interna y mundial, los argumentos doctrinarios de la política exterior estadounidense estuvieron muy cuestionados y criticados, ya que los hipotéticos vínculos entre el régimen de Saddam Hussein, en Iraq, y los Talibanes, en Afganistán, con los autores de los atentados del 11 de septiembre, de ninguna manera pudieron ser corroborados por los estrategas del Imperio.

Un laberinto de mentiras de la Casa Blanca justificó los alegados nexos entre Iraq y Osama Bin Laden, los cuales sirvieron, junto con las inexistentes armas de destrucción masiva, de excusa para desencadenar la guerra contra el país árabe. Por ejemplo, en abril del 2007, el diario The Washington Post reveló que, en realidad, no existió cooperación entre la red "Al-Qaeda" y el asesinado líder iraquí, según afirmaba categóricamente el gobierno estadounidense en los días previos al estallido del conflicto, pues los testimonios de Hussein y sus asesores encausados, así como los archivos confiscados por las tropas del Pentágono, no arrojaron evidencias concretas sobre las falsas imputaciones de George W. Bush.[125]

Es una realidad que la "lucha antiterrorista" no despertó simpatías en los amplios sectores sociales de los Estados Unidos, pues se aprobaron leyes que violan flagrantemente los más elementales derechos humanos. La lista de violaciones es extensa, pero, entre ellas, prevaleció la llamada Acta Patriótica, que reduce las libertades fundamentales de los ciudadanos, el campo de concentración en la Base Naval de Guantánamo, el establecimiento de cárceles secretas en Europa y el secuestro de sospechosos.

Para James Carter "de mayor preocupación es el hecho de que los Estados Unidos repudiaron los acuerdos de Ginebra y abrazaron el uso de la tortura en Iraq, Afganistán y la Bahía de Guantánamo. Resulta molesto ver cómo el presidente y el vicepresidente insisten en que la CIA debería tener libertad para perpetrar un "trato o castigo cruel, inhumano o degradante" contra personas que se encuentran bajo custodia de los Estados Unidos".[126] Reconocidos académicos norteamericanos afirman que "los años en que los Estados Unidos aparecía como la esperanza del mundo parecen ahora muy distantes. Hoy, Washington se ve impotente a causa de su reputación de recurrir a la fuerza militar de manera irreflexiva, y pasará mucho tiempo para que eso se olvide. La opinión pública mundial ve ahora a los Estados Unidos como un país ajeno, que invoca el Derecho Internacional Público cuando le conviene y lo desprecia cuando no le conviene, que utiliza las instituciones internacionales cuando obran en su ventaja y las desdeña cuando ponen obstáculos a sus designios".[127]

El accionar internacional de George W. Bush emuló con la represión de la Alemania fascista, por su carga racista, antiárabe y represiva. Por todas esas razones, para la mayoría de los estadounidenses, la invasión y ocupación de Iraq y Afganistán fue un error que llevará al fracaso de la nación en política exterior. La guerra no logró dominar a "Al-Qaeda", ni mucho menos destruir, en un primer momento, a Osama Bin Laden, quien fue sorprendido y asesinado, varios años después, en Paquistán, por un comando de las tropas especiales estadounidenses, bajo las órdenes de la administración de Barack Obama, en su continuación de la "lucha contra el terror".

La "política antiterrorista" de George W. Bush multiplicó el terrorismo, lejos de erradicarlo, de un fenómeno residual y disminuido en los últimos años del siglo XX, es hoy un problema objetivo en varias regiones del planeta. A juzgar por un informe publicado anualmente por el Departamento de Estado de los Estados Unidos sobre el terrorismo mundial, en el año 2005 se produjeron unos 11 000 ataques terroristas en todo el mundo. Si se considera que en el 2004 fueron registrados 651 atentados terroristas "significativos", con el resultado de 1 907 víctimas mortales, el informe del año 2006 multiplicó por veintitrés el número de ataques terroristas y por ocho el número de víctimas, cifras que por sí solas reflejan la efectividad de dicha política.[128]

En los comienzos del siglo XXI, los hechos y

datos corroboran que el terrorismo devino un fenómeno de naturaleza transnacional por su incidencia en los procesos y la dinámica de las relaciones internacionales. En el complejo escenario internacional podemos identificar, además del terrorismo de Estado, cuatro formas fundamentales de terrorismo: el terrorismo ideológico-político, practicado por organizaciones no estatales con una ideología política de derecha definida. Por ejemplo, grupos neofascistas o de izquierda, que incluye a radicales socialistas o nacionalistas extremos. El terrorismo etno-político, en el que los intereses políticos se entrelazan con las rivalidades y los odios etno-nacionales, causando terror y el exterminio a determinados grupos humanos. Algunos países de África Subsahariana y los Balcanes, vivieron el drama humano de este tipo de terrorismo, también denominado "limpieza étnica", para encubrir sus reales esencias.

El terrorismo religioso-fundamentalista[129] persigue la imposición, mediante la violencia y el pánico, de una religión o someter a toda la sociedad a determinados postulados religiosos. El fundamentalismo es un fenómeno religioso que se opone a los cambios sociales y culturales. En el Islam, se diferencia del conservadurismo o tradicionalismo en su enfoque radical de restauración de un antiguo orden supuestamente abandonado. El fundamentalismo es combativo, pero se diferencia de los movimientos revolucionarios porque no plantea la instauración de una futura socie-

dad ideal, sino al regreso a la antigua sociedad religiosa del tiempo de Mahoma para el
Islam[130]. En los últimos años ha sido muy publicitado, dentro de esta peculiaridad de terrorismo, el movimiento talibán en Afganistán.

Las manifestaciones del fundamentalismo
son también visibles en otras religiones y en
el movimiento evangélico de la derecha cris-
tiana de los Estados Unidos. En ese país, según Aurelio Alonso Tejeda, especialista cubano de reconocido prestigio en el tema, "el
fundamentalismo, en configuraciones religiosas más difusas y a veces de cuestionable legitimidad, ha conducido también al terror. La
modalidad conocida como "sectas de destrucción" se dio a conocer en el año 1977, cuando
una congregación del Templo Solar, liderada
por su pastor, protagonizó un suicidio colectivo de casi mil miembros en un campamento
de la selva guyanesa". [131]

Algo similar ocurrió el 19 de abril de 1993
en Waco, Texas, inducido por David Koresh,
quien se consideraba así mismo y se presen-
taba ante sus seguidores como el Mesías, y
había construido un sistema totalitario con
un vasto control sobre la conducta y psicolo-
gía de sus seguidores.[132] "Suicidio ritual, ho-
micidio ritual, sexo ritual, drogadicción ritual
y terrorismo ritual, son rasgos de algunas de-
nominaciones que van dejando una estela de
sangre y devastación paralela a la de otros
fundamentalismos en el mundo de hoy".[133] En
la India, por ejemplo, es conocido el terrorismo hinduista contra los musulmanes, y en

otras regiones, de igual forma, se produce la confrontación etno-nacional combinada con los extremismos religiosos, para generar acciones terroristas de diversas características.

Retomando las dos primeras guerras del siglo XXI, Iraq fue muy sangriento para los efectivos norteamericanos, pero George W. Bush, enfrentado a esa realidad y a la oposición bélica creciente en ambas cámaras del Congreso, en los medios de prensa y entre la ciudadanía, insistió en su orientación militarista, amenazando al poder legislativo de vetar cualquier propuesta de ley que estableciera la retirada de las tropas el 31 de marzo del 2008. Esta posición de la administración mostró las serias dificultades para el reclutamiento de más efectivos militares y que el ejército no estaba listo para salir de Iraq, antes o en la fecha señalada por la oposición demócrata en el legislativo.

En Afganistán, la OTAN, "sustituta" de los Estados Unidos en ese teatro de operaciones militares, no pudo frenar las acciones de los grupos talibanes que mantuvieron una tenaz resistencia a la ocupación, más allá de la sitiada Kabul, por las tropas de la coalición ocupante. Para infligirle una definitiva derrota a la resistencia talibán y asumir el control total de la situación afgana, la OTAN hubiera necesitado más soldados y material militar, lo cual dejó de ser una prioridad para los Estados Unidos, porque sus tropas se empantanaron en el territorio iraquí, y la clase política intentó poner límites a los altos costos económicos, humanos y militares que el sobredimensionamiento de esas guerras causaron a la superpotencia.

La administración del demócrata Barack Obama, poco antes de concluir el año 2011, formalizó la retirada oficial de las tropas de combate estadounidenses de Iraq, pero lo cierto es que los Estados Unidos conservará un papel protagónico en la región, donde dejó instalaciones de avanzada y multiplicó su personal contratado en una práctica de autorelevo con un ejército mercenario. Así Barack Obama simuló haber cumplido una promesa electoral que dijo prioritaria al inicio de su mandato, demostrando que su política exterior es una continuidad de las concepciones de la administración de George W. Bush, las cuales son dictadas por el gobierno permanente que controla el poder político por mediación del Complejo Militar-Industrial y los grupos de presión que impiden una real reorientación de la política exterior de los Estados Unidos.

En Afganistán e Iraq, la ocupación norteamericana fomentó la corrupción y las pugnas internas que dificultan la estabilidad de esos países. El llamado proceso de reconstrucción sirvió para aumentar las ganancias de los consorcios que se apoderaron de las riquezas naturales y energéticas de esos países. Con el asesinato de Osama Bin Laden, los Estados Unidos liquidó uno de sus pretextos para continuar sus guerras contra Afganistán e Iraq, las cuales provocaron el enrarecimiento de las relaciones con Paquistán, al punto de que la nación asiática se encuentra en un proceso de revisión de toda su política exterior hacia Washington.

Lo cierto es que en el curso de su historia, "los Estados Unidos ha tenido como prioridad de política exterior obtener legitimidad internacional. Sin embargo, con el lanzamiento de la guerra contra Iraq, hicieron añicos el respeto y la credibilidad tan arduamente ganados. Al ir a la guerra sin una base legal o el respaldo de los aliados tradicionales de la nación, el gobierno del presidente George W. Bush socavó de manera importante el apego de tantos años de Washington al Derecho Internacional, su aceptación de la toma de decisiones consensuada, su fama de moderación y su identificación con el mantenimiento de la paz. El camino de regreso será largo y difícil". [134] Al cierre del primer mandato gubernamental en la Casa Blanca, Barack Obama, a pesar de sus promesas electorales del año 2008, no había podido recobrar la credibilidad perdida por el Imperio norteamericano.

El debate teórico entre liberales y realistas políticos

Para la teoría política contemporánea las concepciones e ideas básicas del enfoque o paradigma[135] liberal de las Relaciones Internacionales contribuyeron, de manera decisiva, a la creación de las grandes organizaciones mundiales que, por sus fines universales, se proponían la preservación de la paz y la seguridad internacionales.

Esta visión del mundo, en la segunda década del siglo XX, abogaba por la primacía del Derecho Internacional Público y la cooperación entre los estados, institucionalizada a través de una organización de alcance global, y todo ello sobre el fundamento de la democratización de los estados. Un énfasis particular puso el paradigma liberal en el nuevo concepto jurídico-político de la "seguridad colectiva", que fue esbozado en los documentos fundacionales de la Liga o Sociedad de las Naciones, al término de la Primera Guerra Mundial, postulando la acción mancomunada de todos los estados para la preservación de la paz y la seguridad internacionales, en sustitución de los tradicionales rejuegos del balance de poder basados en la conformación de alianzas contrapuestas.[136]

Contraria a esta percepción, la escuela del realismo político postuló, como probarían los acontecimientos internacionales entre los años 1920 y 1930, que el principio de la "seguridad colectiva" sería impracticable en un escenario internacional dominado por grandes potencias en lucha por el poder en el escenario internacional. Cada potencia percibía la seguridad con una óptica diferente y estrechamente vinculada a sus intereses de expansión mundial. Obviamente, en detrimento del principio jurídico internacional de la no agresión a otros estados soberanos.

Las experiencias del fracaso de la Liga o Sociedad de las Naciones, en el cumplimiento de sus objetivos fundacionales, y las trágicas consecuencias de la Segunda Guerra Mundial, fueron dos factores decisivos en la creación de una nueva organización internacional en el año 1945, cuyos objetivos serían muchos más amplios en la conformación del sistema internacional de la postguerra. Con el nacimiento del sistema de las Naciones Unidas, inspirado, por supuesto, en el principio enunciado por la Liga de la "seguridad colectiva", quedaron refrendados en la Carta de la ONU los legítimos anhelos de la humanidad por la paz, la seguridad internacional y el respeto a las normas del Derecho Internacional Público.[137]

Sin embargo, en la conformación de la estructura de la ONU primaron las concepciones de poder del realismo político en las relaciones internacionales. El funcionamiento del Consejo de Seguridad, su órgano principal, se estableció sobre la base de la regla de unanimidad de las grandes potencias (poder o derecho de veto) y la necesidad de la colaboración, en esa instancia, entre ellas. Ese es el único órgano en que el principio de la igualdad de los estados está supeditado al poder de veto y, en su virtud, el voto negativo de uno solo de los miembros permanentes basta para bloquear una decisión que haya contado con el acuerdo de los 14 miembros restantes, salvo en caso de cuestiones de procedimiento.[138] Así la ONU padece, desde su origen, el problema del veto y otros arbitrarios privilegios para uso exclusivo de cinco potencias dominantes que se concedieron, ellas mismas, el puesto de miembros permanentes del Consejo de Seguridad.

Si a lo anterior sumamos el aspecto geopolítico de la confrontación política y militar estadounidense con el adversario socialista liderado por la Unión Soviética durante la "guerra fría", entonces existen dos razones esenciales que han limitado el cumplimiento eficaz de las funciones de la ONU relativas al mantenimiento de la paz y la seguridad internacionales.

Independientemente de los saldos positivos[139] que se otorgan al conjunto de operaciones de mantenimiento de la paz aprobadas por el Consejo de Seguridad de las Naciones Unidas, como un instrumento o mecanismo de paz, más allá del idealista principio de la "seguridad colectiva", ha sido una limitante para la paz la existencia, durante décadas, de un sistema internacional dominado por un "directorio" de cinco grandes potencias controladoras de dicho Consejo. Ellas mismas, desde el grupo de países más industrializados (G-8), han perseguido instaurar, sin progreso alguno, el "nuevo orden mundial" proclamado por George Bush, en 1991, en el momento triunfalista de la caída de la Unión Soviética y del estallido de la guerra del Golfo Arábigo Pérsico. [140]

Con el fin de la "guerra fría" y la instauración de un cierto consenso entre las principales potencias del sistema internacional, para apuntalar un supuesto "nuevo orden mundial", la ONU perdió capacidad de negociación diplomática, autoridad política y moral para imponerse en las relaciones internacionales contemporáneas. El predominio unipolar en el plano político y estratégico-militar de los Estados Unidos condujo a un desequilibrio internacional y al uso reiterado de la fuerza por la única superpotencia, lo que erosionó y vulneró la función reguladora que debe desempeñar el Derecho Internacional Público y la ONU en las relaciones internacionales.

Desde finales del siglo XX, el multilateralismo representado en la ONU y las funciones reguladoras del Derecho Internacional Público, han constituido una camisa de fuerza para la expansión del poder global o el "gobierno mundial" diseñado en las estrategias de "seguridad nacional" de los Estados Unidos, que con sus prescripciones unilateralistas abogaron por la limitación de la soberanía y la anulación de la independencia de otras naciones, a partir de la subordinación de la legalidad internacional a sus intereses hegemónicos de un único modelo de sociedad para todas las naciones. La sujeción de la ONU a las necesidades de la política exterior de los Estados Unidos quedó expuesta en la urgencia estadounidense de legitimar, con la Resolución 1483, su intervención en Iraq, a fin de otorgarle un viso de legalidad a sus acciones en ese país, como ha sido la comercialización del petróleo.

Con la Resolución 1483, Francia, China y Rusia aceptaron las posturas norteamericanas, pero, a la vez, la diplomacia de los Estados Unidos aparentó conceder a la ONU un papel "relevante" en el control de Iraq. Es muy peligroso que en la configuración actual del Derecho Internacional Público no se dispone de una fiscalización hacia este tipo de intervenciones militares. La pasividad de muchos estados frente a lo que sucedió en Iraq condujo al establecimiento de una situación de impunidad repetida en la guerra de la OTAN contra Libia, y en la grosera manipulación que hizo los Estados Unidos, Francia y Gran Bretaña del contenido de la resolución 1973 aprobada por el Consejo de Seguridad de la ONU, que estipuló la creación de una zona de exclusión aérea en Libia, pero no autorizó a la OTAN lanzar un criminal bombardeo contra la población civil.

En una etapa histórica de afianzamiento de las ideas neoconservadoras, las concepciones liberales en la política norteamericana sufrieron un retroceso, pero sus limitaciones, para explicar la realidad internacional, no impidieron que los principales representantes de esta escuela de pensamiento preserven sus creencias y asuman una actitud crítica hacia las posturas militaristas.

Recordando la retórica idealista del discurso Wilsoniano, el expresidente James Carter recomendó que: "en su condición de única superpotencia, los Estados Unidos debieran ser vistos como los campeones inquebrantables de la paz, la libertad y los derechos humanos. Los Estados Unidos debiera ser el eje alrededor del cual pudieran reunirse otras naciones para combatir las amenazas a la seguridad internacional y para enriquecer la calidad de nuestro medio ambiente común. Es hora de curar las profundas divisiones políticas existentes dentro de este país, y de que los norteamericanos estén unidos en un compromiso común para revivir y alimentar los históricos valores morales y políticos que abrazamos los últimos 230 años". [141]

La invasión y ocupación de Iraq marcó la crisis de funcionamiento del sistema internacional por la imposición unilateral de las posiciones de la política exterior norteamericana, basadas en las concepciones de "guerra preventiva" y "cambio de régimen", el abandono del ordenamiento jurídico internacional – principio de no injerencia y uso de la fuerza– y la desatención de los criterios de la opinión pública mundial.

La democratización de la ONU, en especial del Consejo de Seguridad, por los más de 190 estados independientes miembros de la Asamblea General, podría ser un primer paso hacia una reforma profunda del actual sistema de relaciones internacionales, que agoniza en las terribles condiciones de desigualdad, saqueo, explotación y de amenaza de nuevas guerras imperiales. En esta encrucijada mundial, en marcha hacia el abismo, como consecuencia de numerosos peligros, la guerra nuclear y el cambio climático están cada vez más lejos de aproximarse a una solución.[142] Por eso, se impone la preservación de la ONU y del sistema de organizaciones internacionales mediante su más profunda reforma y democratización, lo que permitiría salvaguardar el derecho a la soberanía e independencia de las naciones.

Reflexiones finales

• El fenómeno del terrorismo tiene antecedentes antiguos. En el siglo XXI constituye una novedad la dimensión en que la violencia terrorista utiliza los medios a su alcance: gases tóxicos, atentados suicidas, en particular, el terror generalizado de la propaganda y/o amenaza de guerra convencional, nuclear y el uso indiscriminado de la alta tecnología – aviones "drones" no tripulados– en los bombardeos contra poblaciones civiles y sus infraestructuras en la "guerra antiterrorista" de los Estados Unidos y sus aliados.

• La complejidad del estudio de esta problemática radica en que la historia de las actividades terroristas tienen diverso signo político: existe el terrorismo de la ultraderecha, pero también de organizaciones denominadas de izquierda y nacionalistas. Y también existe el terrorismo de Estado practicado de forma sistemática por los Estados Unidos, con mayor énfasis en su curso privilegiado de única superpotencia mundial, y algunos estados grandes, medianos o pequeños con proyecciones agresivas en su alianza con Washington, siendo, en este caso, Israel el más notable en el Medio Oriente. En la última década, esta alianza incondicional reforzó el convencimiento de que es, en sí misma, una causa del aumento de las acciones terroristas y de la inestabilidad en esa convulsa región.

• En un sistema internacional dominado en el orden estratégico-militar por una superpotencia[143], el fenómeno del terrorismo afecta a todas las sociedades de una manera u otra. Ya ningún estado puede ignorar la existencia del terrorismo, sus dimensiones e implicaciones para la paz y la seguridad de las naciones. Dado su alcance global, el terrorismo solo puede ser enfrentado con la colaboración de todos los estados miembros de la ONU, en el seno de su Asamblea General, ya que es consecuencia de la injusticia, de la falta de educación y de cultura, de la pobreza y las desigualdades, de la humillación sufrida por naciones enteras, del desprecio y subestimación de una creencia, de la prepotencia, del abuso y los crímenes de unos grupos sociales y/o estados poderosos contra otros más débiles.

• Un debate amplio sobre este flagelo, en el ámbito multilateral, debería propiciar una definición objetiva y justa del terrorismo para todos los estados del sistema mundial. Solo así sería posible la proscripción del uso de la fuerza militar y la unilateral "guerra antiterrorista", que tantos daños humanitarios y económicos ha causado, por un lado, a los países afectados y, por otro, a la sociedad estadounidense.

• Las guerras contra Afganistán e Iraq resultaron un fracaso militar para los Estados Unidos, y legaron un escenario internacional más incierto, inseguro e inestable. El intento de las administraciones de George W. Bush y Barack Obama de conformar un "nuevo orden mundial", mediante la "guerra contra el terrorismo", quebrantó los principios básicos de la Carta de las Naciones Unidas y erosionó el orden jurídico internacional, con la puesta en práctica de nuevas interpretaciones y conceptos como: "soberanía limitada", "intervención humanitaria", "responsabilidad de proteger" y la "legítima defensa preventiva", sustentando las proyecciones de las potencias imperialistas. El "antiterrorismo" de los Estados Unidos abrió una etapa inédita de conflictividad internacional e intervencionismo imperialista en el Tercer Mundo, porque este país es hoy no solo el promotor de esas guerras, sino también el mayor productor y exportador de armas en el mundo.

El intento de ruptura del orden jurídico internacional y el desprecio por las más elementales normas de la ética, están en el trasfondo de los graves problemas que enfrenta la humanidad. Un ejemplo concreto es la hipocresía de la administración de Barack Obama con el caso del consumado terrorista Luis Posada Carriles, de una parte, y el trato cruel y arbitrario que han recibido los Cinco Héroes antiterroristas cubanos, por otra.

• La actuación e influencia de los estados en los procesos y la dinámica global ha modificado la configuración del sistema internacional. Si bien existe una sola superpotencia con todos los atributos del poder delineados en lo político, económico y militar, en las dos últimas décadas disminuyó la capacidad económica de los Estados Unidos para dominar, por esa vía, las relaciones internacionales. La Unión Europea, en crisis económica y financiera, pero con un gran potencial tecnológico, se mantiene subordinada y acomodada a la estrategia de unipolaridad estadounidense, respaldando una distribución de fuerzas favorable al bloque de países occidentales.

En este contexto, la influencia económica mundial y regional de China e India, es cada vez más creciente. La agresividad y el militarismo de Washington acercaron las posiciones de Rusia y China en el terreno político-diplomático, y en sus visiones sobre la seguridad internacional. La recuperación económica de Rusia, ha permitido que sus posturas internacionales sean más críticas hacia las posturas militaristas y agresivas de los Estados Unidos.

Las diferencias ruso-estadounidenses sobre importantes cuestiones de defensa y seguridad tienden a acrecentarse por el impulso norteamericano a la carrera armamentista y sus pasos unilaterales hacia el despliegue del sistema de "defensa" antimisil europeo en República Checa y Polonia. Rusia vuelve a despuntar como un centro de poder a tener en cuenta en la toma de decisiones mundiales, pero todavía arrastra algunas de las limitaciones que determinaron la caída de la superpotencia soviética a finales del siglo XX.

En América Latina y el Caribe ocurren nuevos procesos revolucionarios en demostración

de la tendencia al cambio en los países del
Sur, de su ingobernabilidad por la vía neoliberal y la hegemonía estadounidense. En
esta región se producido un avance en el proceso de transformaciones progresistas que
desafían la unipolaridad política y económica
en las proximidades de las fronteras nacionales de los Estados Unidos. La influencia regional de la Revolución Bolivariana, en Venezuela, y la integración en los marcos de la Comunidad de Estados Latinoamericanos y Caribeños (CELAC), sin la presencia de los Estados Unidos y Canadá, aporta elementos
cualitativamente diferentes para la construcción de un sistema internacional pluripolar y
multicéntrico, en alternativa a la conformación, por las principales potencias capitalistas, de un equilibrio de poder multipolar que
no modifique la injusta distribución de fuerzas en el ámbito internacional.

• Ningún otro periodo de las relaciones internacionales conoció los actuales peligros de la
difusión del poder, el cual se caracteriza por
la proliferación de las armas nucleares y la
amenaza de estallido de una guerra nuclear.
El empleo de apenas un centenar de armas
nucleares sería suficiente para crear un invierno nuclear que provocaría una muerte espantosa, en breve tiempo, a todos los seres
humanos que habitan el planeta. La guerra
con armas nucleares, y sin ellas, es un peligroso fantasma que persigue e intimida a la
especie humana. Una guerra de los Estados
Unidos y la OTAN contra Irán[144], agravaría

la crisis de funcionamiento del sistema internacional, tendría terribles consecuencias para la economía mundial y acercaría las posibilidades del uso del arma nuclear en una región en la que Israel acumula cientos de armas nucleares en plena disposición combativa, y cuyo carácter de fuerte potencia nuclear ni se admite ni se niega.[145]

• Los Estados Unidos atraviesa el revés estratégico de su propia doctrina de política exterior, porque, con la "guerra preventiva" contra el "terrorismo", desplegó ambiciosas metas militaristas y de dominación global que han influido inevitablemente en su declinación económica y en sus perspectivas futuras como potencia mundial. El desenlace de estas contradicciones será perjudicial para el devenir de los Estados Unidos, que invirtió enormes recursos económicos y militares en un conjunto de guerras que acentuaron el proceso de decadencia como superpotencia y dejaron de manera indeleble la huella de su relativa debilidad actual. Como advierten las lecciones de la historia universal, las pretensiones de dominación global de un imperio siempre tuvieron un efecto inverso: el ascenso vertiginoso de las potencias emergentes y la caída segura del principal centro de poder en el sistema internacional.[146]

3.6. LOS NO ALINEADOS Y LOS RETOS DEL SUR

El Movimiento de Países No Alineados (MNOAL) es un foro diverso de concertación de los países del sur, subdesarrollados y en desarrollo, con una amplitud universal y proyección global sobre temas políticos, económicos y de seguridad internacional. Los NOAL son 120 estados, casi dos terceras partes de los miembros de las Naciones Unidas, que incluyen a todos los integrantes de la Unión Africana, la Liga de los Estados Árabes, la Organización de la Conferencia Islámica, la mayoría de los estados asiáticos y latinoamericanos. La fuerza de los países del MNOAL, en los inicios del siglo XXI, se encuentra en la actualidad de sus postulados, en el peso de su legado político e histórico para los líderes contemporáneos y de los pueblos que luchan hacia la definitiva emancipación de sus naciones.

La historia y la dinámica del movimiento ejercieron su influjo en la formación del sistema internacional de la posguerra y en el desarrollo progresista del Derecho Internacional Público. El MNOAL apoyó el proceso de descolonización y, como resultado, nuevos estados independientes fueron incorporados a la política internacional. El histórico aval del MNOAL está unido a la lucha por el desarme, en el proceso de proscripción de las armas de destrucción masivas y la no-proliferación de las armas nucleares, las convenciones sobre la proscripción de las armas químicas, biológicas, en el espacio cósmico y el tratado para la prohibición completa de los ensayos nucleares.

Sin embargo, con la desaparición de la Unión Soviética y la consecuente emergencia de la unipolaridad en las relaciones internacionales, el MNOAL enfrentó un reto extraordinario. El fin del enfrentamiento entre los dos bloques irreconciliables que le otorgó razón de existencia, el nombre y su esencia, supuso para algunos la pérdida de relevancia de este movimiento como actor internacional. Existió, incluso, la posibilidad de su extinción, en tanto que entidad para la articulación de las reivindicaciones fundamentales de los países del Sur. El desplome del sistema soviético, y de sus aliados socialistas, trajo el engañoso supuesto del "fin de la historia", de las ideologías y de la lucha de clases. Se habló de la desaparición del Tercer Mundo, como foro reivindicativo de los intereses y aspiraciones de los pueblos del Sur.

Aunque el MNOAL mantuvo su vigencia frente a la embestida del imperialismo y sus detractores en el Tercer Mundo, es una realidad indiscutible que las particularidades nacionales, regionales y la coyuntura internacional, también contribuyeron a reorientar las prioridades y objetivos de sus miembros, lo cual ha hecho difícil la armonización de posiciones y su unidad sobre los temas más complejos de la agenda internacional.

Por tanto, el principal reto del MNOAL sigue siendo la necesidad de buscar soluciones novedosas y menos formales al mantenimiento de la unidad de acción en medio de su diversidad y del complejo escenario internacional, marcado por la política agresiva y militarista de los Estados Unidos, que cuenta con la complicidad de la Unión Europea, cuyos estados miembros igualmente interactúan en el ámbito bilateral y multilateral con los países miembros del MNOAL.

El principal desafío del MNOAL tiene un carácter orgánico y se relaciona con la consecución de un sólido proceso de revitalización que haga más efectiva sus iniciativas y lo convierta en un factor más prominente en la transformación progresista y revolucionaria de las relaciones internacionales.

En toda su trayectoria, el MNOAL desarrolló perspectivas geopolíticas en varios campos relevantes de las relaciones internacionales, pero ha continuado, hasta el presente, como un foro de discusión y exposición de los intereses de los países menos privilegiados del planeta. En las condiciones internacionales del siglo XXI, no solo resulta perentorio la elevación de su liderazgo en defensa del Sur, sino también la elaboración de una estrategia común que despliegue cierta capacidad de desarrollo ideológico y una orientación política unificada contra el imperialismo y sus manifestaciones.

El hecho de que las posturas del MNOAL siguen siendo el silencio, declarativas o retóricas sobre las problemáticas mundiales, nos confirma la importancia estratégica de que los esfuerzos del movimiento, para su revitalización, no deben quedar en el plano de la política internacional y de sus organismos multilaterales. El trabajo futuro del MNOAL podría entroncarse directamente con la lucha de los pueblos, de las fuerzas políticas de izquierda y de los movimientos sociales por la construcción de un sistema-mundo más justo y acorde con las aspiraciones de las masas populares en todas las regiones y países.

Revitalizar el movimiento NOAL, en el siglo XXI, implica convertirlo en un instrumento de cooperación y colaboración de alcance global, para la verdadera integración y unificación de los estados-nación con similares intereses y afectados por iguales problemáticas de carácter económico, ecológico y social, que tejen el contenido del conflicto Norte-Sur en las relaciones internacionales. Aunque en el sistema-mundo globalizado de nuestro tiempo las naciones podrían agruparse según la interpretación del conflicto Norte-Sur: en países industrializados, en vías desarrollo o del Tercer Mundo, la dinámica de sus relaciones cambia permanentemente y emergen disímiles áreas de convergencia en las que resulta impostergable exigir una real cooperación en el eje Norte-Sur de los vínculos globales; porque la unión de los países con posiciones afines en torno a distintos temas de la agenda del MNOAL trasciende la conflictual división geográfica del sistema internacional, frente a los legítimos anhelos de supervivencia de toda la humanidad ante la amenaza, cada vez mayor, de una guerra nuclear y el indetenible avance del cambio climático global.

Dado que el peligro de una guerra nuclear y el rápido avance del cambio climático están cada vez más lejos de aproximarse a una solución, no deberían existir dificultades ni objeciones para enlazar coherentemente los temas de la agenda internacional con la del MNOAL, pues las cuestiones de naturaleza universal requieren de un tratamiento en la misma escala, ya que aparecen en todas las agendas de negociaciones, tales como: medio ambiente, desarme -con la redistribución de los gastos de guerra en asistencia para el desarrollo-, acceso a los mercados y las tecnologías, la lucha contra todas las formas de terrorismo, en especial el terrorismo de Estado, que practica los Estados Unidos e Israel, la vigencia y aplicación del Derecho Internacional Público, y la exigencia de acabar con todas las manifestaciones de colonialismo, racismo, fascismo e imperialismo.

Justamente, el MNOAL debería analizar profundamente las consecuencias de las cruentas ocupaciones militares de los Estados Unidos, y sus aliados, en Iraq, Afganistán y las nuevas "guerras preventivas" contra los países del Sur, que tienen en Libia y Siria, los ejemplos más cercanos. El MNOAL tiene como cardinal desafío contribuir mucho más a la paz mundial. Es muy importante la ampliación del perfil de sus iniciativas diplomáticas, a fin de exigir, en pleno, el cese inmediato de las amenazas de guerras imperialistas en el Oriente Medio, contra Irán y Siria, evitando, en lo posible, que los Estados Unidos continúen con su estrategia guerrerista en el Tercer Mundo, la que se propone destruir la soberanía, independencia e integridad territorial de un grupo significativo de países No alineados.

Por consiguiente, el MNOAL debería hacer un análisis crítico y exhaustivo de las actuales relaciones Norte-Sur, en el contexto de la grave crisis estructural del capitalismo que afecta la vida económica y social de los pueblos. Es legítimo recordar que antes del comienzo de la actual crisis económica y financiera, que atraviesan los Estados Unidos y la Unión Europea, las naciones del Sur debilitaron los estados cuando abrieron aceleradamente sus economías a la competencia y la depredación de los recursos naturales por las transnacionales al servicio de las potencias del Norte industrializado.

La consecuencia inmediata fue que el Sur, en su conjunto, está afectado por las políticas proteccionistas que obstaculizan la entrada de sus productos en los mercados de los países industrializados y los mantiene al margen de los principales flujos financieros, comerciales y de inversión. El mayor volumen de comercio mundial tiene lugar entre los países ubicados en el Norte. En suma, unido a la grave crisis económica y social de las regiones subdesarrolladas, las corrientes migratorias constituyen otro aspecto esencial de la tendencia a la marginación de los pueblos del Sur, y de las persistentes concepciones discriminatorias, xenófobas en el Norte, donde se levantan muros para enfrentar la avalancha migratoria, pero sin la voluntad política de resolver las causas que motivan ese complejo fenómeno.

Otra prueba, para el movimiento NOAL, es revertir la indiferencia del Norte hacia el Sur, en el proceso de toma de decisiones de alcance mundial. Los países del MNOAL debieran trabajar más unidos en el fortalecimiento de las instituciones de carácter mundial, como las Naciones Unidas, en especial su Asamblea General, y exigir, vigorosamente, la democratización de su Consejo de Seguridad. En ese sentido, el MNOAL tendría que oponerse firmemente a las posiciones unilaterales de los Estados Unidos y sus aliados, tendientes a debilitar o manipular, en dependencia de sus intereses geoestratégicos, el funcionamiento de los mecanismos de las Naciones Unidas, a la proliferación de los llamados regímenes internacionales especializados, que amenazan con limitar la proyección multilateral y el trabajo del sistema de Naciones Unidas.

El MNOAL debería prestar atención a todas las corrientes monopolizadoras de los asuntos mundiales, por las grandes potencias, en foros de composición restringida para el debate y la adopción de iniciativas de trascendencia global, como el G-8 y el G-20, los cuales intentan consolidar estos espacios con la participación de algunos países del Sur, distinguidos por sus potencialidades económicas, pero sin la búsqueda de una solución a los problemas que aquejan a todo el Tercer Mundo. Para el Sur, especial significado y repercusión tiene el creciente protagonismo económico y político de China en el Grupo de los 77, que representa los intereses económicos de 132 países en desarrollo. Muchos países del MNOAL desearían contar con una China más activa y favorable a los intereses del Tercer Mundo frente a las posturas hegemónicas de un Norte caracterizado por la asociación estratégica de los Estados Unidos y la Unión Europea.

Las fuerzas progresistas de todos los continentes desearían un MNOAL con posiciones más enérgicas y una visión política más crítica sobre la evolución de las relaciones internacionales actuales, que exija el diseño de una nueva arquitectura financiera internacional y de un nuevo orden mundial de la información y de las comunicaciones.

La esperanza de un MNOAL dinámico y fortalecido, será posible de alcanzar si emprende el desafío de desterrar las divergencias que conspiran contra la cohesión y el consenso entre sus miembros. Los conflictos en el seno del MNOAL tienen sus orígenes en los siglos de avasallamiento colonial y neocolonial del imperialismo. Solamente la unidad del Sur podría aportar nuevos cambios cualitativos para la construcción de un sistema internacional pluripolar que debilite, y haga desaparecer, la situación de dominación de los estados del Sur, lo que permitiría el resurgir de una nueva correlación de fuerzas internacionales favorables a las causas progresistas y a los legítimos intereses de los países del Tercer Mundo.

3.7. ¿POR QUÉ LA CELAC ES UN ACTOR DE LA POLÍTICA INTERNACIONAL?

Tras la constitución de la Comunidad de Estados Latinoamericanos y Caribeños (CELAC), los días 2 y 3 de diciembre del 2011, en Caracas, República Bolivariana de Venezuela, mucho se ha debatido sobre el surgimiento de un nuevo actor regional de signo progresista en las relaciones económicas y políticas internacionales.

En ese sentido, la Ciencia Política ha acuñado el concepto de actor para referirse a entidades colectivas, o entes sociales, que actúan e influyen con su accionar en la dinámica del escenario internacional. En suma, los actores internacionales son los elementos que integran el sistema de relaciones internacionales.

Además de los estados, que han sido los principales y, durante siglos, los actores internacionales casi exclusivos de la dinámica mundial, también son actores de la política internacional, las grandes organizaciones internacionales interestatales, como la ONU, y las organizaciones regionales, pues, aunque sus facultades les han sido atribuidas por los estados, tienen una personalidad jurídica propia una vez creadas.

La CELAC es el único mecanismo de diálogo y concertación que agrupa a 33 países de América Latina y el Caribe, con la voluntad acordada de avanzar en el proceso de integración política, económica, social y cultural, en los marcos de un equilibrio justo entre la unidad y la diversidad; y sobre la base de una agenda común de bienestar, paz y seguridad, con el objetivo de consolidarse como una comunidad regional.

Es un foro de integración cuyos procesos de diálogo, intercambio y negociación política tendrían en cuenta los valores y principios reconocidos por todos los estados en la Carta de las Naciones Unidas, a saber: el respeto al Derecho Internacional Público, la solución pacífica de las controversias, la prohibición del uso y la amenaza del uso de la fuerza, el respeto a la autodeterminación, la soberanía, la integridad territorial, la no injerencia en los asuntos internos de cada país, la protección y promoción de todos los derechos humanos y de la democracia.

La CELAC, en su accionar, buscará el fortalecimiento y consolidación de las complementariedades latinoamericana y caribeña para el desarrollo económico y la cooperación Sur-Sur, como eje integrador de un espacio común e instrumento de reducción de las asimetrías entre los países miembros de la entidad.

Es el resultado de los acervos heredados por los principios compartidos y consensos adoptados en la Cumbre de América Latina y el Caribe sobre la Integración y Desarrollo (CALC) y el Mecanismo Permanente de Consulta y Concertación Política del Grupo de Río, los que, luego de una trayectoria útil, cesaron formalmente sus acciones y dieron paso a la CELAC.

Con la CELAC, se ha sellado un ciclo histórico, y nació un nuevo actor progresista en las relaciones hemisféricas e internacionales, porque en sus concepciones está contenido el ideario bolivariano, martiano, fidelista, chavista, guevariano, el cual irrumpe en la política internacional para contribuir a la transformación de las actuales relaciones hegemónicas Norte-Sur, y hacer de los vínculos Sur-Sur un verdadero paradigma de la unidad y la paz, en un sistema-mundo deseado pluripolar y pluricultural en su perspectiva contraria a las relaciones de poder y dominación en las relaciones internacionales.

La CELAC es portadora de una nueva ética en el escenario internacional, que la convierte, así, en un actor con efectivas potencialidades para una agenda progresista y transformadora de las relaciones hemisféricas e internacionales.

3.8. EL IMPACTO DE LA CELAC EN EL SISTEMA-MUNDO.

Los días 2 y 3 de diciembre del 2011, tuvo un carácter fundacional. Después de una larga travesía histórica y política, los presidentes y Jefes de gobierno de 33 países latinoamericanos y caribeños dieron su consentimiento para formalizar un sueño anhelado, una legítima aspiración de la región: la creación de la Comunidad de Estados Latinoamericanos y Caribeños (CELAC), cuyo nacimiento presagia un trascendental impacto para "Nuestra América" y las relaciones internacionales contemporáneas.

Un grupo de razones de peso apuntalan esa predicción. La CELAC es un nuevo foro político de los países de América Latina y el Caribe, sin la presencia de los Estados Unidos y Canadá, lo que constituye un hecho sin precedentes que conmociona las relaciones hemisféricas, porque, entre otras cosas, desplaza a la inoperante Organización de Estados Americanos (OEA), célebre "ministerio de colonias", cuya nefasta labor al servicio de los intereses de la política exterior de los Estados Unidos constituye una vergüenza y un estorbo para el progreso social de los pueblos latinoamericanos.

Asistimos hoy a un parto histórico diseñado por los próceres latinoamericanos y caribeños. Es la reivindicación de los ideales libertarios del libertador Simón Bolívar, quien con la convocatoria, en 1824, del Congreso de Panamá, a fin de crear una federación de repúblicas con las naciones que se habían independizado de España, vislumbró la integración política regional, como única fórmula de instaurar la independencia y la soberanía de los países de América Latina y el Caribe.

Con la CELAC, se ha sellado un ciclo histórico y nace un nuevo actor progresista en las relaciones hemisféricas e internacionales. En el año del Bicentenario, el ideario bolivariano, martiano, fidelista, chavista, guevariano, de tantos otros héroes, y de nosotros mismos, irrumpe en el escenario del sistema-mundo para batallar por la transformación de las actuales relaciones Norte-Sur, y hacer de los vínculos Sur-Sur un verdadero paradigma de la unidad solidaria, de la cooperación y la complementariedad en un planeta amenazado por guerras -incluso nucleares- y complejos problemas globales que solo podrán resolverse con el concurso de todas las naciones para, por supuesto, salvar a la humanidad de su autodestrucción.

La fundación de la CELAC refleja las reiteradas advertencias del líder de la Revolución cubana, Fidel Castro Ruz, sobre la capacidad de los pueblos para resistir y vencer todas las dificultades. Después de la aciaga noche neoliberal y de siglos de dominación colonial e imperialista, en América Latina se constata la tendencia creciente hacia un despertar de la conciencia revolucionaria de los pueblos que, extendida al Caribe, ha sido acelerada por la grave crisis estructural del sistema capitalista y el surgimiento de líderes progresistas deseosos de trabajar en beneficio de todos los sectores populares en el continente.

Muchos son los desafíos futuros para la CELAC; pero su nacimiento es una clara contribución al equilibrio del mundo y al mejor funcionamiento de las relaciones internacionales. Desde ahora, la CELAC es un freno considerable a las políticas hegemónicas de los Estados Unidos y sus aliados europeos. Símbolos de una civilización, cuya crisis económica y social los conduce a una inexorable decadencia y descomposición.

La CELAC es otro paso hacia un sistema-mundo pluripolar y pluricultural que, desde su conformación, asesta un duro golpe a la imposición de un único polo de poder global y a una perspectiva de multipolaridad concebida para la prolongación de un pensamiento político (teórico-práctico) centrado en las relaciones de poder y de dominación, de unos estados por otros, en la política internacional.

Si con la CELAC nace un sistema de relaciones políticas y económicas diferente, portador de una nueva ética, entonces le damos la bienvenida a ese nuevo mecanismo o foro de concertación para la integración de los pueblos, en un escenario internacional ensombrecido por el fantasma de la guerra.

En suma, la CELAC es la nueva esperanza para la paz, el desarrollo socio-económico y la integración solidaria entre los pueblos de América Latina y el Caribe. ¡Bienvenida esa esperanza! Y, para bien de la humanidad toda, que sus motivaciones irradien con esa misma fuerza hacia otras latitudes.

3.9. LA EVOCACIÓN DE PUERTO RICO POR DANIEL ORTEGA.

Al llegar la hora definitiva de la independencia y la integración de América Latina y el Caribe, con la trascendental fundación de la Comunidad de Estados Latinoamericanos y Caribeños (CELAC), al igual que Daniel Ortega, presidente de Nicaragua, muchos ciudadanos de las Antillas pusieron su reflexión en el Puerto Rico colonizado y asociado a los Estados Unidos.

El recuerdo solidario de Ortega de que una nación y un pueblo estaban ausentes en la cumbre fundacional de la CELAC, también reivindicó más de dos siglos de lucha y esperanzas de los latinoamericanos y caribeños, como bien esbozó el presidente cubano Raúl Castro Ruz. En su aldabonazo, Ortega redimió la prédica del Héroe Nacional de Cuba, José Martí, y la continuidad del pensamiento libertario de Simón Bolívar, cuando concibieron inconclusa la gesta libertaria de "Nuestra América" sin la independencia de Cuba, Puerto Rico y de las Antillas, en su conjunto. Un proyecto de emancipación que, en los casos particulares de Cuba y Puerto Rico, fue saboteado y obstaculizado por los Estados Unidos, desde la misma época de Bolívar.

Así quedó manifiesto en el artículo: "El tercer año del Partido Revolucionario Cubano", publicado en el periódico Patria, en Nueva York, el 17 de abril de 1894, en el que Martí evocó sus profundas ideas sobre Cuba y Puerto Rico con la siguiente proyección: "Convencido de que la independencia de Cuba y Puerto Rico no es sólo el medio único de asegurar el bienestar decoroso del hombre libre en el trato justo a los habitantes de ambas islas, sino el suceso histórico indispensable para salvar la independencia amenazada de las Antillas libres, la independencia amenazada de la América libre, y la dignidad de la República norteamericana. ¡Los flojos, respeten: los grandes, adelante! Esta es tarea de grandes".

Y Martí lo escribió con esa claridad en el periódico Patria, porque en su primer editorial, el 14 de marzo de 1892, ya había expuesto su pensamiento y programa revolucionario al advertir que: "Nace este periódico, por la voluntad y con los recursos de los cubanos y puertorriqueños independientes de Nueva York, para contribuir sin descanso, a la organización de los hombres libres de Cuba y Puerto Rico...", para juntar y amar", para trabajar por la libertad de ambos pueblos".

En el ideario antimperialista y latinoamericanista de Martí encontramos la importancia de las Antillas para la independencia y soberanía de los países de la región. Debe recordarse que en vísperas de su muerte le confió en una carta a su amigo Manuel Mercado que: "Ya estoy todos los días en peligro de dar mi vida por mi país y por mi deber –puesto que lo entiendo y tengo ánimos con que realizarlo- de impedir a tiempo con la independencia de Cuba, que se extiendan por las Antillas los Estados Unidos y caigan con esa fuerza más sobre nuestras tierras de América. Cuanto hice hasta hoy, y haré, es para eso".

Pero, a pesar de tantos esfuerzos y sacrificios, en el siglo XX, el imperialismo norteamericano alcanzó sus objetivos geopolíticos y económicos en las Antillas, convirtió a Puerto Rico en su colonia e impuso su dominación en el Caribe. Como Martí y Fidel, la evocación de Puerto Rico, por Daniel Ortega, en la Cumbre de la CELAC, nos lleva de la mano a la convicción de que la libertad plena de las Antillas - Mayores y Menores- preservaría hacia el futuro la independencia de América Latina. Aquí radica la importancia estratégica de un Puerto Rico verdaderamente libre y sin la tutela de los Estados Unidos, así como el avance de la Revolución cubana en el siglo XXI.

Sabiendo que los desafíos para la CELAC serán enormes, porque se trata, en términos martianos, de una tarea de grandes a respetar por los flojos, los progresistas latinoamericanos y caribeños celebramos su nacimiento en correspondencia con su indudable contribución al necesario equilibrio político de las Américas y el mundo. Desde ahora, podemos decir que la CELAC será un freno a las políticas hegemónicas de los Estados Unidos y sus aliados europeos. Símbolos de una civilización en crisis económica, política y social, con síntomas de decadencia y descomposición, lo cual Martí avizoró, como resultado forzoso de la inevitable expansión imperialista.

En los prometedores tiempos que se abren, para América Latina y el Caribe, tras la creación de la CELAC, las valientes y preclaras palabras de Daniel Ortega nos hace enaltecer los hermosos versos de "La Borinqueña", todavía vigentes para Puerto Rico, y otros pueblos en situación neocolonial y colonial en el Caribe y América Latina:

"No más esclavos
Queremos ser,
Nuestras cadenas
Se han de romper".

3.10. HABLANDO DE "TURBULENCIAS GEOPOLÍTICAS" EN AMÉRICA LATINA Y EL CARIBE

Es conocido que el Comando Sur de los Estados Unidos se mantiene con ojos vigilantes ante lo que han denominado las "turbulencias geopolíticas" que se pudieran originar en Cuba, Venezuela, Bolivia y Haití, lo cual fue esbozado por el General Douglas Fraser, en una audiencia de la Comisión de las Fuerzas Armadas de la Cámara de Representantes del Congreso estadounidense.

En la percepción de los estrategas de los Estados Unidos, las "potenciales turbulencias geopolíticas" podrían tener "un impacto sobre los ciudadanos y militares estadounidenses en la región" y, por tal motivo, se han identificado, en cada uno de los países señalados, las posibles problemáticas que, a juzgar por las declaraciones de Douglas Fraser, quitan el sueño a los representantes de un Imperio que todavía conserva una mirada arrogante hacia la región de América Latina y Caribe, como si fuera su traspatio de antaño.

Para el belicoso Douglas Fraser, Venezuela enfrenta una coyuntura de "incertidumbres sobre la salud" del presidente Hugo Chávez, una "persistente inestabilidad económica y crecientes niveles de violencia que generan mayores exigencias para el gobierno". Pero, en realidad, la verdadera inquietud de los círculos de poder en Washington pudiera estar relacionada con el anchuroso apoyo popular que obtuvo Chávez, aún con sus dificultades de salud, en las elecciones presidenciales de octubre del 2012, lo que permitirá dar continuidad a los proyectos de justicia social de la Revolución Bolivariana.

Para el marcial Douglas Fraser, en Bolivia se han registrado protestas por los salarios, la escasez de energía eléctrica y los precios de los alimentos, que posiblemente continuarán hasta que el gobierno de Evo Morales "enfrente las causas de la agitación social". Al igual que el caso de Venezuela, la situación interna de Bolivia, con sus propias peculiaridades, está lejos de conformar un escenario regional de "turbulencias geopolíticas", solo imaginable en las calenturientas apreciaciones de los estrategas militares del sobresaltado Comando Sur.

Para el intrépido Douglas Fraser, la transición del liderazgo de Fidel Castro a su hermano Raúl "ya se completó", pero mostró suspicacia hacia "los efectos a largo plazo de lo que denominó reformas económicas del gobierno" cubano. Sin embargo, este tipo de elucubración sobre Cuba no es novedosa, porque es conocida la incertidumbre de los estrategas militares y de la clase política estadounidense, cuando los procesos en la Isla no se perfilan o evolucionan en la dirección de los intereses políticos y estratégicos de Washington.

El gobierno de los Estados Unidos debiera cesar los pronunciamientos y juicios unilaterales sobre Cuba: un actor de reconocimiento global y suficiente legitimidad internacional. En el contexto latinoamericano y caribeño actual, es un error las presiones diplomáticas de la administración estadounidense sobre Colombia, para excluir a la Isla de algunos foros, como la Cumbre de las Américas, y eludir la solución de sus conflictos con La Habana, mediante la transparencia y sin medias tintas, ya que el comportamiento internacional de Washington pudiera verse asociado a los retrógrados métodos de la "guerra fría". Claro, porque sabemos que el Imperialismo no ha renunciado a su esencia agresiva y avasalladora sobre los pueblos, considerando la política internacional bajo un esquema de ordeno y mando de las grandes potencias sobre los estados que consideran de menor significación internacional.

Como expresó el canciller cubano, Bruno Rodríguez Parrilla, Cuba se interrogó, en el año 2009, si las Cumbres de las Américas servirían para discutir los problemas reales de América Latina y el Caribe, los problemas de la paz, los problemas del desarrollo, los problemas de la deuda, los problemas de una relación justa y equitativa, los problemas del acceso a los mercados, los problemas del subsidio, que destruye las economías caribeñas, por ejemplo; si se discutieran los problemas reales del terrorismo, del narcotráfico; si se discutieran en un plano de igualdad entre Estados Unidos y América Latina y el Caribe, quizás esas Cumbres, aunque hubieran excluido a Cuba, servirían para algo; pero no si lo fueren para expandir la dominación de los Estados Unidos, para extender esa presencia intervencionista, injerencista en nuestros estados; si fueran para extender y profundizar esa relación de expoliación de nuestras economías y de nuestros recursos, habría que resistir,[147] porque es precisamente todo esto último lo que genera turbulencias geopolíticas en América Latina y el Caribe. Y difícilmente se podría encontrar otro responsable de las inestabilidades históricas en nuestro continente que no esté vinculado de un modo u otro a las políticas emanadas de la Casa Blanca.

Para colmo, el castrense Douglas Fraser esboza que Haití "sigue siendo vulnerable a los desastres naturales y las penurias económicas", lo que debiera significar una situación vergonzosa para los gendarmes del capitalismo globalizado, pues las potencias garantes del injusto orden internacional actual -¿Y existe un orden?-, en primer lugar los Estados Unidos, han hecho muy poco para contribuir a resolver los problemas humanitarios de esa sufrida nación, que, en más de una ocasión en la historia reciente, ha visto su soberanía horadada por las botas de los marines estadounidenses. En realidad, no hay esfuerzos visibles de Washington para lograr el cumplimiento de una efectiva ayuda humanitaria a un país que fue devastado por catástrofes naturales y enfermedades como el cólera.

El pretexto del narcotráfico

Además de todo lo anterior, durante la audiencia para discutir el presupuesto del Comando Sur para el año fiscal 2013, el General

Fraser recurrió al viejo pretexto del narcotráfico y acusó alevosamente a Venezuela por su falta de cooperación en la lucha contra el tráfico de estupefacientes.

Con el objetivo de lograr un abultado presupuesto, se especuló sobre el aumento de supuestas actividades del gobierno venezolano, como la captura de algunos capos colombianos, pero, para las autoridades estadounidenses, los esfuerzos de Venezuela en su batalla contra ese flagelo no han sido suficientes, como si lo hecho por ellos mismos al interior de sus fronteras, y allende los mares, fuera digno de elogio o tuviera visos paradigmáticos.

Es sabido que, en sus informes anuales sobre la cooperación antidroga, Washington ha reiterado su acusación a Venezuela de haber "fracasado manifiestamente" en sus esfuerzos antinarcóticos. Empero, lo mismo pudiera reprocharle Caracas a Washington, por constituir los Estados Unidos un ampuloso mercado para el consumo de la droga, ya que sin los consumidores podría lograrse una reducción significativa de la producción y distribución de los narcóticos; sí, así como de la delincuencia y la violencia asociada a las redes del narcotráfico y el crimen transnacional en las Américas.

Por otra parte, el adelantado Fraser dijo no tener evidencias de nexos entre grupos terroristas y cárteles de la droga, pero afirmó: "seguimos vigilantes de la potencial amenaza que organizaciones criminales transnacionales colaboren para trasladar terroristas dentro de la región y hacia los Estados Unidos", lo cual no es un elemento nuevo, pues, en la última década, todas las estrategias militares y de seguridad nacional estadounidenses han tratado este asunto con un idéntico enfoque.

El duende de la amenaza Iraní

En la coyuntura de las elecciones presidenciales de noviembre del 2012, el General Fraser manifestó a su público -no menos entusiasmado con la idea de Israel de propinar golpes militares a Irán- que el Comando Sur sigue "tomando en serio la actividad iraní en la región y vigilando de cerca sus actividades". En un atisbo de objetividad, Fraser reconoció que la relación entre Teherán y la región es principalmente diplomática y comercial, evidenciándose que esos vínculos no podrían ser considerados una conspiración de un eje persa-latinoamericano contra los Estados Unidos.

¡Ah! Y qué piensa el presidente Barack Obama de los sectores que avivan los tambores de la guerra con Irán. Pues bien, para un Obama posiblemente atribulado, los republicanos se han tomado muy a la ligera las consecuencias de una posible guerra contra Irán. Según reseñó EuroNews, Obama dijo - sin que le falte razón - lo siguiente: "Cuando veo la ligereza con la que algunos de ellos habla de la guerra pienso en las consecuencias de un conflicto. Pienso en las decisiones que tengo que tomar y lo que supone enviar al campo de batalla a chicos y chicas jóvenes y el impacto que tendrá en sus vidas. El impacto que tendrá en nuestra seguridad nacional, en nuestra economía. Esto no es un juego, no es una decisión que se puede tomar a la ligera".

En un sistema internacional de múltiples interdependencias económicas y sociales, lo más racional es evitar una guerra de imprevisibles consecuencias globales. Nadie podría ignorar que un conflicto militar con Irán, por parte de los Estados Unidos e Israel, pudiera tornarse de carácter nuclear, provocando bruscas e irreversibles consecuencias para la supervivencia de la especie humana.

Le confiero razón a Obama cuando alerta que los sectores más conservadores de la política de su país no deben tomarse los asuntos de la guerra con tanta ligereza. Está claro que Obama se refiere a una guerra con Irán, pero esa misma perspicacia se ajusta a los países latinoamericanos y caribeños, sobre los cuales el Comando Sur diseña contingencias militares por el solo hecho de haber debilitado la dominación de los Estados Unidos en la región, desertando del viejo traspatio de Washington, que se erigió, en los últimos dos siglos, en el principal centro de generación de turbulencias geopolíticas, como expresión de un abarcador esquema de señorío político, económico y militar implantado en toda la región.

En la búsqueda de un equilibrio funcional y mutuamente ventajoso para las relaciones interamericanas, sería preferible que los Estados Unidos contribuyan a evitar las llamadas turbulencias geopolíticas y, a la vez, abandonen el destino manifiesto que los conduce a la generación de conspiraciones ciclópeas, turbulentas, desestabilizadoras, porque pensándolo bien, como dijo Obama: "hay que preocuparse también por el impacto que tendría una guerra en la vida de los chicos y chicas de los Estados Unidos".

3.11. MARXISMO Y CRISTIANISMO: ¿DE DÓNDE VENIMOS?; ¿QUIÉNES SOMOS?; ¿A DÓNDE VAMOS?

A bordo del avión vaticano, antes de comenzar su visita a México, que después lo llevaría a Cuba socialista, el Papa Benedicto XVI hizo unas declaraciones sorprendentes referidas a que la "ideología marxista no es válida en el mundo actual y ofreció sus gestiones y disposición para buscar modelos alternativos junto a Cuba". El mediático pronunciamiento del Papa tuvo lugar unos días antes de su llegada a Cuba, donde encontró un pueblo, entre el 26 y el 28 de marzo del 2012, que lo escuchó con profundo respeto y civismo.

Cuando el Papa habló del marxismo probablemente describió la interpretación marxista del llamado "socialismo real", instaurado en la Unión Soviética y la Europa del Este, después de la Segunda Guerra Mundial, cuyo modelo, en apenas unas décadas, agotó sus posibilidades de reproducción política, económica y social, desapareciendo, como sistema social y en su expresión geopolítica, hace poco más de veinte años.

Es lógico que las palabras del Papa provocaran conmoción en los sectores marxistas respetuosos del credo cristiano en la Isla y fuera de ella. De la misma manera, sería un desliz, para un marxista, confundir los sentimientos cristianos con el tribunal permanente, distinto del ordinario, que estuvo encargado por el papado de la lucha contra la herejía, bien conocido a lo largo de la historia por la Inquisición, pues la tradicional posición conservadora de la Iglesia, hasta el mismo siglo XIX, rechazó las novedades científicas, sin olvidar que por ello fueron silenciados y castigados, entre otros muchos: Girolano Savonarola, Nicolás Copérnico, Miguel Servet, Giordano Bruno y Galileo Galilei. Todos fueron condenados no por confrontar la fe, sino por contradecir los dogmas de la Iglesia.

También, durante más de un siglo, ha sido una costumbre la reacción o el posicionamiento de la curia ante las doctrinas económicas y los postulados filosóficos de Carlos Marx, quien simboliza la emancipación humana frente a la explotación y depredación del capitalismo.

Sin embargo, si algo han aprendido los cubanos durante poco más de medio siglo de independencia política y económica, en su azarosa lucha por la supervivencia de la nación, es la importancia de la transformación, del cambio, de la evolución y la innovación política, porque es la esencia de una Revolución autóctona cimentada en profundas y diversas raíces populares; porque de otro modo no hubiera podido sobrevivir, en un sistema-mundo dominado por grandes potencias –la principal de ellas a 90 millas de sus costas-, y caracterizado por virajes geopolíticos, complicadas coyunturas políticas, en particular, a partir de 1991, tras la desaparición de la URSS y sus concepciones basadas en un marxismo dogmático, desvinculado de las nuevas realidades a escala nacional e internacional.

Contrariamente a lo que pudiera interpretarse de las expresiones del Papa, el sistema capitalista globalizado, que emergió en la década de los noventa del siglo XX, tras el derrumbe del "socialismo real" -que igualmente no debe confundirse con el comunismo-, ha resultado en muchas cosas enigmáticamente parecido al que había pronosticado Marx, en 1848, en El Manifiesto Comunista. Pero ahora, sin duda, con más complejidad por los conflictos y problemas globales derivados de la interacción de múltiples fenómenos de carácter económico, financiero, militar, tecnológico y transnacional acumulados por el propio capitalismo que los engendró sin una perspectiva o posibilidad real de solución.

Por esos argumentos, resulta cuestionable y asombrosa la tesis sobre la invalidez del marxismo en la época contemporánea. Incluso, si tomamos en cuenta que todavía la ciencia encuentra sus límites en la solución o explicación de múltiples fenómenos novedosos que afectan e inquietan a la humanidad, el marxismo sale fortalecido al constituir una perspectiva teórica y metodológica viable para

comprender las dinámicas y las crisis que sa-
cuden al actual sistema-mundo capitalista.
Para la izquierda actual, el marxismo sigue
siendo una orientación científica, un paradigma para emancipar a los explotados y
oprimidos, que son, hasta ahora, las amplias
mayorías sociales, en cualquier latitud del
planeta.

En rigor, la crisis que vive la humanidad no
es la del marxismo ni la del comunismo, incluso ni la del "socialismo real", ya inexistente, sino es la crisis del viejo capitalismo
real y de sus salvajes doctrinas neoliberales
privatizadoras que, con su pillaje sin límites,
han concentrado las riquezas del planeta en
un puñado de transnacionales u oligopolios
que saquean los recursos naturales, recu-
rriendo a guerras que causan devastación y
desintegración de sociedades completas,
como han sido, en los albores del siglo XXI,
las embestidas contra Iraq, Afganistán y Libia. Contra estos países fue aplicada la
misma estrategia política y militar que ahora
se intenta imponer a Siria e Irán.

Las revoluciones atenazadas por las potencias occidentales en los países árabes, las mo-
vilizaciones de los indignados en Europa y en
los Estados Unidos, el enfrentamiento de los
islandeses a los espoliadores banqueros y las
luchas de los griegos contra los planes de
ajuste dictados desde la Comisión Europea, el
Fondo Monetario Internacional y el Banco
Central Europeo y las luchas sociales que en
América Latina derrotaron el Área de Libre
Comercio para las Américas (ALCA), junto a

los gobiernos de izquierda, en una región que desarrolla la integración en los marcos de la cooperación y la solidaridad entre los pueblos, simbolizan que los caminos libertarios desde la izquierda, inspirados en Marx, constituyen un referente teórico inevitable; porque, a diferencia de otras concepciones filosóficas o políticas, el marxismo contempla la sociedad humana en perpetua mutación, en constante movimiento e innovación revolucionaria.

Pero, ¿cuáles son las reivindicaciones del movimiento Ocupar Wall Street (OWS, según sus siglas en inglés) en el corazón del sistema capitalista actual? Siguiendo su propia consigna: "¡Empleo, vivienda, salud, educación, pensiones, el medio ambiente, el No a la guerra! En ese sentido, los indignados estadounidenses están centrados en denunciar el poder escandaloso de los bancos y mega-oligopolios para salvar a comunidades enteras, sus escuelas, los servicios de salud y defender los puestos de trabajos de los recortes que promueven los gobiernos de los estados capitalistas más desarrollados (G-8). Ellos, denominados también como los nuevos combatientes contra El Capital, se siguen preguntando al igual que Marx para qué sirve la economía y la política si no están al servicio de los pueblos. Entonces, ¿Harían falta más evidencias que confirmen la vigencia teórica del marxismo y la importancia de su legado político-filosófico para la humanidad?

Es también poco cuestionable que, en términos universales, el marxismo representa, desde el siglo XIX, un proyecto universal de emancipación humana todavía por conquistar.

Marx, que tuvo una mirada bien crítica hacia idénticos problemas sociales de su tiempo histórico, demostró, con métodos científicos, los vínculos entre economía y política, razonando que toda decisión económica está comprometida con la política, tiene connotaciones políticas, pues como dijera el marxista Lenin: "la política es la expresión concentrada de la economía", algo que soslayaron con ligereza los tecnócratas del viejo capitalismo entre los siglos XVIII y XX, y lo siguen haciendo con tranquilidad pasmosa los capitalistas neoliberales del siglo XXI. Al eludir esas interrelaciones por intereses de clase a favor de la burguesía transnacional, en detrimento de las inmensas mayorías populares marginalizadas, las políticas económicas neoliberales han provocado una grave crisis social mundial que de no ser rectificada, más temprano que tarde, arrastrará a la especie humana hacia un desastre inevitable.

Entre las problemáticas globales que el sistema capitalista arroja para su examen ético, desde la visión esclarecedora del marxismo y del cristianismo, se encuentran las 25 000 armas nucleares, en manos de potencias centrales o estados antagónicos, dispuestas a ser lanzadas en condiciones de conflicto o por un error de sus manipuladores, las cuales reducen, cada vez más, las posibilidades de supervivencia humana y desestiman los derechos de miles de millones de personas que votarían, sin discusión alguna, por la eliminación completa de dichos armamentos, si fuesen consultados en un referendo universal.

A lo anterior, se añade que no existe una verdadera Comunidad Internacional con principios e identidades similares, valores y preocupaciones mutuas sobre los destinos de un planeta en agonía, que todavía nos ofrece el privilegio único de la vida. Esa realidad impide cambiar el no menos peligroso escenario del comercio de armas convencionales por las cien principales compañías vinculadas a esta actividad, que obtienen cada año más de 400 000 millones de dólares en el lucrativo negocio de la muerte. Mientras nos aproximamos a esta verdad, denunciada de forma anual por el Instituto Internacional de Estudios para la Paz de Estocolmo (SIPRI, siglas en inglés), descubrimos que la relación del centenar de empresas que lideran las transacciones de armas tiene a 44 compañías de los Estados Unidos, las cuales acaparan el 60 por ciento del valor total de las actividades comerciales, cuando tres decenas de firmas europeas son responsables del 29 por ciento del industrioso comercio de armamentos y servicios militares.

La humanidad desea la paz y que los enormes recursos utilizados en la carrera armamentista sean utilizados para el desarrollo económico y espiritual de los pueblos. El negocio de las armas y los servicios militares ignora la existencia de unos 1 000 millones de personas que se encuentran bajo los efectos de la hambruna. En un gesto de altruismo, los líderes de las potencias capitalistas podrían considerar los propios datos del Banco Mundial que sugieren la posibilidad de beneficiar, con un per cápita mínimo de un dólar anual, a más de 4 000 millones de personas con el consumo de trigo enriquecido, hierro, alimentación complementaria y micronutrientes en polvo.

Es realmente paradójico constatar que el sistema capitalista liderado por los Estados Unidos, con sus enormes desarrollos científicos y tecnológicos, no sea capaz de ofrecer nuevas esperanzas para millones de seres humanos, de generar ideas constructivas y valores morales frente a un desenfrenado consumismo que, a la vez, es inaccesible para la mayoría de las poblaciones ubicadas en su periferia subdesarrollada, negándoseles el más elemental derecho al desarrollo y a la existencia digna, porque simplemente se trata de que los pueblos cumplan fielmente con las indicaciones de más austeridad y menos beneficios sociales del Fondo Monetario Internacional (FMI), el Banco Mundial o el Banco Central Europeo.

Esas situaciones nos llevan previsiblemente a un escenario de mayor violencia, caos e incertidumbre global. De hecho, la principal fuente de violencia e inseguridad en el sistema internacional son las guerras sostenidas por la Organización del Tratado del Atlántico Norte (OTAN) al servicio de los Estados Unidos y las antiguas potencias coloniales europeas.

La OTAN es un viejo instrumento militarista en manos de las potencias capitalistas occidentales que surgió en medio del beligerante ambiente de la "guerra fría" y que no debería existir después de la desaparición de la Unión Soviética y de la Organización del Tratado de Varsovia (OTV), que le hizo contrapeso. Ahora la función estratégica de la OTAN no es la "contención del comunismo", su misión es masacrar a los pueblos de los países del Tercer Mundo bajo diferentes pretextos que van desde la defensa de la democracia, los elásticos argumentos humanitarios, la lucha contra un malvado represor o el hipócrita combate antiterrorista.

La OTAN es, ni más ni menos, el brazo armado de una civilización occidental en profunda crisis de valores morales y espirituales, cuya decadencia se exterioriza en una exacerbada agresividad militarista, con el fin de imponer la monotonía de un pensamiento único universal, a través de la fuerza de las armas, hasta lograr un gobierno mundial que extienda la dominación política y militar de un sistema que, desde al menos el siglo XVII, se expande y deshumaniza con su mercado-consumo globalizado sin que nos permita reflexionar sobre los destinos de una humanidad que llegará a los 9 000 millones de personas en el cercano 2050, pero sin todavía haber descubierto la verdad sobre tres preguntas fundamentales: ¿De dónde venimos?; ¿Quiénes somos?; ¿A dónde vamos?

En el actual contexto global de crisis múltiples, tanto marxistas como cristianos, así como todas las fuerzas humanistas del planeta, debieran unirse para concretar el más amplio desarrollo material y espiritual del hombre mediante la cooperación en numerosos terrenos institucionales y de la sociedad civil, en el ámbito cultural, educacional, en las ciencias humanas o en los aspectos que conciernen a su propia naturaleza.

Recuerdo que Fidel Castro Ruz, en el siglo XX, en conversaciones con el teólogo brasileño Frei Betto, había advertido que "la unión entre marxistas y creyentes religiosos no se constriñe a una cuestión política, de tácticas, sino a estrategias comunes", porque tanto el socialismo (comunismo) como el cristianismo se plantean no solo el progreso material de la sociedad, sino también el crecimiento espiritual del individuo. Su felicidad plena: sin exclusiones, porque el "amor al prójimo es solidaridad".

Cuando todavía nos estremece el eco de la trascendencia histórica de la visita del Papa Benedicto XVI a Cuba, ojalá sus palabras hayan calado profundo en la mente y los corazones de millones de personas en torno a su mensaje de paz: "Unidos todos juntos con lazos de amistad; hermanos, sin rencores, amando de verdad, rompiendo las barreras que impiden el querer, para avanzar la historia y un mundo nuevo hacer".

En esta idea de la unidad y un mundo nuevo, radica la importancia y la necesidad de una alianza estratégica entre marxistas y cristianos. Entre todas las fuerzas progresistas y humanistas del planeta. En esta compleja y difícil época que nos ha tocado vivir, es inaplazable la toma de conciencia sobre las problemáticas que amenazan con extinguir la vida en la Tierra, incluyendo a la especie inteligente que, hasta ahora, ha sido la única en desarrollar una impresionante civilización.

3.12. LA REVOLUCIÓN BOLIVARIANA EN LA POLÍTICA INTERNACIONAL DEL SIGLO XXI.

Muchos son los beneficios que se vislumbran para el pueblo venezolano tras la histórica reelección del Comandante Hugo Chávez, el 7 de octubre del 2012, como presidente de la República Bolivariana de Venezuela, para el periodo 2013-2019. Sin embargo, la mayoría de los venezolanos (7 millones 444 mil 082) también optaron, con la reelección de Hugo Chávez, por la prolongación de los avances bolivarianos en el ámbito de la política internacional.

Es bien conocido que durante los últimos 14 años, el proceso revolucionario, liderado por Hugo Chávez, construyó una nueva y exitosa política exterior inspirada en la historia nacional y en los ideales latinoamericanistas, caribeños y universales del Libertador Simón Bolívar; mientras, por otra parte, obtenía el respaldo, en política interna, de un profundo movimiento social que ha dado lugar a una democracia desbordante de participación popular, a nivel electoral y en las tareas de la

Revolución; así como a una permanente e impresionante comunicación del presidente Hugo Chávez con las mayorías sociales. Es precisamente la justicia social, el centro neurálgico de la política interna, lo que ha permitido la fortaleza moral, la influencia regional y el prestigio de Venezuela en el escenario internacional.

A partir de ahora, y hasta el 2019, Hugo Chávez tendrá una amplia y legitimada vía para profundizar los progresos obtenidos por Venezuela en el terreno de la integración latinoamericana y caribeña. En un mensaje de felicitación a Chávez, el presidente cubano, Raúl Castro Ruz, expresó que la decisiva victoria (de Chávez) asegura la continuidad de la lucha por la genuina integración de "Nuestra América". Es así porque atrás quedaron los tiempos en que Venezuela, aislada en el plano regional e internacional, solo podía tener relaciones con los países que ordenaba el gobierno de turno en los Estados Unidos, fuera de signo demócrata o republicano.

La estrategia diseñada por la Revolución Bolivariana acercó las relaciones con todos los países de América Latina y el Caribe. Los resultados concretos en política internacional se encuentran en el despliegue de los mecanismos de integración como PETROCARIBE, la Alianza Bolivariana para los Pueblos de Nuestra América (ALBA), la Unión de Naciones Suramericanas (UNASUR), la Comunidad de Estados de Latinoamérica y el Caribe (CELAC), y el ingreso al Mercado Común del Sur (MERCOSUR). De carácter estratégico, en el interés de lograr una nueva arquitectura financiera regional y mundial, es la creación del Banco del Sur, que ha sido aprobado por la mayoría de los países de la región.

La política exterior bolivariana también ha impactado a África. Entre los importantes avances en las relaciones con esta región, se destacan las cumbres de los países de América del Sur y África (ASA); y cada vez cobran más vitalidad los vínculos de Caracas con China, Rusia, Vietnam, Corea del Norte, Irán, Bielorrusia y, en general, con todos los países europeos, siempre en el marco del respeto a la soberanía y la libre determinación de los pueblos. En ningún otro periodo de su historia, Venezuela desarrolló una política exterior tan amplia, solidaria y diversa en beneficio propio y de otras naciones.

Ahora pasemos una mirada al alcance y la contribución de los proyectos mencionados a la política internacional actual:

PETROCARIBE (Petróleo solidario para el Caribe). Esta organización fue creada el 29 de junio del 2005, en la ciudad de Puerto La Cruz, suscrita inicialmente por 14 países, como un acuerdo de cooperación energética. PETROCARIBE es una respuesta a los abusos que los buques foráneos realizaban a los países del Caribe con la venta del petróleo, imponiéndoles precios de transportación excesivos. Por eso el acuerdo está basado en la eliminación de todos los intermediarios, solo intervienen entidades dirigidas por los gobiernos. Se busca la transformación de las sociedades latinoamericanas y caribeñas, haciéndolas más justas, participativas y solidarias. La idea se concibe con la finalidad de crear un proceso integral que promueva la eliminación de las desigualdades sociales, fomenta la calidad de vida y una participación efectiva de los pueblos.

ALBA (Alianza Bolivariana para los Pueblos de Nuestra América). Fue creada en La Habana, el 14 de diciembre del 2004, por el acuerdo de Venezuela y Cuba, como una iniciativa de los presidentes Hugo Chávez y Fidel Castro; posteriormente ingresaron: Bolivia, Nicaragua, Dominica, Ecuador, San Vicente y las Granadinas, Antigua y Barbuda. Honduras abandonó la Alianza luego del golpe de Estado que derrocó al presidente Manuel Zelaya, el 29 de junio del 2009. Es el resultado de la lucha contra los tratados de libre comercio (TLC), que impone la estrategia de dominación de los Estados Unidos. Es uno de los más importantes mecanismos de integración en el que se aprovechan las ventajas cooperativas entre las diferentes naciones asociadas, para compensar las asimetrías entre las mismas. Esto se logra mediante fondos compensatorios, destinados a la disminución de las desigualdades intrínsecas de los países miembros, y con la aplicación del Tratado de Comercio de los Pueblos (TCP).

El ALBA-TCP es un mecanismo de integración de nuevo tipo porque otorga prioridad a la relación entre los propios países, en pie de igualdad y en el bien común, utilizando el diálogo subregional y multiplicando las alianzas estratégicas, para fomentar el consenso y el acuerdo entre las naciones latinoamericanas. En fin, el ALBA ha simbolizado un nuevo amanecer político para "Nuestra América".

UNASUR (Unión de Naciones Suramericanas). Nació el 18 de diciembre del 2004 durante la III Cumbre Suramericana reunida en Cuzco, Perú. Los presidentes de los 12 países de América del Sur firmaron la Declaración de Cuzco, mediante la cual decidieron conformar la Comunidad de Naciones Suramericanas, que fue evolucionando a través de la Cumbre de Cochabamba, celebrada el 9 de diciembre del 2006. Los mandatarios de Suramérica, reunidos en la Cumbre realizada en la isla de Margarita, el 17 de abril del 2007, decidieron renombrar a la comunidad como Unión de Naciones Suramericanas (UNASUR), creada sobre una región con raíces comunes. Este esfuerzo regional dio fundación a la Unión de Naciones Suramericanas en la Reunión Extraordinaria de Jefes de Estado y de Gobierno en la ciudad de Brasilia, República Federativa del Brasil, el 23 de mayo del 2008, donde se suscribió su tratado constitutivo, que entró en vigor el 11 de marzo del 2011, por lo que la UNASUR se convirtió en una entidad jurídica durante la reunión de Ministros de Relaciones Exteriores en Ecuador, donde se puso la piedra fundamental de la sede de la Secretaría. En octubre del 2011 UNASUR fue reconocida como miembro observador de las Naciones Unidas (ONU). La UNASUR es un mecanismo de integración regional sin el patrocinio de los Estados Unidos, lo que significa la preservación de la independencia y la soberanía de las naciones suramericanas.

CELAC (Comunidad de Estados de Latinoamérica y el Caribe). Fue creada el 2 y el 3 de diciembre del 2011 en Caracas, con la participación de 33 países, y manifiestamente excluidos los Estados Unidos y Canadá, a pesar de los intentos de sabotaje desde Washington y sus gobiernos subordinados en América Latina. La CELAC es otro de los notables logros del proceso de integración bolivariano. Es una respuesta estratégica a la inoperancia y obsolescencia de la Organización de Estados Americanos (OEA), convertida en ministerio de colonias estadounidenses, utilizada por los Estados Unidos como instrumento de dominación y para justificar intervenciones militares en los países de América Latina y el Caribe.

ASA (América del Sur y África). Iniciada en la Cumbre América del Sur-África, celebrada en Margarita, el 25 de septiembre del 2009, contó con la participación de 29 gobernantes africanos y ocho de Suramérica. Es un mecanismo multilateral que busca trazar objetivos comunes, con espíritu de gran solidaridad y por medio de colaboraciones estratégicas y de

cooperación Sur-Sur, para estimular la capacidad de desarrollo sostenible de los países
miembros. ASA busca mejorar el comercio exterior y la cooperación entre las dos regiones,
así como aumentar la inversión entre África
y América del Sur, además de favorecer el intercambio de tecnologías que sirvan para
añadir valor a las materias primas. Asimismo, se propone promover la participación
del sector privado en dichas iniciativas a través de las asociaciones nacionales de negocios
y la posible creación de una Asociación de Negocios África-América del Sur, así como la
creación del Banco de Inversión Africano de
la Unión Africana. ASA es el acercamiento
entre dos continentes similares, ubicados en
el llamado Tercer Mundo o la periferia del dominante centro capitalista. Procesos similares Venezuela intenta extender a Asia y Medio Oriente.

El último de los importantes éxitos internacionales de la política exterior bolivariana es
la entrada, como miembro pleno, de Venezuela al MERCOSUR, considerada entre las
primeras cinco economías más grandes del
sistema-mundo, que funciona con solidez
ante la crisis por la que atraviesa el modelo
económico neoliberal en los Estados Unidos y
la Unión Europea.

Las substanciales contribuciones de la Revolución Bolivariana al orden, la paz y la institucionalidad de las relaciones políticas y
económicas internacionales del siglo XXI, tienen como objetivo el mejoramiento de las condiciones de vida de los pueblos del Sur. Cada

uno de estos procesos, mecanismos e instituciones de signo progresista y humanista en la política internacional, han podido concretarse y consolidarse porque asistimos a una época de cambio en la correlación de fuerzas en América Latina y el Caribe, a favor de los pueblos, aunque todavía no sea así al interior de todas las naciones y sin que sea todavía un proceso irreversible, pues esta tendencia o movimiento favorable a la izquierda seguirá enfrentando múltiples desafíos y amenazas provenientes de las pretensiones de dominación capitalistas generadas por las burguesías latinoamericanas serviles a las viejas políticas coloniales y hegemónicas de los Estados Unidos en la región.

En lo adelante, lo cierto es que la política internacional estará inevitablemente signada por el impacto del triunfo electoral de Hugo Chávez y la Revolución Bolivariana. Desde Venezuela, en el periodo 2013-2019, se inaugura un nuevo ciclo de oportunidades progresistas para América Latina y el Caribe, ya que en el escenario más probable observaremos un impulso mayor a los procesos y mecanismos unitarios que intentan revolucionar las relaciones internacionales del siglo XXI hacia un sistema-mundo pluripolar y multicéntrico, que sea mucho más equilibrado, solidario, democrático, favorable a la cooperación económica entre los pueblos y al respeto a la igualdad soberana entre las naciones.

3.13. LA IMPORTANCIA HISTÓRICA Y PLANETARIA DEL PRÓCER HUGO CHÁVEZ FRÍAS.

No por imaginado el fatídico momento, después del desalentador comunicado sobre el estado general delicado del presidente y comandante de la Revolución Bolivariana, Hugo Chávez Frías, el 4 de marzo de 2013, la noticia de su fallecimiento, al día siguiente, ha dejado de ser muy estremecedora, para sus admiradores y la opinión pública mundial, que seguía día tras día, hora tras hora, la evolución de la salud del dirigente más popular y carismático de América Latina.

Conocer su ausencia física, es una novedad que conmueve a todas las personas de buena voluntad. El presidente de los pobres, el que hizo más por ellos, el que más nutrió a Venezuela de realizaciones sociales, culturales y democráticas, merece honor. Nunca antes en la historia contemporánea, un hombre, un líder revolucionario de un país del Tercer Mundo, había logrado tantos progresos, en tan corto tiempo, para su pueblo, la América Latina y el Caribe, como hizo Hugo Chávez Frías.

Debe recordarse que, cuando la historia parecía detenida y algunos teóricos de la política desconfiaban de la viabilidad del socialismo, en aquellos días del fin de la historia, de Francis Fukuyama, y terceras vías, de Anthony Blair, de rendiciones en el ideal del socialismo "real" soviético y de Europa del Este; en esos tiempos en que la humanidad caía en la confusión y el conformismo, por la supuesta victoria del capitalismo frente al eurocomunismo, hubo un hombre, que se llamó

Hugo Chávez, dispuesto a luchar, desde el pensamiento Bolivariano, por la construcción del socialismo.

Sólo una voz solitaria, desde una isla en el Caribe, insistía en que el socialismo sí era posible en aquella coyuntura de desarraigo de las ideas de izquierda y progresistas. Entonces, un nuevo Quijote, Chávez, vino a acompañar a Fidel Castro, que no cesaba de advertir sobre los peligros que amenazan a la especie humana, y el fracaso rotundo de la política económica neoliberal. Cuando el campo socialista se derrumbó y la URSS se desintegró, el imperialismo, con el puñal afilado de su bloqueo se proponía ahogar en sangre a la Revolución Cubana; Venezuela, un país relativamente pequeño de la dividida América, fue capaz de impedirlo.[148]

En ese ambiente mundial, el 4 de febrero de 1992, un gobierno consagrado en elecciones burguesas, fue desconocido e impugnado por un hecho de fuerza de carácter revolucionario: un movimiento cívico-militar asumió el liderazgo de una protesta social iniciada en el mismo mes, años antes, conocida como "El Caracazo", ocurrido el 27 de febrero de 1989. El líder militar Hugo Chávez, quien como pocos supo comprender el sentimiento nacional de descontento, harto ya de tanta opresión y del desconocimiento del pueblo, tomó posición y emprendió una arremetida no sólo contra el gobierno de Carlos Andrés Pérez, quien fungía como presidente de la República, sino también, contra las políticas que ignoraban el clamor y las necesidades populares, contra la corrupción exacerbada de los funcionarios estatales, contra la exclusión de los más desfavorecidos y la sumisión ante los intereses económicos y financieros imperiales.[149]

La rebelión cívico-militar del 4 de febrero de 1992, fue el primer gran hecho histórico de gran relevancia para la historia reciente de Venezuela, y para los pueblos latinoamericanos y caribeños. Pronto Chávez, en 1998, convertido en un indiscutible Cristo redentor de su pueblo, se erigió en candidato insumiso a las oligarquías, ganando unas elecciones presidenciales diseñadas para impedir el triunfo de los condenados de la tierra. ¿Podría esperarse una hazaña política mayor? A partir de entonces, el gobierno bolivariano se declara antiimperialista, anticapitalista y socialista. Esta postura de construir un nuevo socialismo en el siglo XXI, es su principal legado esperanzador para la humanidad.

La Revolución Bolivariana liderada por Chávez constituyó un renacer para los oprimidos de todo el mundo, en aquella etapa de apogeo del pensamiento único impuesto por el imperialismo. Desde entonces, fueron numerosos los países de las Antillas, Centro y Suramérica que Venezuela, además de sus grandes planes económicos y sociales, fue capaz de ayudar.

El principal logro de la Revolución Bolivariana se encuentra en su plena independencia y soberanía nacional, lo que le ha permitido, a Venezuela, el fortalecimiento de la democracia participativa, el incremento del gasto social, la alfabetización, el aumento de los servicios de salud, viviendas, el incremento de la igualdad de género, el acceso de la población a las nuevas tecnologías, el aumento de las pensiones, la disminución de la pobreza, la inequidad, la desnutrición, el desempleo y la reducción de la concentración de los medios de comunicación.

El mayor desafío, para la Revolución Bolivariana, es el mantenimiento de la unidad entre todos los componentes cívicos y militares del proceso político, hasta ahora victorioso bajo la dirección de Chávez. Los mismos factores comprometidos en la continuación del programa Bolivariano trazado por Chávez, con vistas al periodo constitucional 2013-2019. Esta estrategia contiene cinco objetivos estratégicos, que conforman el II Plan Socialista de la Nación "Simón Bolívar", entre los cuales se encuentran consolidar la independencia nacional, continuar la construcción del Socialismo Bolivariano, convertir a Venezuela en una potencia no solo económica, sino también social y política; contribuir al desarrollo de una nueva geopolítica internacional que defienda la visión de una configuración de fuerza anti-hegemónica, así como la preservación de la vida y la salvación de la especie humana.

Hay que reconocer que la estrategia internacional diseñada por la Revolución Bolivariana acercó las relaciones con todos los países de América Latina y el Caribe. Los resultados concretos en política internacional se encuentran en el despliegue de los mecanismos de integración como PETROCARIBE, la

Alianza Bolivariana para los Pueblos de Nuestra América (ALBA), la Unión de Naciones Suramericanas (UNASUR), la Comunidad de Estados de Latinoamérica y el Caribe (CELAC), y el ingreso al Mercado Común del Sur (MERCOSUR). De carácter estratégico, en el interés de lograr una nueva arquitectura financiera regional y mundial, es la creación del Banco del Sur, que ha sido aprobado por la mayoría de los países de la región.

La política exterior bolivariana también impactó a África. Entre los importantes avances en las relaciones con esta región, se destacan las cumbres de los países de América del Sur y África (ASA); y cada vez cobran más vitalidad los vínculos de Caracas con China, Rusia, Vietnam, Corea del Norte, Irán, Bielorrusia y, en general, con todos los países europeos, siempre en el marco del respeto a la soberanía y la libre determinación de los pueblos. En ningún otro periodo de su historia, Venezuela desarrolló una política exterior tan amplia, solidaria y diversa en beneficio propio y de otras naciones.

Las substanciales contribuciones de la Revolución Bolivariana al orden, la paz y la institucionalidad de las relaciones políticas y económicas internacionales del siglo XXI, tienen como objetivo el mejoramiento de las condiciones de vida de los pueblos del Sur. Cada uno de estos procesos, mecanismos e instituciones de signo progresista y humanista en la política internacional, han podido concretarse y consolidarse porque asistimos a una época de cambio en la correlación de fuerzas en América Latina y el Caribe, a favor de los pueblos, aunque todavía no sea así al interior de todas las naciones, y sin que sea todavía un proceso irreversible, pues esta tendencia o movimiento favorable a la izquierda seguirá enfrentando múltiples desafíos y amenazas provenientes de las pretensiones de dominación capitalistas, generadas por las burguesías latinoamericanas serviles a las viejas políticas coloniales y hegemónicas de los Estados Unidos en la región.

En lo adelante, Venezuela estará inevitablemente signada por el legado trascendental y el ejemplo paradigmático del prócer Hugo Chávez Frías. Los continuadores de la Revolución Bolivariana tienen la responsabilidad histórica de continuar el ciclo de oportunidades progresistas en América Latina y el Caribe, que impulsan los procesos y mecanismos unitarios hacia un sistema-mundo más equilibrado, solidario, democrático, favorable a la cooperación económica entre los pueblos y al respeto a la igualdad soberana entre las naciones.

Como expresó Chávez, el 4 de febrero de 1992: "(...) Es tiempo de reflexionar y vendrán nuevas situaciones y el país (Venezuela) tiene que enrumbarse definitivamente hacia un destino mejor".[150]

Epílogo

Esta obra no hubiera sido posible sin las experiencias docentes, como profesor de Teoría e Historia de las Relaciones Internacionales, en el Instituto Superior de Relaciones Internacionales de Cuba, *Raúl Roa García*, labor que ha sido acompañada del trabajo diplomático en diferentes países y de la publicación de artículos periodísticos y académicos en revistas impresas y páginas digitales de Cuba, España, Francia, Bélgica, Suiza, Venezuela, Argentina y los EEUU, entre otros países.

Con los ensayos y comentarios compilados en este libro, desde una visión crítica de izquierda, he querido demostrar que de la dinámica de las relaciones internacionales del siglo XXI depende en gran medida el destino futuro de la humanidad, pues lamentablemente la política internacional continúa a la sombra de las armas de alto poder destructivo, como el arma nuclear, permaneciendo vigente la amenaza de una guerra nuclear global y el conflicto violento entre las naciones, incluso, con las no menos demoledoras armas convencionales actuales.

Algunos de los hechos analizados, en los tres capítulos de esta obra, patentizan las insuficientes lecciones extraídas de dos sucesos en torno al arma atómica que conmocionaron al sistema internacional del siglo XX: el monstruoso bombardeo, inigualable acto de terrorismo de Estado, de Hiroshima y Nagasaki, ordenado por el presidente de los EEUU, Harry Truman, en 1945, inaugurando así un periodo de permanente militarismo y "chantaje nuclear", que condujo, por primera vez y a la última, en que la humanidad se ha visto al borde de la guerra termonuclear, escenario que tuvo como centro a Cuba, cumpliéndose, en octubre del 2012, el cincuentenario de ese breve, pero peligroso acontecimiento en medio de la álgida confrontación de la "guerra fría", cuyo nombre, para los cubanos, fue la Crisis de Octubre de 1962, para los soviéticos, la Crisis del Caribe y, para los estadounidenses, la Crisis de los Misiles.

El lector, ciertamente, pudo apreciar que la mayoría de los escritos compilados abarcan una coyuntura internacional denominada la postguerra fría, tras la desaparición de la Unión Soviética y los países socialistas de Europa del Este. Este periodo reciente de las relaciones internacionales no fue una etapa de probada paz y estabilidad mundial. En el horizonte de la política internacional siguieron acumulándose grandes amenazas para la seguridad de los países del Tercer Mundo.

Al orden relativo de la bipolaridad, y si se quiere absurdo, que se desarrolló a la sombra del equilibrio del terror (basado en las armas nucleares y la doctrina de la Destrucción Mutua Asegurada, entre estadounidenses y soviéticos, durante la *guerra fría*), sucedió un periodo cargado de incertidumbre, convulso, turbulento, y difícilmente controlable. Las potencias capitalistas occidentales vencedoras en la confrontación global Este-Oeste, se movilizaron, desde la última década del siglo XX y hasta la primera del siglo XXI, hacia un intento de reordenar el sistema internacional a través del uso de la fuerza militar. La guerra devino el instrumento privilegiado de la política exterior de los EEUU y sus aliados, para hacer prevalecer sus intereses de dominación a escala planetaria.

Lo que unió a los EEUU y Europa, por encima de contradicciones y discrepancias, fue el interés de consolidar el sistema capitalista globalizado en su orientación neoliberal, en una nueva fase de expansión de la Formación Económico-Social capitalista que, en la primera década del siglo XXI, desembocó en una nueva crisis económica y financiera mundial. Esta es una crisis que, a partir del año 2008, se hizo más profunda y de carácter estructural, porque afecta a todo el sistema en su conjunto: en el plano económico, social, medio ambiental e incluso en el orden político y moral. Sin embargo, a pesar de la complejidad de la crisis, y la incapacidad de superarla en lo inmediato, las principales potencias mundiales insistieron en favorecer la política neoliberal, porque ella beneficia a las oligarquías transnacionales que tributan a sus intereses de dominación económica en el contexto de la búsqueda del "nuevo orden mundial".

Los EEUU y las potencias europeas apostaron al establecimiento de un "nuevo orden mundial", pero, en verdad, esta formulación no ha ido más allá de su propio orden capitalista. De hecho conformaron un nuevo "Directorio" de grandes potencias, el grupo de países más industrializados, G-8, incluyendo a Rusia, que a muchos historiadores recuerda el viejo directorio europeo del siglo XIX. Este "Directorio", integrado por las potencias que todavía rigen la economía mundial y con los mayores recursos militares, ha perseguido la instauración de ese "nuevo orden mundial", que proclamó, un tanto crudamente, el presidente George Bush, en 1991, en el momento de triunfo estadounidense en la guerra del Golfo Pérsico, cuyo curso político no fue censurado por las administraciones sucesivas, envolviendo también al presidente demócrata, Barack Obama.

Como queda expuesto en el libro, esta estrategia imperialista ha estado caracterizada por la imposición de los modelos políticos y económicos del Norte rico e industrializado: democracia liberal y economía de mercado. En el terreno práctico, ha facilitado mayores niveles de penetración política y militar de los países desarrollados en el Tercer Mundo, en particular, en el África Subsahariana; la subordinación a esos propósitos de los organismos internacionales, ante todo de la ONU; el control hipócrita de la proliferación de armas de exterminio masivo y de algunas armas convencionales, muy importantes para los países pobres, como las minas. En este complejo escenario internacional, ante determinadas crisis internacionales, el "Directo-

rio" ha estado dispuesto a actuar unilateralmente -manipulando o no a la ONU como co-
bertura-, a través de la OTAN, su brazo armado predilecto, que ahora desatadas guerras fuera del marco geográfico europeo, en
correspondencia con la nueva doctrina militar de esta alianza militar en el siglo XXI.

Pero también hay que reconocer que no ha
resultado fácil, para los EEUU y sus aliados,
el intento de reordenar un sistema internacional en el que actúan unos 200 estados y
una gran diversidad de actores internacionales de carácter no estatal; mucho menos de la
manera en que se ha pretendido hacerlo mediante una estrategia de guerra permanente
fundamentada en la concepción del *cambio de
régimen*. Los nefastos resultados de la supuesta guerra contra el terrorismo en Afganistán e Iraq, analizadas en esta obra, justamente lo demuestran. Los Estados Unidos y
sus aliados de la OTAN, procuraron conformar su *orden mundial* por los medios tradicionales de la hegemonía de un reducido
grupo de estados poderosos y sin atender a
las necesidades de las dos terceras partes de
la humanidad.

Sin embargo, un verdadero orden mundial
presupone más bien todo lo contrario: es un
equilibrio de fuerzas estable, y la existencia
de un conjunto de instituciones y valores,
más o menos aceptados por todos los integrantes del sistema internacional, que preserve los intereses de la mayoría de los pueblos y las naciones. Nada de eso es estimu-

lado por las potencias occidentales, ni transcurre, en la política internacional del siglo
XXI. La situación internacional sigue convul-
sionada y conmocionada por el actuar violento de las grandes potencias, en especial de
los EEUU, Gran Bretaña y Francia, que se
proyectan más a "policiar" las relaciones internacionales con el pretexto de intervenciones con "fines humanitarios" o para "proteger" los derechos humanos, que a edificar las
bases de un verdadero, genuino, justo y humano nuevo orden mundial.

Un incuestionable orden mundial pasa por
la eliminación efectiva del armamentismo
nuclear y convencional. Por el fin de las guerras imperialistas y el cierre de las bases militares de las antiguas potencias coloniales en
otros países o territorios ubicados fuera de
sus fronteras nacionales. Por el fin de las políticas y los enclaves coloniales, allí donde todavía se encuentren en pleno siglo XXI. Por
la creación de nuevas instituciones económicas y financieras internacionales que favorezcan la utilización de los recursos invertidos
en el militarismo en bien de la gran mayoría
subdesarrollada del planeta. Por un respeto
global a la información veraz y el cese de las
guerras mediáticas originadas por las transnacionales del poder mediático, las cuales se
han convertido en el aparato ideológico y pro-
pagandístico del (des)orden neoliberal, en
una era de inevitable globalización económica
y comercial.

Editorial Letra Viva©

2013

251 Valencia Avenue # 253
Coral Gables, FL 33114

Notas

[i] Palabras expresadas en la Cátedra de los libertadores, el 4 de agosto del 2010, La Habana, Casa Nacional del Bicentenario.

[2] Destacado abogado y personalidad histórica del Partido Socialista francés.

[iii] Véase de Jean-Guy Allard el artículo: "El terrorista Orlando Bosch muere en la impunidad en Miami" http://verbo.blogia.com/2011/042801-el-terrorista-orlando-bosch-muere-en-la-mpunidad-en-miami.php

[iv] P.A.P: En la vida real es Paulo Antonio Paranagua.

[v] Véase de Marcelino Fajardo y Carlos Alzugaray sobre la contribución de Raúl Roa García, Canciller de la Dignidad, en la política exterior cubana. Revista Política Internacional (ISRI), Nro. 4, julio-diciembre, 2004.

6 La cifra fue confirmada en una comunicación de la Oficina de Control de Bienes Extranjeros adscrita al Departamento del Tesoro, organismo federal que califica arbitrariamente a Cuba como nación patrocinadora del terrorismo.

[vii] Datos tomados de la nota: "El bloqueo contra Cuba, la más larga y cruel historia de violación de los derechos humanos". Granma, La Habana, 10 de diciembre del 2012.

[viii] Datos tomados el 10 de abril del 2012 de la página en Internet: www.cubaminrex.cu

[ix] Datos tomados el 10 de abril del 2012 de la página en Internet: www.cubacoop.com. El sitio plantea como fuente el Centro de Información de la Cooperación, con última actualización 17 de marzo de 2009.

[10] Así fue denunciado por el canciller cubano de la época Felipe Pérez Roque. Véase su intervención

en el segmento de Alto Nivel del Consejo de Derechos Humanos. Periódico Granma, La Habana, 21 de junio del 2006.

[11] Véase de Santiago Pérez Benítez. Especificidades de la política exterior cubana: Factores explicativos. Revista Política Internacional (ISRI), Nro. 5, Enero-junio, 2005.

[12] José Martí. *Obras Completas*, Editorial de Ciencias Sociales, La Habana, 1975. Véase también de Rolando López del Amo, El equilibrio del mundo según José Martí". http://www.cubarte.cult.cu/periodico/opinion/el-equilibrio-del-mundo-segun-jose-marti/24080.html: 28-01-2013

[13] Véase de José Martí. Nuestra América. Edición Crítica. Centro de Estudios Martianos/Casa de las Américas. P. 13.

[14] Thomas Kuhn. La estructura de las revoluciones científicas. Fondo de Cultura Económica. Trad. De Agustín Contin, Argentina, 2004. Para Kuhn, un paradigma científico es un conjunto coherente de modelos, conceptos, conocimientos, hipótesis y valores estrechamente vinculados. Hay una revolución científica cuando un marco conceptual (paradigma) es remplazado por otro. El Marxismo es uno de los influyentes y fuertes paradigmas de la Teoría de las Relaciones Internacionales del siglo XX, por su propuesta emancipadora y contra-hegemónica, frente al pensamiento dominante del Liberalismo y el Realismo político en dicha disciplina académica.

[15] Discurso ante la Asamblea General de las Naciones Unidas, en New York, el 26 de septiembre de 1960. www.cuba.w/gobierno/discurso.

[16] Reflexión "Los peligros que nos amenazan", Periódico Granma, 8 de marzo de 2010, p. 2.

[17] Véase sobre el imperialismo de V.I. Lenin, El imperialismo fase superior del capitalismo. Editorial Progreso, Moscú, 1977.

[18] V. I. Lenin, "El militarismo belicoso y la táctica antiimperialista de la socialdemocracia", Obras Completas, Segunda Edición, Buenos Aires, Tomo 4,

1968, p. 331; y sobre las primeras armas que revolucionaron el arte militar, véase de Federico Engels, "La táctica de la infantería y sus fundamentos materiales /1700-1870" en: Anti-Dühring, Ediciones Pueblos Unidos, Montevideo, 1961, p. 409.

[19] Entrevista ofrecida por el Comandante en Jefe Fidel Castro Ruz a la prensa nacional después de ejercer su derecho al voto por los candidatos a diputados a la Asamblea Nacional de Cuba, el 3 de febrero de 2013. Periódico Granma, 12 de febrero de 2013, p. 4.

[20] Discurso pronunciado en Rio de Janeiro por el Comandante en Jefe Fidel Castro Ruz en la Conferencia de Naciones Unidas sobre Medio Ambiente y Desarrollo, el 12 de junio de 1992. Periódico Granma, 27 de enero de 2012, p. 7.

[21] Discurso en la clausura de V Fórum de Ciencia y Técnica, Periódico Granma, 21 de diciembre de 1995. p. 5

[22] Discurso pronunciado en Rio de Janeiro por el Comandante en Jefe Fidel Castro Ruz en la Conferencia de Naciones Unidas sobre Medio Ambiente y Desarrollo. Ibídem.

[23] Intervención del Líder Histórico de la Revolución cubana, Comandante en Jefe Fidel Castro Ruz durante la Sesión de constitución de la VII Legislatura de la Asamblea Nacional del Poder Popular. Periódico Granma, 25 de febrero de 2013.

[24] Reflexiones del compañero Fidel: "Lo que Obama conoce". Periódico Granma, 28 abril de 2012, p. 2.

[25] Véase en reflexiones del compañero Fidel: "La marcha hacia el abismo". Periódico Granma, 6 de enero de 2012, p. 2

[26] Discurso pronunciado en Rio de Janeiro por el Comandante en Jefe Fidel Castro Ruz en la Conferencia de Naciones Unidas sobre Medio Ambiente y Desarrollo. Ibídem.

[27] Datos tomados del artículo de Jean-Pierre Delaheye "Sarkozy, chef de guerre » Le Réveil des combattants. Paris, No. 773, juin 2011.

[28] Véase de Ignacio Ramonet, Elecciones en Francia. Le Monde diplomatique en español, abril de 2012.

[29] Véase de Leyde E. Rodríguez Hernández. La política francesa (2007-2012). http://leyderodriguez.blogspot.com/2012/04/la-politica-francesa-2007-2012.html

[30] Datos citado por Salim Lamrani en su trabajo: "Las elecciones presidenciales en Francia y la emergencia del Frente de Izquierda". http://www.telesurtv.net/articulos/2012/05/01/las-elecciones-presidenciales-en-francia-y-la-emergencia-del-frente-de-izquierda

[31] Ver el nombre de la operación militar en el artículo «Libye: début des opérations aériennes françaises», en sitio: http://www.defense.gouv.fr/actualites

[32] En paralelo, debe recordarse que "Tormenta del desierto" fue el nombre asignado en enero de 1991, por el Pentágono, al ataque contra Iraq en el gobierno de George Bush (padre). Esa operación también estuvo precedida por un ejercicio casi idéntico a "Southern Mistral", que fue dirigido algunos meses antes en Kuwait, por el general estadounidense Norman Schwarzkopf. Ver el artículo: "Démarrage de l'exercice franco-britannique Southern Mistral", en «Armée de l'Air», sitio: http://www.defense.gouv.fr/air/actus-air/demarrage-de-l-exercice-franco-britannique-southern-mistral

[33] Al respecto, el ministro francés de Asuntos Exteriores, Alain Juppé, declaró a una emisora que "no conocía de la carta"; no obstante, calificó de "lógico" el hecho de que los países que apoyaron a los sublevados reciban privilegios tras la salida del poder del Gaddafi. Véase el artículo « Pétrole: l'accord secret entre le CNT et la France », periódico Liberation. Sitio:http://www.liberation.fr/monde/01012357324-petrole-l-accord-secret-entre-le-cnt-et-la-france

[34] Colin Powell, secretario de Estado del primer pe-

ríodo presidencial de George W. Bush, por su pertenencia al sector afro-norteamericano con influencia política en el gobierno, contribuyó a activar los contactos de Estados Unidos con los Jefes de Estado en África Subsahariana. Véase comentario citado de Powell en: "Declaración ante la Comisión de Relaciones Exteriores del Senado", 17 de enero de 2001. Agenda de la Política Exterior de los Estados Unidos, Marzo, 2001.

[35] Entendido como « poder suave o carismático », las nuevas tecnologías de la información, el «comercio libre» y la imposición de patrones culturales occidentales impiden cualquier factor de cambio real en el orden político y socioeconómico al interior de los países y en las relaciones internacionales contemporáneas. Véase de Octavio Ianni, « El príncipe electrónico ». Revista de Ciencias Sociales, Buenos Aires, 2001, p.25.

[36] Es el programa que la Organización de la Unión Africana (UA) adoptó en julio de 2001 a fin de alcanzar sus objetivos de desarrollo socio-económico, a partir de las iniciativas presentadas por Sudáfrica y Senegal.

[37] La decisión fue tomada en la Cumbre de la Unión Africana celebrada en Maputo, Mozambique, en julio de 2003.

[38] De acuerdo con Mima Nedelcovych, Vicepresidenta del Consejo Corporativo de África y ex directora ejecutiva estadounidense del Banco de Desarrollo Africano. Véase su artículo en «Nuevas Oportunidades para la Inversión Extranjera ». Agenda de la Política Exterior de los Estados Unidos de América, Vol. 2, Nro. 2, abril de 1997.

[39] Ibídem.

[40] La deuda africana se calcula en unos 335 000 millones de dólares. Véase sobre el tema de Thomas Callaghy: « Globalization and marginalization: Debt and the international Underclass ». Current History, vol. 96, No. 613, Nov 1997, p. 394.

[41] U.S. Agency for International Development. Creada en 1961 por el presidente John F. Kennedy, tiene entre sus objetivos la promoción de las reformas "democráticas" en los países de la periferia capitalista.

[42] Creada en 1983, la NED (National Endowment for Democracy) es una organización « privada » al servicio de la promoción de los intereses « neoconservadores » del gobierno de Estados Unidos en el mundo.

[43] Según el informe Cheney, se espera que África Occidental sea una de las fuentes de petróleo y gas para el mercado estadounidense, pero los estrategas norteamericanos temen que el conflicto político y las guerras étnicas frustren los esfuerzos por obtener más petróleo africano, Véase esa proyección en el trabajo de Michael T. Klare, « Sangre por petróleo: La estrategia energética de Bush y Cheney » en: El Nuevo Desafío Imperial, Socialist Register, New York, 2004, Pp. 208-230.

[44] Actualmente Estados Unidos importa de África Subsahariana el 16% del petróleo que consume. Sólo en el 2001, Estados Unidos importó 68,1 millones de toneladas de petróleo y gas de esa región. Sobre la situación energética de Estados Unidos, véase Conferencia de Naciones Unidas para el Comercio y el Desarrollo. « Los servicios energéticos en el comercio internacional: consecuencias para el desarrollo », 18 junp[2001, sitio: htt://www.unctad.org

[45] Ibídem.

[46] Véase de Ken Silverstein, « Oil Politics in the Kuwait of Africa », The Nation, New York, April 22, 2002.

[47] Véase de Tony Hodges, Angola: Anatomy of an Oil State, Segunda Edición. Bloomington: Indiana University Press, 2004.

[48] Sobre las enfermedades que amenazan nuestra civilización, véase de Michael B. A. Oldstone, «Vi-

rus, pestes e historia ». Fondo de Cultura Económica, México, 2002.

[49] En ese sentido tiene especial significación el discurso pronunciado ante los veteranos de guerra congregados en Milwaukee, Estado de Wisconsin. The New York Time, Nueva York, 22, agosto, 2000.

[50] Véase de Richard J. Newman, "The New Space Race", U.S. News & World Report, Washington, v. 127, n. 18, november 8, 1999, p. 30.

[51] Para los teóricos de la estabilidad hegemónica una potencia tiene responsabilidad en el mantenimiento del status quo, de las relaciones entre estados capitalistas que defienden una economía política mundial. Por eso la superpotencia recurre a la creación de normas, reglas de juegos y regímenes internacionales que eviten el conflicto en las relaciones internacionales y, por supuesto, su caída como poder hegemónico dominante. Véase de Robert O. Keohane y J. Nye. Poder e Interdependencia. La política mundial en transición, Grupo Latinoamericano, Buenos Aires, 1988, así como la obra de Keohane: Instituciones Internacionales y poder estatal. Ensayos sobre teoría de las relaciones internacionales, Grupo Latinoamericano, Buenos Aires, 1993.

[52] Entre los miembros del primer equipo de la administración de W. Bush también existieron diferencias de criterios o de procedimiento sobre algunos temas de la política exterior de los Estados Unidos, pero encontraban el consenso en función de los intereses estratégicos de la superpotencia en la arena internacional. Los asuntos más polémicos para esa primera administración fueron los siguientes: el rompimiento del Tratado ABM, la política hacia China, Rusia y el Medio Oriente.

[53] El debate sobre ese controvertido estudio, véase en el trabajo de Michael Krepan, "Perdidos en el espacio o la nueva carrera armamentista". Foreign Affairs, (En Español), verano, 2001. Asimismo, sobre las "nuevas" amenazas a la seguridad norteamericana consúltese la entrevista a John D. Holum,

"Amenazas a la Seguridad: La respuesta de los Estados Unidos." Agenda de la Política Exterior de los Estados Unidos de América, Washington, n. 3, v. 3, julio, 1998.

[54] Hasta diciembre del 2005 habían sido desplegados nueve misiles interceptores del SNDA: siete de ellos en Fort Greely, Alaska, y dos en la base de la fuerza aérea en Vanderberg, California.

[55] Las cifras son tomadas del comentario de Eric González, "El presidente desoye al Senado e insiste en recortar los impuestos en 1,6 billones de dólares". El País, Madrid, 10, abril, 2001, p. 3.

[56] Véase de Richard J. Newman, artículo citado.

[57] Según las "Declaraciones del General de División William Looney". The Washington Post, Washington, 29, enero, 2001.

[58] "El Pentágono desarrolla una bomba atómica sin daños colaterales". El País, Madrid 16 abr. 2001, p.4

[59] Discurso de George W. Bush pronunciado en la Universidad de Defensa Nacional, un centro de altos estudios del Pentágono. Véase "President Bush speech on missile". The Washington Post, Washington, 1, mayo, 2001.

[60] El presidente norteamericano George W. Bush, en sus primeros seis meses en el poder, abandonó el Tratado de Kyoto sobre Cambio Climático; rechazó los protocolos que prohíben la guerra bacteriológica; demandó enmiendas a un acuerdo sobre la venta ilegal de armas ligeras; boicoteó la conferencia internacional sobre racismo; negó la ratificación del Tratado sobre la Prohibición Completa de los Ensayos Nucleares (CTBT, en inglés) y anunció la retirada del Tratado ABM de 1972.

[61] Significa que las obligaciones internacionales deben observarse y cumplirse rigurosamente. Principio básico del Derecho Internacional, ya que la estabilidad de las relaciones internacionales y la legalidad internacional no pueden ser aseguradas sin el cumplimiento estricto y de buena fe de las obligaciones que emanan de los tratados internacionales y

de otras fuentes del Derecho Internacional.

[62] Véase de Fidel Castro Ruz. "Discurso en la Tribuna Abierta de la Revolución efectuada en el área deportiva "Eduardo Saborit" del Municipio Playa". Granma, La Habana, 31, marzo, 2001, p. 3.

[63] Véanse los criterios de Richard Haass, Director del Departamento de Planificación de Políticas del Departamento de Estado, en el artículo de Thon Shanker, "Los tratados son cosa del ayer para Bush". The New York Times, Nueva York, 5, agosto, 2001, p.2.

[64] Véase interesante artículo de Tom Barry, "Bush Administration is Not Isolationist." Foreign Policy In Focus, Washington, 21, julio, 2001. También, Editorial del periódico The New York Times, Nueva York, 21, julio, 2001, sobre la pretensión de W. Bush de alejarse del mundo o gobernarlo según sus dictados. Véase el ensayo de Paul Johnson, "The myth of American Isolationism", Foreign Affairs, n. 3, v. 74, may/june, 1995.

[65] Véase de David A. Baldwin, "Security Studies and The End of the Cold War." World Politics, Washington, v. 48, n.1, october, 1995, Pp 117-141.

[66] Los datos fueron tomados de "Aprueba Senado fondos para defensa antimisil". Prensa Latina, La Habana, 22, septiembre, 2001.

[67] Según fuentes norteamericanas 75 países tienen alrededor de 75000 misiles cruceros. El misil crucero es menos costoso de adquirir por actores terroristas transnacionales de carácter no estatal que un misil balístico intercontinental, véase de Michael O´ Halon, el ensayo "Cruise Control. A case for Missile Defense". The National Interest, Washington, n. 67, Spring, 2002, Pp. 89-93.

[68] Datos tomados de Ojeda Jaime. Defensa Antimisiles: el sueño de Reagan. Revista de Política Exterior, Vol XVIII, Nro 102, Editorial Estudios de Plítica Exterior, Madrid, 2004, p. 135.

[69] El primer Ministro de Canadá, Paul Martin, ha expresado que su país está comprometido a trabajar con sus vecinos en temas de seguridad, pero no apoya el despliegue del sistema de "defensa" antimisiles. Tomado de "Canadá dice no a sistema antimisiles", 25 febrero 2005. Sitio: http://news.bbc.co.uk/hi/spanish/news/.

[70] Europa y no la Unión Europea, porque ésta no tiene una posición común en política exterior y defensa, para enfrentar desafíos en materia de seguridad global, como ha sido el despliegue del SNDA estadounidense.

[71] La desaparición de la URSS creó oportunidades para la política exterior norteamericana, sin embargo, también desafíos, pues sin la "amenaza soviética" fue difícil para los Estados Unidos definir su "interés nacional", según reconocieron las propias autoridades del Imperio, véase de Condoleezza Rice, "La promoción del interés nacional". Foreign Affairs (En español), enero-febrero, 2000.

[72] Comentario del presidente de Rusia, Vladimir Putin, durante un encuentro con el primer ministro de Canadá, Jean Chretien, uno de los líderes occidentales que, a fines del año 2000, objetó el sistema antimisil de los Estados Unidos, tomado del artículo de Tom Cohen "Canadá y Rusia instan a mantener la estabilidad en cuanto a misiles nucleares". AP, Ottawa, 18, diciembre, 2000.

[73] Véase "Declaración conjunta de los Jefes de los Estados de Rusia y China en Moscú". Press Release. Embajada de la Federación de Rusia, La Habana, n. 44, 23, julio, 2001.

[74] Gueorguiy Kunadze, "La asociación estratégica entre Moscú y Pekín queda refrendada en el Tratado". Ria Novosti, Moscú, 18, julio, 2001.

[75] El Foro de Shanghái quedó constituido en China en junio del 2001, con la firma de una declaración por los presidentes de Rusia, China, Kazajstán, Kirguizia, Tadzhikistán y Uzbekistán. Esta nueva orga-

nización se propuso tener una determinante influencia en el fortalecimiento de la paz y la seguridad en Asia.

[76] Jean Radvanyi. "La Russie enquête de "new deal". Election présidentielle sur fond de guerre". Le Monde Diplomatique, París, marzo, 2000, p. 8.

[77] Ibídem.

[78] Véase el argumento que critico en el trabajo de Condoleezza Rice, artículo citado.

[79] El Topol-M (SS-27, según la denominación estadounidense) es uno de los pilares de la modernización de las fuerzas estratégicas ofensivas rusas, basada en cohetes intercontinentales tierra-tierra de gran precisión y eficacia contra los medios de "defensa" antimisil, porque, gracias a sus motores especiales, tiene la capacidad de evitar la detección por los satélites.

[80] "Lanza Rusia cohete intercontinental con éxito". Granma, La Habana, 4, octubre, 2001, p. 4; véase comentario de Valery Ostani, "El Ejército ruso en proceso de Reorganización". Press Release, Embajada de la Federación de Rusia, La Habana, 19, marzo, 2002.

[81] Véase "Declaración del Presidente de Rusia, Vladimir Putin, 13 de diciembre del 2001 en relación con la decisión de los Estados Unidos de América de abandonar el Tratado ABM de 1972. Press Release. Embajada de la Federación de Rusia, La Habana, n. 79, 17, diciembre, 2001.

[82] Véase de Boris Petrov, "Moscú y París se pronuncian por la estabilidad estratégica". Ria Novosti, Moscú, 4, julio, 2001, p. 2.

[83] Véanse las "Declaraciones del Ministro de Defensa alemán Rudolf Sharping. Apoya Alemania condena rusa a planes estadounidenses de defensa". Notimex, Moscú, serie 0456, 30, enero, 2001.

[84] Sobre la dicotomía del poderío europeo, véase de Jorge Fuentes el artículo, "La Unión Europea y la unidad militar". Política Exterior, Madrid, n. 74, v.

XIV, marzo-abril, 2000, Pp. 74-75.

[85] Véase de Charles L. Barry. "Creating a European Security and Defense Identity" Joint Force Quarterly, Washington, 15, spring, 1997, pp. 62-69.

[86] La distribución de poder internacional posee las siguientes dimensiones: la estratégica-militar, con la unipolaridad en este campo de los Estados Unidos; la económica, con una tripolaridad conformada por los Estados Unidos, Europa y Japón, pero, en mi opinión, el ascenso de la economía China va convirtiendo a esa dimensión en cuadripolar.

[87] Según cuenta el artículo de Bosco Esteruelas: "Los Estados Unidos y Europa discrepan sobre la necesidad del escudo antimisiles". El País, Madrid, 30, mayo, 2001.

[88] Véase de Rodolfo Humpierre Álvarez, « El Sistema de Defensa Antimisil estadounidense en Europa. Su impacto en la seguridad mundial ». Centro de Estudios Europeos (CEE), La Habana, 8 de octubre de 2008.

[89] El debate se concentró en la posibilidad de instalar misiles modificados, o misiles de corto y mediano alcance Patriot con base en tierra, o misil Aegis embarcados, misil THAAD (Terminal High Altitude Area Defense), que actúan en la parte superior de la atmósfera terrestre, entre otros.

[90] La posición francesa, sobre el sistema antimisil de los Estados Unidos y la OTAN en Europa, fue esclarecida en la Conferencia de prensa del presidente de Francia, Nicolás Sarkozy, en la Cumbre de la OTAN celebrada en Lisboa, el 20 de noviembre de 2010. Véase documento "Sommet de l'OTAN-Conférence de presse de M. le Président de la République" en el sitio: http://www.elysee.fr/president/root/bank/print/10064.htp

[91] Representó una escuela de pensamiento de la política exterior de los Estados Unidos, conocida como los « internacionalistas progresista », que se convirtió en el fundamento del orden multilateral liderado por los Estados Unidos y occidente tras la II

Guerra Mundial. Obama, por su discurso lleno de promesas, fue asociado con la prédica de esa escuela.

[92] Véase los enfoques de este debate en « Obama, un multilatéralisme bien temperé. La primauté américaine reste l'objectif majeur », en el artículo de Zaki Laïdi. Directeur de recherche au Centre d'études Européennes de Sciences Po. Le Monde, 8 avril 2010, p. 19.

[93] Véase de James Danselow, « La retirada estadounidense de Iraq es un engaño ». Tomado de The Guardian por Granma, 7 de noviembre de 2011.

[94] Estados Unidos posee actualmente 5200 ojivas nucleares en estado operacional, o sea utilizables, mientras que Rusia dispone de 4850. Además de lo mencionado, ambas potencias poseen, en total, 12350 ojivas que no se encuentran en estado operacional, pero que todavía no han sido desmanteladas. Datos tomados del Bulletin of the Atomic Scientists.

[95] Extracto de la de la declaración tomado del sitio: http://www.mid.ru/brp_4.nsf/0/2C758977CAE78A2 6C32576FF003F5B37

[96] Comentarios de Slawomir Nowak, máximo asesor del primer ministro polaco Donald Tusk, a TVP INFO Televisión. Del artículo de Mahdi Darius Nazemroaya « Doctrina militar de EE.UU; defensa de misiles en Europa y expansión de la OTAN. EE.UU y Rusia, ¿ha terminado realmente la Guerra Fría? Sitio en Internet: Global Research.

[97] Véase el interesante artículo de Esteban Morales, Barack Obama: ¿Dónde está el cambio?, Tomado el 21 de agosto del 2009 del sitio en Intenet de "Cambios en Cuba".

[98] Creado por los Rockefellers, y la Comisión Trilateral.

[99] En esta elección presidencial, el presidente, Barack Obama, obtuvo 303 votos electorales (necesitaba 270 votos para retener su cargo de jefe de la Casa Blanca), triunfando en 26 de los 50 estados de

la Unión. Mientras el candidato republicano, Mitt Romney, ganó en 24 estados y obtuvo 206 votos electorales. Obama también ganó el voto popular con 59,7 millones de votos populares a su favor y Romney debió conformarse con el apoyo de alrededor de 57,1 millones de personas. Datos de la encuesta del Fondo Educacional de la Asociación Nacional de Oficiales Latinos Elegidos y Designados. Despacho de EFE, Washington, 7 de noviembre de 2012.

[100] Véase en "EE.UU: Afirma líder democrático que su país está desfasado en su política externa", 19 de abril de 2012. http://www.dailymotion.com/video/xq81b4_ee-uu-afirma-lider-democratico-que-su-pais-esta-desfasado-en-su-politica-hacia-cuba_news

[101] Cifras tomadas de la "Denuncia Cuba daños del bloqueo estadounidense a su economía. http://www.granma.cubaweb.cu/2012/11/07/pdf/todas.pdf

[102] Referencia de su obra: "The Phenomenon of Revolution and International Politics", New York, Dodd, Mead, 1974, p. 1, citado por James E. Dougherty, Robert L. Pfaltzgraff en: Teorías en pugna en las relaciones internacionales, Grupo Editor Latinoamericano, Buenos Aires, 1993, p. 323.

[103] Alusiones sobre la Revolución tomadas de la obra de Crane Brinton: "Anatomy of Revolution", New York, Norton, 1938. Véase también sobre el tema de Lyford P. Edward: "The Natural History of Revolution", Chicago, 1927, y George Pettee: "The Process of Revolution", New York, Harper & Row, 1938. Ibídem.

[104] Para Marx y Engels la abolición de la propiedad privada es un objetivo esencial de la revolución. Véase "El Manifiesto del Partido Comunista". Editora Política, La Habana, 1982, p. 31.

[105] Lenin continuó los estudios de Marx sobre la revolución en la época de una nueva fase del capitalismo, véase entre otros trabajos: "El imperialismo,

fase superior del capitalismo, Obras Escogidas, tomo I, Editorial Progreso, Moscú, p. 689; y sobre la doctrina marxista y las tareas del proletariado en la revolución, véase "El Estado y la Revolución", Editora Política, La Habana, 1963.

[106] Informe en la Conferencia provincial de Moscú de los comités fabriles, 23 de julio de 1918, Obras Completas, Editorial Progreso, Moscú, t. 36, p. 475.

[107] Breve artículo titulado "Marx y la globalización", que constituye la intervención del célebre historiador marxista en un debate sobre Marx con el escritor Jacques Attali, el 2 de marzo del 2006, durante la Semana del Libro Judío en Londres. Véase en Rebelión. Sitio: www.Rebelion.org

[108] Véase el folleto: "Efectivamente Marx está regresando: un artículo en la prensa norteamericana y precisiones indispensables" de Raúl Valdés Vivó, sobre ese revelador artículo, Editora Política, La Habana, 1998, y el artículo de John Cassidy, "El regreso de Carlos Marx, publicado en The New Yorker, 20-27 de octubre de 1997,

[109] Ernesto Che Guevara. Mensaje a los pueblos del mundo a través de la continental. 1967. Escritos y discursos. Editorial de Ciencias Sociales, La Habana , 1977, t. 9, p. 397

[110] Véase esa concepción en el trabajo de Ernesto Che Guevara: "El Socialismo y el hombre en Cuba". 12 de marzo de 1965, Ibídem, t. 8, p. 256.

[111] Véase de Hannah Arendt: "On Revolution", Nueva York, Viking, 1965. Sobre la Revolución y las Relaciones Internacionales, consúltese del teórico marxista británico Fred Halliday, el capítulo 6 de su importante obra "Rethinking International Relations, The Macmillan Press, Ltd, London, 1994.

[112] La historia de Europa de 1789 a 1848 es la historia de las grandes transformaciones económicas, sociales y políticas que asentaron, de forma definitiva, el capitalismo industrial, véase de Eric Hobsbawn, "Las Revoluciones Burguesas", Selección de Lecturas, Editorial Pueblo y Educación, La Habana

, 1982.

[113] Marx y Engels utilizaron ampliamente la experiencia del movimiento revolucionario durante el último tercio del siglo XIX para desarrollar su teoría de la Dictadura del Proletariado. Durante ese período de la vida de Marx y Engels aparecieron obras clásicas tales como: La guerra civil en Francia y Crítica del Programa de Gotha, de Marx, los tomos II y III de El Capital, obra finalizada por Engels después de la muerte de Marx, Anti-Duhring, Ludwig Feuerbach y el fin de la filosofía clásica alemana y Origen de la familia, la propiedad privada y el estado, de Engels, entre las obras principales. Marx y Engels acompañaron su obra teórica de una intensa actividad revolucionaria práctica.

[114] Criterio de los Jefes del Estado Mayor Conjunto de los Estados U nidos citado por David Rees en "The age of containment", Mac-millan, New York, 1968, p. 43. Véase también de John Lewis Gaddis, "Implementando la respuesta flexible: Vietnam como caso de prueba" en: "Estrategia de la Contención", Grupo Editor Latinoamericano, Buenos Aires, 1989, p. 261.

[115] Una reseña de la ponencia: "El impacto de la destrucción del Medio Ambiente en el siglo XX", fue publicada en la Revista Paz y Soberanía, Movimiento Cubano por la Paz y la Soberanía de los Pueblos, La Habana, No 1, 1996, p. 43.

[116] Zbigniew Brzezinski, el exconsejero nacional de seguridad del gobierno de James Carter de 1977 a 1981, se presentó, el 1 de febrero del 2007, ante el Comité de Relaciones Exteriores del Senado, para testificar que la "guerra contra el terror" es "mítica narrativa histórica" utilizada para justificar una guerra prolongada y potencialmente expansiva", véase el artículo de Deniz Yeter, "Orden del día para la guerra contra Irán". "Bush pretende provocar un "conflicto accidental" como pretexto para justificar "ataques limitados", fragmentos tomados del perió-

dico digital Rebelión, publicado en Granma, La Habana, 21 de febrero del 2007, p. 7.

[117] Fidel Castro Ruz menciona, en las conversaciones con Ignacio Ramonet, la cifra de más de 600 planes registrados para atentar contra su vida, algunos de los cuales estuvieron muy cerca de tener éxito, véase en: "Cien Horas con Fidel", Segunda Edición, Oficina de Publicaciones del Consejo de Estado, La Habana, 2006, p. 285.

[118] Practicado por determinadas potencias principales u otros Estados a través de sus fuerzas armadas, hoy el ejemplo preciso está en los bombardeos contra Afganistán, Iraq y Libia, que aparecen en este artículo; y el que se realiza por medio de operaciones encubiertas de sus servicios de inteligencia. En el siglo XX y en lo que va del XXI, no hay duda que los Estados Unidos exhibe el mayor expediente en el empleo de terrorismo de Estado, para socavar la independencia y la soberanía de otras naciones.

[119] Se denominó al período en las relaciones internacionales que se extiende desde marzo del año 1947 y la proclamación de la llamada "doctrina Truman" hasta la desintegración de la URSS en el año 1991, caracterizado por grandes tensiones internacionales que generó la agresiva política de los Estados Unidos, como la potencia líder del capitalismo mundial. Véase de John Lewis Gaddis, "Estados Unidos y los orígenes de la Guerra Fría, 1941-1947, Grupo Editor Latinoamericano, Buenos Aires, 1989, y de Zbigniew Brzezinski, "The Cold War and its Aftermath", Foreign Affairs, otoño, n. 4, v. 71, 1992.

[120] A Luis Posada Carriles, detenido por su entrada a los Estados Unidos, le dieron un tratamiento de "inmigrante ilegal" y no de terrorista. Posada enfrentó acusaciones por fraude migratorio y falso testimonio lo que evidencia sus nexos con la CIA y los servicios que prestó como terrorista a distintas administraciones estadounidense, véase entrevista publicada en el sitio Cubadebate en Internet por

Darío Benítez al abogado José Pertierra, representante del gobierno de Venezuela para la extradición del terrorista, "La liberación de Posada la decide la Casa Blanca", que reprodujo el periódico Juventud Rebelde, La Habana, 8 de abril de 2007, p. 06. Además, sobre este asunto y el terrorismo contra Cuba, léase las reflexiones de Fidel Castro Ruz, "La respuesta brutal, Granma, La Habana, 11 de abril del 2007, p. 1.

[121] Sobre ese período de terror implantado por las dictaduras militares latinoamericanas, sus vínculos y redes entre sus servicios secretos y la complicidad de los Estados Unidos, véase la obra de la periodista argentina Stella Calloni, "Operación Cóndor. Pacto Criminal", Editorial Ciencias Sociales, La Habana, 2006.

[122] Con esos fines, los Estados Unidos ha colocado un sistema de alrededor 737 bases militares en más de 130 países. Para más detalle sobre lo que denomino el "nuevo" intervencionismo imperialista, véase de William Blum, "El imperio norteamericano desde 1992 hasta el presente", en su obra: Asesinando la Esperanza, que expone las intervenciones de la CIA y del ejército de los Estados Unidos desde la Segunda Guerra Mundial, Editorial Oriente, Santiago de Cuba, 2005, p. 460; y del escritor e investigador cubano Luis Suárez Salazar, "La 'nueva' estrategia de 'seguridad imperial' de los Estados Unidos: implicaciones para la paz, para el Derecho internacional Público y para el 'Nuevo Orden Panamericano', ISRI, La Habana, 2002.

[123] Comenzó el 7 de octubre del 2001.

[124] Se inició el 20 de marzo del 2003.

[125] Un estudio del inspector interino del ministerio de defensa de los Estados Unidos, Thomas Gimble, apoyó estas revelaciones difundidas por la comunidad de inteligencia, tomado de la Agencia Prensa Latina, 13 de abril de 2007. Sitio en Internet: www.prensa-latina.mx/pubs/orbe.

[126] Cita textual del artículo de James Carter, ex presidente de los Estados Unidos, "Ya me cuesta reconocer a estos Estados Unidos", publicado en Granma, La Habana, 2 de diciembre del 2005, p. 5.

[127] Véase de Robert W. Tucker, profesor emérito de Política Exterior estadounidense en la Johns Hopkins University, y David C. Hendrickson, profesor distinguido de servicio de la cátedra Robert J. Fox en el Colorado College, "Las fuentes de la legitimidad estadounidense", Foreign Affairs, (En Español), Enero-Marzo, 2005.

[128] Datos tomados de Augusto Zamora, "11-S, cinco años después: El fracaso de Bush", Granma, La Habana, 11 de septiembre del 2006, p. 4.

[129] Los criterios académicos sobre el término son muy diversos. Coincido con Jorge Ramírez Calzadilla en que por lógica, fundamentalismo se deriva de fundamento, es decir, de aquello que está al interior de un fenómeno, conforma su base y en cierta medida lo caracteriza y acompaña en su comportamiento y evolución. El término fundamentalismo ha quedado asociado a intolerancia, rigidez, formalismo. Véase de Jorge Ramírez Calzadilla, "Los fundamentalismos: variadas formas de endemia con riesgos de pandemia", en: "Fundamentalismo religioso hoy", compilador Silvio Platero Irola, Colección Reflexiones/ Nro. 2, Centro de Estudios sobre América, La Habana, 2004, p. 10.

[130] Véase "La esencia fundamentalista" en la excelente obra: Islam y Política del politólogo de origen argelino radicado en México, Zidane Zeraoui, Editorial Trillas, México, D.F, 2001, p. 188.

[131] Véase de Aurelio Alonso Tejada, "Apuntes para un debate sobre fundamentalismo y religión", en: "Fundamentalismo religioso hoy", ob.cit; p.19.

[132] Sobre las sectas suicidas contemporáneas, véase de Silvio Platero Irola, el ilustrativo ensayo: "Entre fundamentalismos y fanatismos religiosos", Ibídem, p. 67.

[133] Aurelio Alonso Tejada, artículo citado.

[134] Véase de Robert W. Tucker y David C. Hendrickson, artículo citado.

[135] Se entiende por paradigma un determinado enfoque teórico básico que intenta explicar los fenómenos de la dinámica internacional. Un paradigma también es una determinada concepción del mundo, que centra la atención del estudio sobre ciertas problemáticas, determinando su interpretación. Véase de James E. Dougherty y R. Pfaltzgraff, "Teorías en pugna en las relaciones internacionales", GEL, Buenos Aires, 1993; y de Celestino del Arenal, "Introducción a las Relaciones Internacionales", Editorial Tecnos, S. A, Madrid, 1990.

[136] El presidente estadounidense Woodrow Wilson propuso la creación de la Liga o Sociedad de Naciones en sus famosos Catorce Puntos, además consideraba que el sistema internacional no debía basarse en el equilibrio del poder, sino en una comunidad de poder, concepto novedoso en ese momento, que finalmente fue acuñado como seguridad colectiva. Sin embargo, Wilson quería utilizar el poderío de su país dentro y fuera de la Liga, simplemente para ordenar el mundo de tal modo que la competencia clásica pudiera proseguir en paz para garantizar el poderío económico y global de su país, véase de Williams William Appleman. "Tragedia de la Diplomacia Norteamericana", Editorial Edilusa, 1961, p. 74; y de Eugeniov Tarle, Historia de Europa 1871-1919, Editorial de Ciencias Sociales, La Habana, 1974.

[137] Sobre los propósitos y principios de las Naciones Unidas, véase en la "Carta de las Naciones Unidas y Estatuto de la Corte Internacional de Justicia", el Capítulo I, los artículos 1 y 2. Biblioteca del Instituto Superior de Relaciones Internacionales (ISRI), La Habana, Cuba.

[138] La abstención de unos o varios miembros permanentes en la adopción de una decisión no impide que la misma sea adoptada. Véase el Consejo de

Seguridad en el Capítulo V, Votación y Procedimiento, en artículos 27 y 28 respectivamente. P. 19, en la "Carta de las Naciones Unidas y Estatuto de la Corte Internacional de Justicia", documento citado.

[139] Me refiero a la documentada investigación de Stephen Baranyi del Instituto Norte-Sur de Ottawa, Canadá, titulada: "What kind of peace is possible in the post-9/11 era? National agency, transnational coalitions and the challenges of sustainable peace". Working paper, The North-South Institute, Canada, October 2005.

[140] Véase las flexiones críticas de Sami Nair, "Le nouvel ordre mondial et le monde selon Washington" en Le Monde Diplomatique, Mars 2003, París, p. 14 y 15; en Cuba las valoraciones y conceptos sobre este período, consúltese de Roberto González Gómez, "Postguerra fría" y "orden mundial": La recomposición de las relaciones internacionales, Temas, La Habana, No 9. Enero-marzo, 1997.

[141] Véase de James Carter artículo citado.

[142] Véase de Fidel Castro Ruz, Reflexiones del compañero Fidel: "La marcha hacia el abismo", Granma, 6 de enero 2012, p. 2.

[143] La unipolaridad estratégica-militar de los Estados Unidos significa una supremacía coyuntural en los asuntos mundiales, pero no la hegemonía en todos los órdenes. También existen otros centros de poder que paralelamente desarrollan la multipolaridad en el siglo XXI. Existe una configuración tripolar en lo económico compuesta por los bloques de la Unión Europea, América del Norte y el Este de Asia. Por otra parte, los procesos en América Latina perfilan otro polo de poder sobre la base de un nuevo ordenamiento de las relaciones políticas, económicas y financieras, entre los países miembros de la Comunidad de Estados de América Latina y el Caribe (CELAC), impulsando la integración latinoamericana y caribeña sin la presencia de los Estados Unidos y Canadá.

[144] Para el estratega estadounidense Zbigneiw

Brzezinski, "un ataque contra Irán sería un acto de locura política, que pondría en marcha una conmoción progresiva de los asuntos mundiales. Con los Estados Unidos como blanco creciente de la hostilidad generalizada, la era del predominio norteamericano podría tener un fin prematuro", véase en: "un ataque preventivo contra Irán sería una locura", artículo tomado del periódico digital Clarín y reproducido en Granma, La Habana, 5 de mayo del 2006, p. 5. Para Yuri Baluevski, Jefe de Estado Mayor de las Fuerzas Armadas rusas, "un ataque de Washington contra Irán constituiría un "gravísimo error político" (…) pueden dañar los potenciales militares e industriales de Irán, pero la experiencia de Afganistán e Iraq indica que no es posible derrotar a Irán". Declaraciones de alto jefe militar ruso difundidas por las agencias de prensa Itar-Tass e Interfax, Moscú, 3 de abril de 2006.

[145] Véase de Fidel Castro Ruz, artículo citado.

[146] El destacado académico estadounidense Immanuel Wallerstein, defiende, al menos desde 1980, la tesis sobre el declive de los Estados Unidos sustentado en el fracaso de este país en Vietnam en 1973, a partir de ese momento la superpotencia comenzó a perder guerras, véase su interesante artículo "El irresistible declive de Estados Unidos", reproducido en Juventud Rebelde, La Habana, p. 4. Véase también la argumentación de Paul Kennedy en su obra: "The Rise and Fall of Great Powers", Vintage Books, Random House, New York, 1987.

[147] Véase en Transcripción de las palabras de Bruno Rodríguez Parrilla, Canciller de Cuba, en Conferencia de Prensa en La Habana sobre la exclusión de la Isla en la Cumbre de las Américas. Tomado de Cubadebate. http://leyderodriguez.blogspot.com/2012/03/excluyen-cuba-de-la-cumbre-de-las.html

[148] Véase el texto integro de la carta enviada por el compañero Fidel a Hugo Chávez en ocasión de su regreso a la República Bolivariana de Venezuela.

Diario Juventud Rebelde, 19 de Febrero de 2013.

[149] Véanse las interesantes crónicas de Toby Valdarrama: "La importancia histórica de Chávez" y ¿Es posible el Socialismo", en "Un Grano de Maíz". www.Ungranodemaiz.blogspot.com

[x150] Tomado de "A 20 años de la siembra de la patria nueva". 4F. 1992-2012. Boletín Informativo del Instituto de Altos Estudios Diplomáticos "Pedro Gual". Febrero 2012.